主编孙红梅教授观察百合花发育情况（孙红梅　供图）

主编孙红梅教授（前排左二）指导学生观察朱顶红生长情况（孙红梅　供图）

日光温室花卉生产基地（齐红岩 供图）

菊花日光温室生产（孙红梅　供图）

朱顶红盆花日光温室生产（孙红梅　供图）

牡丹盆花日光温室生产（段敬杰　供图）

郁金香日光温室生产（孙红梅　供图）

仙客来日光温室生产（孙红梅　供图）

火鹤日光温室生产（孙红梅 供图）

百合日光温室生产（孙红梅 供图）

日光温室设计建造研究与利用丛书

日光温室花卉生产

孙红梅　主编

中原农民出版社

·郑州·

图书在版编目（CIP）数据

日光温室花卉生产 / 孙红梅主编 .—郑州：中原农民
出版社 , 2021.12
（日光温室设计建造与利用丛书 / 李天来主编）
ISBN 978-7-5542-2456-4

Ⅰ.①日… Ⅱ.①孙… Ⅲ.①花卉－温室栽培 Ⅳ.①S629

中国版本图书馆CIP数据核字（2021）第236095号

日光温室花卉生产
RIGUANGWENSHI HUAHUI SHENGCHAN

出 版 人：刘宏伟
选题策划：段敬杰
责任编辑：韩文利
责任校对：张云峰　尹春霞
责任印制：孙　瑞
封面设计：陆跃天
内文设计：徐胜男

出版发行：中原农民出版社
　　　　　地址：郑州市郑东新区祥盛街 27 号 7 层　　邮编：450016
　　　　　电话：0371 － 65788651（编辑部）　　0371 － 65788199（发行部）
经　　销：全国新华书店
印　　刷：河南省邮电科技有限公司
开　　本：889mm×1194mm　　　　　1/16
印　　张：35
字　　数：750千字
版　　次：2021 年 12 月第 1 版
印　　次：2021 年 12 月第 1 次印刷
定　　价：700.00 元

如发现印装质量问题，影响阅读，请与印刷公司联系调换。

前　言

　　花卉产业作为我国生态建设的重要组成部分，在改革开放以来持续快速发展。花卉产业经济在助推乡村振兴和助力脱贫攻坚中发挥了巨大作用。随着经济水平的提高和生态文明建设的不断推进，人民对美好生活的向往日益强烈，对精神层次的需求发生了质的变化，花卉产品作为普通大众最重要的精神需求物品之一，其需求量还将大幅度提升，给花卉产业提供了更大的发展空间，给花卉从业者提供了更多的发展机遇。我国花卉产业正走上标准化、规模化和规范化发展之路。

　　作为花卉设施栽培的主体形式，日光温室花卉生产在过去二十年中已成为花卉种植业中最具前景的产业。

　　近年来，随着人们生活水平的提高，我国花卉生产和消费趋势发生了重大变化，花卉业已成为当今最具有发展潜力的产业之一。我国设施花卉产业发展迅速，利用日光温室栽培花卉则是人们为满足日益增长的花卉消费需求的结果，对保障市场供给、增加农民收入、扩大劳动就业、拓展出口贸易等方面具有显著、积极的作用。

　　日光温室花卉栽培是花卉设施栽培的主体形式，日光温室最主要的优点是结构简单、建造较为容易、造价相对偏低、应用效果较好，是一种经济实用的设施类型。日光温室栽培实现了花卉周年生产和优质产品均衡供应，打破了花卉生产和流通的地域限制，在减少运输压力与节省能源方面发挥了显著作用，使花卉生产的专业化、集约化、现代化程度大幅度提高。然而，目前我国日光温室花卉生产水平相对较低，除了温室结构本身需要不断改进与完善外，更重要的是必须有与之配套的相关生产技术。大力发展并推广日光温室花卉栽培技术对于全面提升我国花卉产业发展水平具有重要意义。

《日光温室花卉生产》一书是编者根据自身的花卉研究、生产和教学经验而编写的，从基本概念、基本原理入手，强调基本方法和技能，注重系统性、实用性和前瞻性。

本书旨在为广大花卉种植者、爱好者以及研究人员提供参考和借鉴，但花卉产业日新月异，在编写过程中或许有疏漏和不足之处，真诚欢迎广大花卉爱好者和产业同行在阅读过程中提出宝贵意见和建议。

编者

2019 年 5 月于沈阳

目　录

第一章　绪　论

第二章　日光温室花卉生产的环境特点及调控

第三章　日光温室花卉生产的花期调控技术

第四章　日光温室一二年生草本花卉生产

第五章　日光温室宿根花卉生产

第六章 日光温室球根花卉生产

第七章　日光温室木本花卉生产

第八章 日光温室兰科花卉生产

第九章　日光温室观叶植物生产

第十章　日光温室花卉生产常见病虫害及防治

第一章
绪　论

日光温室花卉生产是我国花卉设施栽培的一种特有方式，不仅可以使光照、温度和土地等资源得到充分利用，调节花卉的观赏期，实现周年生产和产品均衡供应，还具有建造成本相对较低、使用灵活性强等特点，在促进农业增效、农民增收和繁荣农村经济等方面发挥着重要作用。本章介绍了日光温室花卉生产的发展历程、花卉生产现状及存在问题和花卉生产及研究重点等。

随着人们生活水平的提高，在崇尚自然、追求美等方面的精神需求日趋强烈，花卉逐渐成为人们生活中不可缺少的元素。花卉生产作为农业、种植业中的重要组成部分，经济效益日趋显著。

由于不同种类花卉的生态特性对温度、光照、水分和土壤的要求各异，栽培条件各不相同，生长发育特性也多种多样，因此常常进行日光温室生产。日光温室花卉生产是指利用日光温室创造出适宜花卉生长的环境条件，人为地调控环境因素，使花卉处于最佳生长状态、生产出高质量花卉产品的现代化农业生产方式。日光温室花卉生产大大提高了土地利用率、劳动生产率、花卉产品质量和经济效益，在促进农业增效、农民增收和繁荣农村经济等方面发挥着重要作用。

第一节
日光温室花卉生产概述

一、我国日光温室花卉生产的发展历程

我国观赏植物种质资源十分丰富，享有"世界园林之母"的美誉，原产我国的观赏植物约达113科、523属、2万种。当今世界上许多名花，如牡丹、梅花、菊花、百合、山茶、杜鹃、月季等均原产于我国。

我国花卉栽培历史悠久，早在《诗经·郑风》中就有"山有扶苏，隰有荷华""维士与女，伊其相谑，赠之以芍药"的记载。屈原的《离骚》中载有"朝饮木兰之坠露兮，夕餐秋菊之落英"，其中明确提到木兰与菊花。唐朝时，我国的园艺技术已达到很高的水平，出现了人工创造环境栽培杜鹃花的记载，随后又创造了很多简易设施类型。明清时期已开始采用简易的土温室进行牡丹和其他花卉的栽培。

随着花卉生产技术的发展，我国劳动人民逐渐积累花卉设施栽培的技术经验，如"干兰湿菊""干松湿柏"等。

在20世纪30年代前后，日光温室"土温室"发源于辽宁省海城市感王镇和瓦房店市复州城镇。20世纪60年代，以塑料薄膜替代玻璃为透明覆盖材料后，日光温室才得到大面积推广。这时期建设日光温室的基本特点是跨度较小（6 m以内），棚室较矮（2.0~2.2 m），室内立柱较多，以土墙与竹木结构为主，重视保温，但采光性能较差。

自20世纪80年代以来，以日光温室为主体的设施园艺得到快速发展，日光温室花卉栽培发展成为一种高效的花卉栽培模式。较大型的（跨度7.0~7.5 m，脊高3.2~3.5 m）无柱钢骨架日光温室很快得到推广，重视温室的保温与采光。随着日光温室生产规模和应用区域的不断扩大，人们对原有日光温室的建筑结构、环境调控技术和栽培技术进行了全面优化，设计了节能型日光温室用于寒季花卉的反季节生产。

近十年来，温室装备产业得到了跨越式发展，在光热传递机制研究、

温室结构标准化、设施装备工程化方面取得了很多成果，逐步建立起完善的环境调控技术体系。

日光温室最主要的优点是结构简单、建筑容易、造价较低、应用效果较好，是一种经济实用型温室；缺点是环境调控难度较大，凭经验掌握，容易造成生产失误。但毋庸置疑，我国日光温室花卉生产已为国民经济发展和人民生活水平提高做出了历史性贡献。近二十年来，日光温室花卉生产如火如荼地迅猛发展，起着左右全年花卉生产的主导作用，对农民增收、改善北方地区花卉供应以及减少运输压力与节省能源方面具有重要意义。

二、日光温室花卉生产的特点

（一）不受季节环境限制，周年生产

随着日光温室花卉生产技术的发展和花卉生理学研究的深入，通过满足植株生长发育不同阶段对温度、湿度和光照等环境条件的需求，已经实现了大部分花卉的周年供应。如唐菖蒲、郁金香、百合、风信子等球根花卉的反季节生产技术，牡丹低温春化处理，菊花光照结合温度处理，人为进行花期调控，解决了这些花卉的周年生产问题。

（二）打破花卉生产和流通的地域限制

花卉和其他园艺作物的不同，在于观赏上人们追求"新、奇、特"。日光温室花卉生产，使原产于南方的花卉，如蝴蝶兰、杜鹃、山茶等顺利进入北方市场，也使原产于北方的牡丹花开南国。日光温室是解决我国北方地区冬春季花卉生产与淡季供应的主要途径。

（三）设施区域集中，可提高劳动生产率，方便管理

进行大规模花卉集约化生产，集中管理，可提高劳动生产率，降低设备损耗等。日光温室花卉生产的发展，使花卉生产的专业化、集约化程度大大提高，从而提高了单位面积的产量和产值，人均劳动生产率大大提高。

（四）提高花卉繁殖速度和品质

日光温室内提供了综合稳定的环境效应，创造了适宜花卉生长发育的条件，提高了花卉的繁殖速度，如在日光温室内进行三色堇、矮牵牛等草花的播种育苗，可以提高种子发芽率和成苗率，进而使花期提前。在日光温室栽培条件下，菊花、香石竹（康乃馨）可以周年扦插，其繁殖速度是露地扦插的 10~15 倍，扦插的成活率提高 40%~50%。组培苗的炼苗和驯化也可在日光温室条件下进行，可以根据不同种、品种以及瓶苗的长势进行环境条件的人工控制，有利于提高成苗率，培育壮苗。

花卉的原产地不同，具有不同的生态适应性，只有满足了其生长发育不同阶段的需要，才能生产出高品质的花卉产品，并延长其最佳观赏期。在日光温室相对密闭的环境中，产品品质受外界干扰较小，可以保证产品品质的均一性。与露地栽培相比，日光温室生产的月季表现出开花早、花茎长、病虫害少、一级花的比例较高等优点。不良环境条件，如夏季高温、暴雨，冬季霜冻、寒流等，往往给花卉生产带来严重的经济损失，而在日光温室内生产可以避免或在很大程度上减少不良环境条件造成的损失，提高花卉品质。

（五）日光温室花卉生产是通向花卉产业化、现代化的捷径

由于日光温室花卉生产的特点，必须要走产业化的途径，才能逐步实现花卉的现代化生产。日光温室花卉生产不可照搬国外的先进经验与技术，必须参照我国特有的国情，走可持续发展之路。

三、我国日光温室花卉生产的主要种类

可进行日光温室生产的花卉包括一二年生花卉、广义的宿根花卉、球根花卉、木本花卉等。按观赏用途及对环境条件的要求分为：鲜切花、盆栽花卉、室内花卉、花坛花卉等。

（一）鲜切花

鲜切花是国际花卉生产中最重要的组成部分，可分为切花、切叶和切枝三大类（表1-1）。

表1-1 用于鲜切花生产的主要花卉种类

切花类	一二年生花卉	金鱼草、勿忘我、洋桔梗
	宿根花卉	菊花、非洲菊、香石竹、落新妇、鹤望兰、朱顶红、满天星、芍药
	球根花卉	唐菖蒲、百合、郁金香、马蹄莲、小苍兰
	木本花卉	月季、山茶、八仙花、牡丹、卡特兰、大花蕙兰、蜡梅
	兰科植物	蝴蝶兰、石斛兰
切叶类	草本	天门冬、富贵竹、文竹、肾蕨、广东万年青、菖蒲、蜈蚣草、彩叶草、雁来红、石刁柏
	木本	散尾葵、鱼尾葵、巴西铁、星点木、龟背竹、八角金盘、变叶木、棕竹、苏铁、棕榈、广玉兰、常春藤
切枝类	枝条	南天竹、松枝、银芽柳
	果枝	五指茄、佛手、金橘、火棘、金银木、海棠果、山楂等

（二）盆栽花卉

盆栽花卉多为半耐寒性和不耐寒性花卉。半耐寒性花卉一般在北方冬季需要在温室中越冬，具有一定的耐寒性，如金盏菊、紫罗兰等。不耐寒性花卉多原产于热带及亚热带，在生长期间要求高温，不能忍耐0℃以下的低温，这类花卉也叫作喜温花卉，如一品红、蝴蝶兰、小苍兰、球根秋海棠、仙客来、马蹄莲等。

（三）室内花卉

室内花卉泛指可用于室内装饰的盆栽花卉。一般室内光照和通风条件较差，应选用对两者要求不高的花卉进行布置，常用的有散尾葵、一品红、杜鹃花、瓜叶菊等。

（四）花坛花卉

花坛花卉多数为一二年生草本花卉，作为园林花坛花卉，如三色堇、旱金莲、矮牵牛、五色苋、银边翠、万寿菊、金盏菊、雏菊、凤仙花、鸡冠花等。许多多年生宿根和球根花卉也可进行一年生栽培用于布置花坛，如四季秋海棠、地被菊、芍药、一品红、美人蕉、大丽花、郁金香、风信子等。花坛花卉一般抗性和适应性强，进行日光温室内栽培，可以人为调控花期。

第二节
我国花卉产业现状、日光温室花卉生产现状及存在问题

一、我国花卉产业现状

1978 年我国花卉生产面积仅有 0.4 万 hm^2，从 20 世纪 90 年代初开始，我国花卉产业迅速发展，2016 年全国花卉统计数据显示，我国花卉生产总面积已由 1993 年的 7 万 hm^2 扩大到 200 万 hm^2。与 20 世纪末的花卉产业粗犷、突飞猛进的发展方式不同，近十年来，我国花卉产业的发展趋于稳定和成熟，并基本实现了由传统单一的花卉种植业向花卉加工业和花卉服务业的延伸，现代花卉产业链趋于完整。

2016 年我国鲜切花（包括切花、切叶和切枝产品）种植面积、销售量分别达 6.46 万 hm^2、211.46 亿枝。月季、香石竹、百合、唐菖蒲、菊花和非洲菊占据了鲜切花市场的绝对主力，它们的种植面积和销售额分别占全部鲜切花总量的 66.50% 和 92.27%。盆栽类花卉种植面积、销售量和销售额分别达 10.58 万 hm^2、70.84 亿盆和 341.58 亿元，凤梨、

红掌、杜鹃、国兰和蝴蝶兰是市场上较受欢迎的高端盆花。我国观赏苗木种植面积达 76.96 万 hm²，销售量 122.92 亿株，销售额 651.35 亿元。此外，全国食用与药用花卉、种苗用花卉和花卉种子生产面积稳步增长，分别达 26.55 万 hm²、8 257.29hm² 和 5 251.26 hm²。

　　花卉产业不断向优势区域集中。鲜切花种植面积以云南、湖北、广东、四川、江苏省最大，尤其是云南省在鲜切花栽培面积、销量和销售额上遥遥领先。盆栽花卉种植区域分布区域不均，广东、陕西、四川、福建、湖北、江苏、云南、湖南、河南、江西等地的总面积为 7.88 万 hm²，占全部盆栽花卉总面积的 74.47%。观赏苗木种植地江苏、浙江、河南、福建、山东、广东、四川、江西、湖南、安徽、湖北、吉林、重庆、河北、云南、广西、陕西的苗木种植面积占全国总种植面积的 94.70%，其中，江苏和浙江观赏苗木生产种植面积在 12 万 hm² 以上，销售额在 100 亿元以上。

　　我国花卉出口市场也不断扩大，2018 年达 93 个国家和地区，其中，排在前 5 位的国家依次是日本、韩国、美国、德国和荷兰，出口额占年度花卉出口总额的 70.94%，日本是我国花卉最大的出口市场。我国花卉产品出口排名前 5 位的种植地分别是云南、浙江、广东、福建、上海。2018 年花卉产品出口额为 2.27 亿美元，从高到低依次是鲜切花（切花、切叶、切枝）、种苗、盆栽植物、苔藓地衣、干切花和种球，其中，鲜切花出口额为 1.03 亿美元，种苗出口额为 0.36 亿美元，鲜切枝（叶）出口额为 0.57 亿美元。鲜切花主要由云南、浙江和福建等 19 个省（区、市）对外出口到 35 个国家和地区，其中日本、韩国、泰国、缅甸和新加坡位居前 5 位。鲜切枝（叶）由浙江、广东和河北等 20 个省（区、市）对外出口到日本等 65 个国家和地区，其中日本、美国和荷兰位居前 3 位。种苗主要由广东、上海和云南等 22 个省（区、市）对外出口到美国等 61 个国家和地区，其中美国、荷兰和日本位居前 3 位。

　　我国培育具有自主知识产权花卉新品种的能力显著增强，玫瑰、香石竹、非洲菊、杜鹃等一大批花卉新品种相继培育成功。截至 2018 年，国家林业和草原局发布了 6 期保护名录，受保护的属种 206 个。农业农村部发布了 11 批保护名录，受保护的属（种）191 个，其中花卉 40 属（种）余个。1999~2017 年，林业授权植物新品种中，木本观赏植物

897 件，授权量最多的是蔷薇属 295 件。国际上，2017 年全球植物新品种申请量 18 490 件，我国内地申请量 4 465 件，居世界第一。这些授权的花卉新品种蕴含着巨大的生产和市场潜力。具有自主知识产权的月季新品种'中国红'成为北京奥运会和残奥会的颁奖用花。

多个省（区、市）制定了花卉产业发展规划，将花卉纳入重点产业，从政策、资金等方面出台一系列扶持政策和措施。经过跨越式发展，我国已经成为世界上最大的花卉生产基地，花卉生产面积和产量均居世界第一位，其中花卉种植面积占世界花卉生产面积的 1/3 以上。随着花卉交易方式多元发展，在物流体系的不断完善和电商的推动下，国内消费市场潜力得到明显释放，销售均价持续增长。我国花卉产业总体趋势向好，生产规模和生产效益迅速增长；规模化、专业化水平显著提高；区域化布局基本完成，特色名牌产品日益增多，创汇增长幅度较大。

二、我国日光温室花卉生产现状及存在问题

（一）生产现状

设施栽培产业是农业产业结构调整后发展起来的新兴产业。近年来，我国花卉设施栽培产业发展前景良好。大型温室面积已经超过 700 hm^2，且每年都以超过 100 hm^2 的速度增长。2016 年我国花卉设施栽培面积达 116 173 hm^2，分为温室、大（中、小）棚和遮阴棚三大主要类型。温室面积为 24 598.6 hm^2，其中节能型日光温室面积为 10 968.3 hm^2。大（中、小）棚面积为 47 352.6 hm^2，遮阴棚面积为 44 221.8 hm^2，各类设施的栽培面积不断增加。我国花卉设施栽培面积呈现稳步增长趋势。

我国花卉设施生产主要集中在传统的花卉产地（如广东、浙江）、大城市（如上海、北京）、大城市邻近地区（河北）以及南方经济发达地区。调查显示，日光温室集中在北方和各大城市郊区，辽宁、广东、河北、江苏、福建的日光温室面积名列前 5 位。另外，广西、内蒙古、海南、河北、福建的日光温室面积增长幅度名列全国前 5 位。从日光温室生

产的花卉种类来看，北京、上海等大城市附近多用于鲜切花生产，江苏、浙江、河北等地区则偏重于盆花生产。用于盆花生产的温室面积增加幅度高于生产切花的温室面积，说明在短期内我国盆花消费仍然占相当大的比例，花卉消费仍然主要集中于冬春季节。

温室行业新一轮的建设风潮，一方面得益于各地政府对高效农业的重视以及推出的一系列扶持政策。如甘肃省在 2017 年制定了设施建设五年规划，即到 2022 年，在河西地区沙漠戈壁新建 30 万亩（1 亩 ≈ 667 m²）高标准设施农业，其中新建高标准日光温室 25 万亩，新建全钢架高标准塑料大棚 5 万亩，新建智能连栋温室 150 亩。同时，甘肃省政府对设施建造制定了补贴政策，鼓舞和提高企业和农户的生产积极性。另一方面，正是花卉业从单纯数量扩张型向量质并举型转变的时期，在这个过程中，不少花卉企业也迎来了扩规模、求品质的转型期，自发投资建设日光温室。

（二）存在问题

由于日光温室可以就地取材，运行成本低，其面积呈现强劲的增长趋势，但也存在一些突出的问题。

1. 日光温室设备水平低，科技含量有待提高 花卉品质与日光温室设备水平、配套生产技术息息相关。发达国家发展栽培采取的是"高投入、高产出"的技术路线，在我国由于技术和经济的原因，采用的是"低投入、低能耗"体系。目前我国的日光温室栽培面积处于世界领先，但其中 90% 以上都以简易型设施为主，设备简陋、土地利用率低、采光性能差、作业空间小、不利于机械操作，日光温室建造标准低、抵御自然灾害的能力差，绝大部分日光温室还谈不上温度、光照、水分、空气等环境的综合调节控制，普遍缺乏应对长期旱情及严重霜冻、大风、雨涝等自然灾害的抵御能力。目前，国内花卉日光温室生产中大部分花卉特别是鲜切花冬春季节的质量和产量都无法得到保障，周年提供高品质花卉的能力较差。

2. 日光温室花卉生产基础研究薄弱，缺乏完善的标准化技术体系 日光温室内栽培仍以传统栽培技术为主，缺乏基于作物品种特性及土壤、环境的科学量化的管理指标。花卉日光温室生产不同于大田生产，应该形成从品种选育、生产技术到市场管理的一套完整的规范化技术体系。

许多花卉生产基地主要依靠国外进口品种，对于国外引进品种，在生产地的自然气候、土壤、设施等特定因素影响下，往往存在种植、管理技术的开发重视不够、开发不足的现象，严重影响了花卉的品质和生产效益。使用进口花卉品种进行生产，不仅生产成本高，而且使我国花卉产业在品种资源方面受制于人，且很多品种在种植两三年后退化严重，如荷兰进口的百合。花卉新品种的培育是花卉市场保持竞争力的秘诀之一，也是我国花卉产业持续发展，并在国际上取得优势地位的最关键因素。虽然我国花卉产业发展时间较短，适宜设施商品化栽培的品种较少，但由于我国拥有丰富的野生花卉资源，进行花卉新品种的选育工作具有较大优势。

3. 缺乏先进的生产技术和管理手段　我国花卉生产尚缺乏高技术支撑，特别是缺乏现代生物技术支撑。对日光温室内的生产管理技术、适宜生产品种、日光温室栽培的其他辅助设备研究进展较小，导致日光温室花卉的各项栽培技术多年来提升缓慢，普遍与发达国家（如荷兰）的水平存在较大差距。

在部分花卉产区，花农的栽培技术主要是依赖传统的农业生产技术和种植蔬菜积累的生产经验，尤其是水肥管理方面，普遍存在着将大田水肥管理技术直接应用到日光温室花卉生产中的现象。随着花卉种植规模的扩大、种植种类的增加、种植年代的延续，其日光温室内部土壤理化性状和营养平衡遭到破坏，大量使用化肥带来的土壤板结、盐渍化及土壤连作带来的土传病害增加等问题日益严重。

对于我国的鲜切花产业，花卉采后保鲜和储藏运输问题长期以来不受重视，使鲜切花采收后不能保持优良品质，进而影响销售价格。国外花卉生产基地附近大多建有冷库，花卉采后有一系列的储藏、运输保鲜途径，使花卉采后始终处于"冷链流通"，花卉品质在采后能保持较长时间。我国的花卉生产者也应依据国情，不仅要在花卉引种、育种和栽培管理上下功夫，还应重视采后保鲜技术。

4. 尚未实现工厂化生产　我国花卉业因起步较晚，多年来一直依靠进口设施技术和花卉品种，无法在短期内建立先进生产技术体系并形成产业特色。从业者素质参差不齐，"跟风"生产的现状较突出，缺乏科学种花意识，导致品种结构不合理、产品质量不高，难以形成批量化和质量稳定的产品，无法满足市场流通对花卉产品批量化、优质化和精细化的需求。究其原因，主要制约因素有三个：一是花卉生产设施设备投入不足；二是缺乏花卉标准化生产技术；三是实行专业化、规模化、标准化生产的企业不多，难以形成质量一致的批量产品。因此，影响了花卉产业实现工厂化生产。

而在国外，已经基本形成了设施花卉的工厂化、专业化生产。如泰国已实现了兰花的工厂化生产，每年大约有 1.2 亿株兰花销往日本。荷兰每年花卉创汇占国民生产总值的 40% 左右，郁金香早已实现全面水培和无土栽培，是其花卉产业的特色。日本采用了多项设施栽培的新技术，如电脑养花、生物花培育、配方生长液养花以及平菇废渣养花等，实现了高效和节能。

5. 花卉的周年供应问题　随着人们消费水平的提高，对花卉的种类、品质等要求越来越高，花卉周年供应将成为必然趋势。目前，我国花卉的四季供应主要来自昆明、广州等南方地区。日光温室生产是实现花卉周年生产的最直接途径，以解决花卉周年供应的问题。如对某些多年生花卉入冬前进行温室培养，可以达到提前开花的目的，如旱金莲、瓜叶菊、大岩桐等。牡丹、南迎春、碧桃等也可以在日光温室中经过光照处理来调节花期。

6. 产品安全质量及环境危害问题严重　由于设施结构不合理，加上环境调控能力差，造成病虫害大量发生，致使农药使用过量；有的单纯追求经济利益，盲目施用化肥，造成环境污染。在日光温室生产中，土壤长时间处于高温、高湿、高蒸发量、无雨水淋溶的密闭环境中，复种指数高，肥料用量大，导致土壤结构被破坏，板结化，多年连作会造成土壤耕层盐分积累严重，形成次生盐渍化。

第三节
日光温室花卉生产及研究重点

一、我国日光温室花卉生产的技术研究

（一）加强日光温室生产的设备研制和生产模式研究

结合各个花卉产区的地理气候条件，根据不同的市场需求，研制适合当地使用的不同规格、不同形式的生产设施与设备，降低成本，从而规范日光温室花卉生产。进一步完善日光温室花卉生产模式及配套技术，制定标准化、专业化生产技术规程并加以示范推广，通过生产模式的合理化以及生产管理水平的提高，达到花卉周年均衡生产和高质、高效的目的。

（二）节能型日光温室环境精准控制技术研究

通过对日光温室生产条件下花卉与温度、光照、水分、肥料、空气等环境因子相互作用规律、仿真模型的研究，探索不同种类花卉对环境响应的定量关系，开发出基于花卉模型和环境模型的温室计算机控制系统。建立有效的水肥及栽培基质系统，提高日光温室生产中的光照、温度、水、土壤、肥料等调控的机械化程度，重点研究推广日光温室生产中土壤耕作、施肥、灌溉与室温管理等机械化设备与技术，尤其是基质栽培技术、自动喷灌技术、高效低耗循环栽培技术，研制出适当的日光温室覆盖材料，可最大限度地利用光能，将花卉生长的基本要素掌控好，从而获得高效益。

（三）花卉病虫害可持续控制技术研究

以目前日光温室花卉的主要病虫害为控制对象，研究日光温室土壤节能、环境保护、无害化消毒技术、主要病虫害的生态防治新技术，建立日光温室花卉病害诊断和防治网站。针对引起日光温室生产花卉死亡率高达20％左右的土传病害，一方面推广测土配方施肥，坚持定

期化验土壤，另一方面根据花卉种类，选择 pH 及质地适宜的土壤，必要时进行土壤改良和调整。对连作地要进行土壤处理，包括土壤消毒（化学药剂消毒、物理消毒）、轮作及增施有机肥等。

（四）优质种苗工厂化生产技术研究

建立重要花卉，如月季、菊花、香石竹、百合、唐菖蒲、大花蕙兰、马蹄莲等花卉的无病毒种苗、种球的高效标准化繁育体系，建立日光温室花卉标准化生产管理体系；制定、实施主栽花卉品种的产品质量等级标准和标准化生产技术规程；积极推广先进适用的生产设施和生产技术，建立日光温室花卉技术推广体系。

花卉主产区的农业技术部门应注意调整人才结构，安排一定的科技力量从事花卉技术推广服务工作。加强从业人员的技术培训，提高从业人员的整体素质。

（五）日光温室花卉优质、高效生产技术研究

研究花卉花期调控周年生产技术，花卉标准化和规模化生产技术，营养液精准控制和营养诊断技术；探讨切花，如月季、蝴蝶兰、新型大花蕙兰、非洲菊等花卉在不同设施条件下的节能型标准化栽培技术；采后处理和远距离流通技术；开发新型再生无土栽培基质；研究基于花卉生长发育规律的日光温室花卉生产环境综合精确调控技术，建立花卉作物的标准化、高效、节能生产配套技术体系。

二、今后我国日光温室花卉生产的研究重点

以市场为导向，以科技为先导，集成国内外农业农机、农艺新技术。立足本国，发挥我国野生乡土花卉资源优势，建立产业、学校、科研机构一体化的经营机制，加快自主知识产权优新品种的研究开发。走适合我国国情的现代花卉生产发展道路，将会给我国花卉事业带来崭新的未来。

（一）科学开发我国花卉资源

我国是世界上野生花卉种质资源较为丰富的国家之一，具有培育花卉新品种的重要原始材料，有益于设施生产的多样性发展。目前，一方面一些花卉种质存在开发过度现象，如云南的部分野生珍稀兰花资源，现在残存无几，秦岭的芍药也破坏严重；另一方面，还有大量的花卉野生资源亟待开发利用，如虎耳草科落新妇属植物，全世界共有20种，我国就有14种，但长期在山野里沉睡，而美国、荷兰、英国、日本等国家早已驯化改良选育出血红色系、粉色系、白色系等多种新品种群，有适宜切花、盆栽和庭院栽培的各类品种上市。充分合理地利用本国资源，开发与保护相结合，培育拥有自主知识产权的设施栽培新品种，是今后研究的重点之一。

（二）因地制宜，合理使用花卉生产设施

我国自然气候条件多样，各地区气候差异较大；各地区花卉生产种类极不相同，影响花卉产品质量和产量的限制因素也不尽相同。因此，要根据当地自然气候条件，确定花卉产业的发展方向，加强科学攻关，设计开发能耗低、环境控制水平高、符合我国基本国情、能满足不同生长气候条件的现代化日光温室（图1-1）。制定从设计配套到施工安装以及运行管理各个环节的质量标准、行业规范。

（三）加强温室生产的科学研究，对栽培方式和栽培基质进行探讨

开展设施设备与环境工程，种子工程，产后处理，切花保鲜、包装、运输和储藏及盆花保鲜等方面的研究，提高花卉产品品质；提高设施生产的光照、温度、水分、土壤、肥料等调控机械化程度；积极研制轻质、无臭、无毒的栽培基质；改良喷灌技术；研制适宜的日光温室覆盖材料等。

图 1-1 日光温室花卉生产

第二章
日光温室花卉生产的环境特点及调控

　　花卉在日光温室内生产，是人为地创造出适合花卉生长发育的环境条件，并调控其生长发育所需条件与其所处环境条件之间的矛盾。因此，日光温室花卉生产技术的重点，是如何进一步完善日光温室这一设施和其内的环境条件调控，使其适合花卉生产的要求。不仅应了解日光温室内诸环境因素的特点，还应注意掌握各种因素的调控方法。

第一节
日光温室的光照特点及调控

一、日光温室的光照特点

日光温室接受阳光的效率称为日光温室的采光率。日光温室的结构和设备决定了其采光性能，并构成了室内复杂的光气候。日光温室的采光除受不断变化着的太阳位置和外界气象要素影响外，还受日光温室本身的结构、材质和管理技术的影响。

导致日光温室光照分布不均匀的原因主要有以下几个方面：

1. 采光面角度的影响　日光温室透光棚面的部位不同，采光角度不同，导致光照差异，入射角大的（太阳辐射角小的）部位光照差。

2. 受采光面距离的影响　离透光棚面愈远，光照愈弱，一般南部光照强，北部光照弱。以温室高 2.7 m 为例，离棚顶面 30 cm 处光强最高达 61%，150 cm 处为 34%，地面为 24.3%。

3. 遮阴的影响　除日光温室的东西山墙造成的遮阴，能使棚内的光照分布不匀外，大棚的骨架也造成遮阴。

4. 室内光照的日变化随自然光照的变化而变化　早、晚弱，中午强；晴天强，阴天弱。

5. 不同地区冬春季节的日照状况（以河南省为例）　河南省位于华北大平原南端的北纬 31° 23′ ~36° 22′，东经 110° 21′ ~116° 39′，总面积约 16.7 万 hm²。在这个广阔的范围内，太阳照射的高度和白昼的长短，一年中变化很大。在河南省所处的南北范围内，正午的太阳高度角从冬至的 30° ~35°，增加到夏至的 76° ~80°。太阳照射的时间，从冬至的昼长约 9.5 h，增加到夏至的约 14.5 h。

阳光是日光温室唯一的热量来源。因此冬春的光照条件往往成为日光温室生产成败的关键因素。"有收无收在于温，收多收少在于光。""不怕天气冷，就怕阴天多。"是日光温室研究与生产者的共同体会。

河南省位于亚热带气候向温暖带气候的过渡带。冬冷夏热，秋、春凉爽。春、夏、秋、冬四季分明。由于受季风的影响，晚冬、早春期间，南方的热气团和北方的冷气团易在河南省上空形成对峙的局面，一旦两者势均力敌、相持不下时，会连续出现多云、阴天、雨、雪、雾等恶劣天气，而冬季生产中起决定作用的是日照时数和日照百分率。所谓日照时数是指太阳照射到地面的实际时数。一地日照时数的多少与该地区所处的地理纬度、地理环境以及云、雾多少有关。河南省日照时数的分布是北部高于南部，平原多于山区。东部商丘，北部安阳、濮阳等地为全省日照之冠，而南部的南阳、信阳、驻马店以及豫西山区的卢氏等地在日光温室生产季节的 10 月至翌年 4 月，比其他地区的日照时数每月少 30 h 左右。太阳直射光在无物品、云、雾等任何遮蔽物的条件下，从日出到日落照射到地面所经历的时间为可照时数。一定时间内，某地的日照时数与该地可照时数的百分比称为日照百分率（%），一般用它来比较各地光照条件的优劣。日照百分率低，表明该区多阴、雨天气；反之，光照条件较好。河南省从南到北日照百分率的差异为 7%～10%。

二、日光温室的光照调控

1. 排除棚膜上的阻光因素，相对增加棚膜的透光度　聚乙烯塑料薄膜（PE）的内膜面容易凝结一层露水珠，增加反射光。为了减少光反射造成光损失，应采用聚氯乙烯（PVC）无滴膜或转光膜（EVA）。这几类薄膜的膜面上不易形成露水，比一般聚乙烯农膜增加光照强度 20% 左右，但聚氯乙烯无滴膜易染尘，往往也会因染尘而增加反射光造成光损失。目前，市场上出售的无滴长寿防尘薄膜，其膜面既不易形成露水珠，又防尘土污染，且使用寿命较长，为理想的棚面用膜。

2. 调节棚面角度　日光温室的光照强度和光照分布往往是互相矛盾的，且因日光温室的结构不可能随时改变，这就要在生产上注意棚面角度的调节。坐北朝南东西延长的改良式日光温室，要求冬季光照强度大，因此棚面角度应尽量大些，而且随着地理纬度的增高，棚面角度相应地增大。

3. 减少建材和花卉的遮阴　依照结构力学原理简化日光温室建造结构，尽量减少竹木等建材的遮阴，或把建材的阴影投到种植面以外。日光温室骨架在保证一定的承压条件下，直径尽量减小，以减少遮阴。合理增加日光温室的高度，增加温室内空间，减少植株的遮阴。采光面由平面改为拱面，增大受光面积和受光角度，从而增加透光量。

4. 利用反射光改善日光温室弱光区的光温条件　根据日光温室光照的水平和垂直分布，在日光温室中柱前后和东、西两山墙附近 1~3 m 处为弱光区。改善这个区域的光热条件，在中柱北侧和东、西两山墙内侧张挂农用反光幕可以起到这个作用。

5. 适时揭苫、盖苫，争取更多光照　日光温室生产，光照时间的长短和强弱是直接影响生产的制约因素。尤其在 12 月至翌年 1 月，光照时间短、光照弱的情况下，在日光温室管理上，一定要在花卉不受寒害的前提下，做到适时揭苫、盖苫，尽量争取更多光照。

日出前一段时间气温常处于一天中最低的温度。日出后还有一段回暖增温阶段。一般认为在 12 月至翌年 1 月于日出 1 h 后，即 8~9 时开始揭苫，尽量争取早上光照；16 时左右日落前盖苫，尽量把白天积累的热量保存在室内。争取每天能有近 8 h 的光照时间。这样多数花卉就能处于较正常的生长状态。

阴天或多云的散射光对花卉光合作用及室温的提高虽没有直射光明显，但仍然有较大的作用，也应该尽量争取利用。适时揭苫、盖苫也不能忽视。

6. 经常擦抹膜面，保持膜面清洁　试验表明，扣棚后 100 d 相同膜面不擦抹与每天擦抹相比透光率可降低 10% ~30%，因此经常擦抹膜面是增加透光率、确保室内花卉受光良好的必需措施，切不可忽视。

7. 人工补光　人工补光的目的：一是补充光照时间，以此抑制或促进花芽分化，这种补光使用的光照强度较小，约 100 lx 即可。另一种是作为光合作用的能源，以补充阳光的不足，这种补光要求光照强度大，一般在 1 000~3 000 lx。随着低碳绿色农业的发展和 LED 产品成本的下降，LED 人工光源已成为温室补光人工光源的主导。

8. 及时揭开多层覆盖物　在严冬季节为了提高日光温室的保温性，在室内加设二道幕、扣小拱棚等多层覆盖，其目的是为了阻挡夜间的长波热辐射，减缓土壤的放热速度，以保持一定的室温，防止幼苗遭受寒害。这些防寒覆盖物也只能在日落前半小时盖上，日出后应及时揭开。若整日不揭，不但会使幼苗在弱光下造成徒长，叶片变黄，落花落果，而且会因为空间湿度增大而使幼苗易染病。

第二节
日光温室的温度特点及调控

一、日光温室的温度特点

1. 日光温室的气温特点　　白天室内的空气由于地面受太阳辐射而温度逐渐升高，到 13 时左右达到最高点；之后随着太阳的辐射量逐渐减少，气温逐渐下降，到日落后只剩下棚内土壤中和墙体及后坡储存的热量，继续向地表和墙体表面进行长波辐射，并在夜间通过覆盖物以 $3\sim30\mu m$ 的长波向周围红外辐射热量，直至日出前。所以，日光温室内的温度在日出前最低，日出后受太阳的辐射温度逐渐升高，因此形成了日光温室内的日温差，即白天温度高，夜间温度低的情况。日光温室内的日温差有如下特点：①日光温室白天最高温度和夜间最低温度都比外界温度高。②日光温室的日温差比大气的日温差大，这与温室的容积有关。温室的容积越小，因热容量小，温度下降得愈快愈低，但也回升得愈快愈高。③日光温室的日温差随季节、地理纬度和天气等条件不断变化而变化。④在日光温室种植花卉，保持一定范围内日温差是十分重要的。如温度昼高夜低，有利于花卉增加净同化率，有利于促进叶芽及花芽分化及生长发育。⑤日光温室不同部位的温度差异。温室内各部位温度的水平分布也有差异，晴天白天前沿底脚 1 m 范围内温度最高，夜间相反，形成较大的昼夜温差。后坡下白天温度明显低于前沿底脚，夜间则相反。温室的两头由于山墙的阻挡，水平气温低于其他部位。尤其在开门的一侧，在距门 1~2.5 m，气温、地温明显低，居于这个位置的花卉，因受到冷风的影响，是全日光温室中生长最差的。

2. 日光温室的地温特点　冬季日光温室中的地温状况，往往成为喜温花卉种植成功的重要条件。从某种意义上来说，地温比气温更重要。地温的高低直接关系到花卉根系的伸长、根毛的发生及根系对水和无机盐的吸收。冬季在连续阴天的情况下，日光温室内地表面以下 5~10 cm 的温度也会降低至 10℃ 以下，这样就会导致喜温的花卉发生寒根、沤根现象。天晴揭苫后，植株向外蒸发水分，有些通过一天的回苫管理，使地温逐渐提高，以逐步恢复根系的吸收功能，植株才可恢复正常生长。若阴、雨、雪天数过长，地温长时间处于根系生长下限温度之下，多数根系受到寒害，根毛已失去吸收功能，这样，植株一见阳光，就会萎蔫死亡。

日光温室地温的垂直梯度变化，是随着深度的加深，其变化愈趋于平稳，愈接近地表，其变化幅度愈大。一般在地表 20 cm 以下，昼夜温差变化已经不大。

二、日光温室的保温和温度调控

为创造日光温室花卉生长发育的适宜温度，除利用日光温室结构的透光增温性和保温性外，还必须采取保温和温度调控措施。如果仅用日光温室结构的保温性，在寒冷季节不能维持花卉生长的最低温度时，就要用不透明覆盖物进行覆盖保温；如果仅用日光温室结构的透光增温性，当寒冷季节的中午或秋、春季节的白天不能维持适宜的最高温度时，就要通过开、关风口等措施来调节温度，从而使日光温室内维持最适宜的温度和日温差。

1. 日光温室的保温方法

1）增加地热储存，减少热量浪费　经常维持适当的土壤湿度，提高土壤热传导率，在无损日光温室内排水、防水的情况下，适当降低室内的栽培床地面；对室内地面覆盖地膜、碎草等，以减少水分蒸发和热量损失;也可在日光温室的四周设防寒沟。

2)减少间隙散热　首先要防止热量从日光温室的门、窗及其间隙散失。可通过减少门的面积,在门外装门,门上加挂棉帘,并将推挂门改为平推门等来减少热量的损失。严堵墙壁间隙,采用压膜绳压棚膜,可防止室内热量从间隙膜孔中外逸。

3)进行多层覆盖减少放热　采用多层覆盖,可有效地阻隔内部长波辐射。多层覆盖包括日光温室内、外面覆盖。

4)采用保温性好的覆盖材料和覆盖方式　不同的覆盖材料和覆盖方式的保温效果不同,因此,应根据日光温室的结构、季节气候和花卉生产对温度的要求,选用保温性好的材料和采取相适应的保温覆盖方式。目前,国内已有专门用于日光温室外部覆盖的聚乙烯高发泡软片,既轻便,保温效果又好。

2. 日光温室的温度调控　日光温室的温度调控方法,主要是揭、盖不透明保温覆盖物或开启与关闭通风窗口等。

1)揭盖不透明保温覆盖物　在时间上,应以揭开覆盖物后室内温度不大幅度降低为标准。若揭开保温覆盖物后室内温度大幅度降低,这说明揭开时间偏早;若揭开覆盖物室内温度迅速上升,这说明揭开时间偏晚。冬季若赶上雪、雨、雾天气,白天揭开覆盖物后室内气温不降低时,即应揭开覆盖物,使日光温室内尽量争取散射光。

在覆盖保温覆盖物的时间上,应以在晴天的下午覆盖后的4 h内,室内气温不低于18℃为标准。若气温低于18℃,说明覆盖的时间偏晚;若覆盖4 h之后,室内气温仍高于20℃,说明覆盖的时间偏早;若覆盖的第四小时,室内气温在18~20℃,说明覆盖的时间适宜。

2)通风换气　通风换气不仅能调节日光温室内的温度,还能降低室内湿度,排出有毒、有害气体,补充二氧化碳。通风的时间、部位,通风口的大小和持续时间的长短(通风量),因季节、天气、室内温度和花卉对温度的要求等情况而异。冬季室外气温低,当中午前后室内温度超过室内栽培花卉的适温上限时,即应通风降温。因外界温度很低,应开天窗通上风,而不应放底风,且注意通风口开得要小,通风时间不宜过长;当室内气温降至适宜花卉生长温度下限时,即应关闭窗口。1~3月的晴天,当上午室内气温达到喜温花卉适宜生长发育的温度上限时，就要先打开天窗，然后开前窗通风降温，即春末夏初之际，随着温度的回升，室内通风降温必须及时，并注意放底脚风，以防室内花卉发生高温障碍。但也要注意放风不可过猛、过急，通风时间、通风量要以室内温度为准。此时若遇阴雨或寒流天气时，仍应注意及时关闭窗口，预防低温寒害。

第三节
日光温室的气体特点及调控

一、日光温室的气体特点

由于日光温室经常处于密闭或半密闭状态，日光温室的空气组成与大气不同，经常出现因空气相对湿度较大，二氧化碳气体缺乏及有害气体积聚较多而影响花卉的正常生长发育。了解不同条件下的气体成分，增加有利气体，排除有害气体是日光温室管理的一项重要内容。

1. 日光温室种植花卉对二氧化碳的需求　通过通风换气，可以补充日光温室内的二氧化碳浓度，但是在严冬季节进行通风，必然会导致温度下降，甚至使花卉遭受冻害。所以在日光温室密封条件下，人工补充二氧化碳是有效的方法。人工补充二氧化碳的浓度，因花卉的种类、品种、光照强度、生育时期、日光温室内温度高低的不同而异。一般在弱光、低温、叶面积系数小时，采用较低浓度，而在强光、高温、叶面积系数大时宜采用较高浓度。

2. 日光温室内易产生的有害气体　由于日光温室是密闭的，其有害气体产生后多聚集于日光温室内，容易积累形成高浓度，如果不采取相应的防止措施，则会导致花卉受害。日光温室内的有害气体主要有：

1) 氨气　主要是未经发酵腐熟的有机肥料施入日光温室后在发酵、分解过程中产生氨气。施用铵态氮肥也能产生氨气。氨气浓度在室内达 0.1%~0.8% 时，就可危害花卉，使花卉叶绿素组织逐渐变为褐色，以至坏死。因此，在密闭的日光温室内应避免大量施用未腐熟的有机肥或大量的硫酸铵、硝酸铵、碳酸氢铵等铵态氮肥。

检查日光温室内有无氨气的积累，简便的方法是在早晨揭苫后马上测试日光温室棚膜上凝结水滴的 pH。氨气可微溶于水，氨水为碱性。测定棚膜水滴酸碱度可用精密 pH 试纸。使用时，用棚膜水滴将试纸湿润，然后通过比色卡对比便可测出 pH。正常情况下，棚膜水滴应为中性到微碱性，pH 为 7~7.2。当 pH 达 7.5 以上时，可认为有氨气的发生和积累。须找出根源予以解决，并注意排除已有的氨气。

2）二氧化氮　是氨气进一步分解氧化而产生的，一般情况下生成的二氧化氮很快变成硝酸被植物所吸收，但当施用较多的铵态氮肥时，一时不能完全转变，二氧化氮则在土壤中积累，其含量达 0.000 2% 时，就会使花卉受害，其受害症状，与日光温室内燃烧含硫量高的煤炭而产生的二氧化硫气体达 0.000 5% 后，花卉受害的症状相似。

3）亚硝酸气体　发生亚硝酸气体危害有一个重要的因素，是必须有经过强酸、高盐浓度条件下强化了的土壤微生物（反硝化细菌）的大量存在，在此前提下，土壤高度酸化和铵的大量积累，才能发生亚硝酸气体的危害。在连作的日光温室中，土壤里存在着大量的反硝化细菌，这也是连作日光温室中易发生亚硝酸气体危害的一个重要原因。

由于亚硝酸气体危害的症状与氨气相似，不易区别，因而对亚硝酸气体的鉴别非常重要。其鉴别方法与氨气的鉴别方法相同。所不同的是它所反应的 pH 呈酸性，测定的 pH 在 5 以下时，可能有亚硝酸气体产生和积累。应采取措施防止发生危害。

4）塑料制品挥发的有毒气体　塑料制品的增塑剂大部分为邻苯二甲酸二异丁酯，其本身不纯，含有未反应的醇、烯、烃、醚等沸点低的物质，它们挥发性很强，如混入一定量的乙烯、氯等，对花卉的危害很大。轻者受害花卉的叶绿素解体变黄，重者叶缘或叶脉间变为白色而枯死，受害部位主要是心叶和叶尖的幼嫩组织。一般日光温室定植存活后 5~7 d（视温度高低影响）表现受害症状，9~10 d 全部枯死。实践证明，通风换气不能完全控制农膜造成的危害。因此，使用的塑料薄膜必须是完全无毒的。

3. 日光温室的空气相对湿度　在日光温室相对密闭或不通风的情况下，土壤及叶面蒸发的水分不易逸出日光温室之外，造成日光温室内空气相对湿度经常在 85%~95%，尤其在夜间日光温室外温度低的情况下，日光温室内的空气相对湿度可达 100%。空气相对湿度变化的规律是：日光温室内温度增高，空气相对湿度降低；日光温室内温度降低，空气相对湿度升高。阴天和雨、雾天空气相对湿度升高，晴天、刮风天空气相对湿度降低，闭风时空气相对湿度高，放风时空气相对湿度下降。白天温度高，空气相对湿度下降；夜间温度低，空气相对湿度高。在不通风情况下，日光温室内的空气相对湿度经常达到饱和状态而在膜面上形成水滴。

二、日光温室的气体调控

1. 日光温室人工施用二氧化碳　日光温室内施用二氧化碳的时间要根据日光温室内花卉开始光合作用时的光照强度而确定，一般当光照强度达 5 000 lx 时，光合强度增大，日光温室内二氧化碳浓度下降，这时为施用二氧化碳的最佳时间。晴天在揭苫后 30 min 施用二氧化碳。如果在日光温室内施用了大量的有机肥时，因肥料分解，土壤中释放二氧化碳较多，施用二氧化碳的时间可推迟 1 h。停止施用二氧化碳的时间依据温度管理而定。一般在换气前 30 min 停止施用。秋、春季节，外界温度较高，日光温室通风的时间早且长，所以施用二氧化碳的时间较短，一般 2~3 h；冬季气温较低，日光温室内的通风时间短，施用二氧化碳的时间长；一般上午花卉同化二氧化碳的能力强，可多施或浓度大些；而下午同化能力弱，施用浓度可较低或不施。

就花卉而言，一生中以前期施用二氧化碳的效果较好。在育苗期，因幼苗集中、面积小，施用二氧化碳简单，施用后对培育壮苗、短缩苗龄期等都有良好的效果。日光温室内定植的花卉在定植后 7 d 左右，花卉已经缓苗时开始施用二氧化碳，对于菊花、兰花、牡丹等花卉，宜于雌花着生、开花、结果初期施用二氧化碳，因为此期植株对二氧化碳的吸收量急剧增加，及时施用二氧化碳，能够促进果实肥大。如开花结果前过多、过早地施用二氧化碳，将因株体库容体积小，只能使茎叶繁茂，对果实产量并无明显提高，得不到较好的效果。

2. 防止日光温室发生有害气体

1）施用经过充分发酵腐熟的有机肥料　为获得日光温室花卉高产，施用有机肥量较大，一般亩施有机肥 20 m³ 以上。在施用有机肥量如此大的情况下，之所以很少产生有害气体，就是因为这些有机肥料在施入日光温室之前 2~3 个月，已经充分发酵腐熟。腐熟后的肥料，不仅不产生氨气、二氧化氮等有害气体，而且有机肥料中也不带病菌和虫卵。

2）慎用化学肥料　一是不施氨水、碳酸氢铵、硝酸铵等易挥发或淋失的化肥；二是以尿素、硫酸铵不易挥发的化肥作部分基肥时，要与过磷酸钙混合后沟施深埋；三是以尿素、硫酸铵、硫酸钾等作追肥，要采取随即浇水冲施的方法，且要适当少施勤施。若采取开穴或开沟追肥，一定要随追施随埋严，追后及时浇水。

3）采用无毒塑料薄膜　日光温室使用的地膜、防水膜和棚面膜都必须是安全无毒的，不可用再生塑料膜。

3. 日光温室的空气相对湿度调控　在日光温室相对密闭和不通风的情况下，因土壤蒸发的水分不易外逸，日光温室内的空气相对湿度经常在 95% 以上，尤其夜间的空气相对湿度可达 100%，对花卉生长不利。调控日光温室内空气相对湿度的方法是：通风换气，排出日光温室内高湿的空气；采取地膜覆盖，防止土壤水分蒸发，减少日光温室内空气中的水分含量；改喷雾剂农药防治病虫害为喷粉尘剂或熏烟防治病虫害；不浇明水，而在膜下浇暗水。当日光温室内的空气相对湿度已呈饱和状态而需急速排湿时，可采取强制通风的方法排湿。

第四节
日光温室的土壤营养特点与调控

一、日光温室的土壤营养特点

1. 土壤营养缺乏速效性　日光温室主要生产秋冬茬、越冬茬和冬春茬花卉，栽培季节地温低，不利于土壤微生物的活动，有机养分转化为无机养分率低，所以土壤养分缺乏速效性。有些日光温室内虽然基肥中有机肥的施用量较大，但花卉在苗期或生育前期也表现缺肥现象，这就是由于缺乏速效性养分所致。

2. 土壤的易返盐性　由于免受自然雨水的淋溶作用，日光温室内施用的矿物质元素肥料流失很少；而土壤深层的盐分受土壤毛细管的提升作用，随土壤水分上升到土壤表层。这两种作用的结果使表层土壤溶液浓度加大，当达到一定浓度时，就会对花卉产生盐害。不同的盐类浓度对花卉的影响不同：土壤溶液总盐浓度在 0.000 3% 以下时，一般肉质根类花卉根系很少受害。当总盐浓度在 0.000 5% 时，花卉根系对养分和水分的吸收开始失去平衡，植株和果实的生长变慢或停止。当总盐浓度在 0.001% 时，就能测出土壤中有铵的积累，叶类花卉对钙的吸收就会受阻，表现出叶片呈现降落伞状或镶金边，植株变黑或萎蔫，甚至全株枯萎。一般随日光温室使用年限增长，日光温室内表层土壤含盐分浓度呈现上升趋势。

3. 土壤中各种元素的含量与花卉对各元素的要求不相适应性　花卉对氮的需要量较大，磷次之，再次是硼、钙和镁。在日光温室花卉生产中，最易发生缺钾症，也常发生缺硼、缺钙症，应特别注意。

4. 土壤湿度　土壤湿度极少受外界气候条件影响，而是由人工控制调节。土壤湿度直接影响花卉根系的生长发育和根系对土壤中养分的吸收，也间接影响花卉地上部分的生长发育。日光温室内土壤湿度的变化，主要靠灌水和喷水来进行调节。不同的浇水方法又影响到土壤的物理性状，如畦灌易降低地温和引起土壤板结等。

二、日光温室土壤养分的调控

1. 多施速效性肥料　在增施经过充分发酵腐熟的鸡粪、鸭粪及牲畜厩肥、草粪等有机肥和过磷酸钙混合作基肥的基础上，追肥时应尽可能使用速效性化肥，特别是营养元素全面而又不产生生理碱性、生理酸性的肥料。

2. 平衡施肥　依据所栽培的花卉种类对各矿物质元素的需求量及其比例，采取配方施肥，以其产量指标决定施肥用量。

3. 盐害的防治　积盐多发生在保护地，特别是连年种植花卉的日光温室里。种植期间为了防止和降低盐害，必须多施有机肥，改良土壤，以增加土壤的缓冲能力。在必须大量施用化肥的时候，一方面要选用不会急剧增加土壤溶液浓度的肥料品种，另一方面要结合追肥搞好浇水，并根据施肥的数量适当增加浇水的次数。对于已经发生严重积盐的日光温室，则可以采取以下方法来消除土壤积盐。

1）工程除盐　由于日光温室内表土至 25 cm 处盐分集中，而 25~50 cm 深土层含盐量相对较少，因而可在土面下 30 cm、60 cm 处各埋设一层有孔的塑料管，实行灌水洗盐，这样可使耕层内大部分盐分随水顺管道排到室外。

2）生物除盐　利用日光温室内夏季高温的休闲期种植生长速度快、吸肥能力强的苏丹草或玉米，可从土壤中吸收大量游离的氮素，从而降低土壤溶液的浓度。

3）深翻除盐　利用休闲期深翻，使含盐多的表层土与含盐少的深层土混合，可起到稀释耕层土壤盐分的作用。

4）综合措施除盐　夏季揭开棚膜，用雨水淋盐；多施有机肥，增加土壤缓冲能力；适量施肥，合理施肥，防止一次施肥，特别是化肥过多；因地制宜地种植不同的耐盐性花卉；实行地膜覆盖，抑制表土积聚盐分。

5）换土除盐　积盐太多，而采取以上的方法处理后，都不能取得理想的效果时，应考虑到日光温室的搬迁或换土。

第三章
日光温室花卉生产的花期调控技术

  日光温室花卉生产的花期调控技术是保证花卉周年生产的主要手段，也是推动花卉产业健康快速发展的有效措施。本章介绍了日光温室环境与花卉栽培生理特点，花期调控的意义和原理，花期调控的一般园艺措施，温度处理、光照处理、植物生长调节剂在花期调控中作用。

第一节
日光温室环境与花卉栽培生理特点

一、光环境与日光温室花卉栽培生理特点

太阳辐射到达日光温室表面产生反射、吸收和透射后进入室内，形成了室内光环境。由于温室材料和温室结构的影响，温室内光照在光照强度、光质和照光的分布3个方面与露地均具有较大差异，进而影响了温室花卉的栽培生理特性。

（一）光照强度对日光温室花卉栽培的影响

日光温室内的光合有效辐射能量、光量和太阳辐射量受透明覆盖材料的种类、老化程度、洁净度的影响，仅为室外的50%~80%。温室内总辐射量低，光照强度弱，这种现象在冬季往往成为花卉生产的主要限制因子。

光照强度直接影响植物的光合作用，不同种类的花卉对光照强度的要求不同。日光温室花卉种类繁多，主要对光照强度的要求与原产地光照条件相关。不同地区生态环境差异较大。从理论上推断，纬度越高，太阳穿过的大气层越厚，光照强度应当越弱；纬度越低、太阳光穿过的大气层厚度越薄，光照强度应当越强。实际上，由于从两极到赤道，年降水量逐渐增多，云、雷、空气相对湿度也越来越多，水蒸气对太阳辐射的吸收和散射，大大影响了光照强度。纬度较低的热带和亚热带地区（沙漠地区除外），阳光的光照强度相对较弱；高纬度地区阳光的光照强度相对较强。因而，一般原产于热带和亚热带的花卉因当地阴雨天气较多，空气透明度较低，往往要求较低的光照强度，将它们引种到北方地区栽培时通常需要进行遮阴处理。而原产于高海拔地带的花卉则要求较强的光照条件，而且对光照中的紫外光要求较高。根据花卉对光照强度的要求不同，可以分为阳性花卉、阴性花卉和中性花卉3种类型。

阳性花卉包括大部分观花类（一二年生花卉、宿根花卉、球根花卉、

木本花卉）、观果类花卉和少数观叶类花卉，如一串红、扶桑、石榴、柑橘、月季、梅花、菊花、玉兰、棕榈、苏铁、橡皮树、银杏、紫薇等。阳性花卉大多喜光温，在露地完全光照下或室内充足的光照下才能正常生长发育，不耐阴，一般原产于热带或者高原阳面。光饱和点大都在6万~7万 lx。在阳光充足的条件下才能正常生长发育，发挥其最大的观赏价值。如果日光温室内光照不足，则枝条纤细、节间伸长、枝叶徒长、叶片黄瘦，花小而不艳、香味不浓，开花不良或不能开花。阴性花卉主要是一些观叶类花卉和少数观花类花卉，如蕨类、兰科、姜科、秋海棠科、天南星科以及文竹、玉簪、八仙花、紫金牛等。其中一些花卉可以较长时间地在室内陈设，所以又称为室内观赏植物。这类花卉不耐强光，多产于热带雨林或者阴坡。光饱和点 2.5 万 ~4 万 lx，遮阴度 50%~80%。在适度荫蔽的条件下生长良好，如果强光直射，则会使叶片焦黄枯萎，长时间强光直射会造成死亡。大部分植物对光照强度的要求介于上述两者之间。一般喜欢阳光充足，但不耐夏日的强光暴晒，在微阴的条件下，也能生长良好。遮阴度 30%~50%，如萱草、耧斗菜、麦冬草、玉竹、桔梗、杜鹃、山茶、白兰花、栀子、倒挂金钟等，大部分的日光温室花卉都属于此类。

　　日光温室花卉生产过程中，应该根据不同植物给予适宜的光照条件。一般而言，强光会抑制细胞伸长，促进细胞分化，降低株高，缩短节间，使得叶片浓绿，叶小而厚，根系发达。弱光促进细胞伸长生长，但不利于细胞分裂和分化，减少叶绿素合成，使得细胞壁变薄，节间伸长，株高增加，叶色淡，叶片大而薄，根系不发达，植株柔弱。从生态习性上看，喜强光的植物，大多耐干旱；喜湿润的植物，多需荫蔽。在温室花卉，耐阴湿的植物中有不少种类能适应室内射光环境，是室内花卉布置的理想材料。有些花卉对光照的要求因季节变化而不同，如仙客来、大岩桐、君子兰、天竺葵、倒挂金钟等夏季需适当遮阴，但在冬季又要求阳光充足。

　　此外，花卉与光照强度的关系不是固定不变的，随着生长年龄和环境条件的改变会相应地发生变化。一般幼苗繁殖期需光量低一些，有些甚至在播种期需要遮光才能发芽；幼苗生长期至旺盛生长期则需逐渐增加需光量；生殖生长期则因长日照、短日照等习性不同而不一样。

各类喜光花卉在开花期若适当减弱光照，不仅可以延长花期，而且能保持花色艳丽，而各类绿色花卉，如绿月季、绿牡丹、绿菊花、绿荷花等在花期适当遮阴则花色纯正，不易褪色。

在春、秋季节，有时因管理不善、在温室中摆放位置不当等原因，致使光照过强，造成植物光合作用减缓、生长不良，甚至使叶片灼伤等。在冬季温室内，常由于天气不好、设备透光性差，温室管理不善等原因，发生光照不足的情况，若持续较长时间，就会因光合作用及蒸腾作用减弱，引起植株徒长、节间延长、花香不足、分蘖能力降低，而且容易感染病虫害。

光照强弱除了对植物生长有影响之外，对花色也有影响，这对日光温室花卉栽培尤其重要，花青素必须在强光下才能产生，散射光不易产生。因此，开花的观赏植物一般要求较强的光照。

（二）光质对日光温室花卉栽培的影响

日光温室多以塑料薄膜为覆盖材料，透过的光质与薄膜的成分、颜色等有直接关系。一般塑料薄膜的紫外光透过率低，当太阳短波辐射进入温室内并被作物和土壤等吸收后，又以长波的形式向外辐射时，被薄膜阻隔，从而使整个温室内的红外光长波辐射增多。

不同波长的光对植物生长的作用是不同的。大多数植物吸收300~700 nm 波长的光能，即以可见光和紫外线为主。它们对植物的生长发育具有重要作用。短波长的蓝、紫光，特别是紫光，能够降低生长素的水平，对植物生长具有强烈的抑制作用。高山上的植株矮小，与高山顶端大气层稀薄、紫外光容易透过、植物体内的生长素遭受破坏有关。长波的红橙光可以增强叶绿素的光合能力，促进植物的生长，加速长日照植物的生长发育、延缓短日照植物的生长发育。

（三）光照分布对日光温室花卉栽培的影响

光照分布在时间和空间上极不均匀。温室的后屋面、后墙以及东、西山墙，都是不透光的部分，在其附近或者下部往往会有遮阴。而朝南的屋面下，光照明显优于北部。温室内的太阳辐射量，特别是直射光日总量，在温室的不同部位、不同方位、不同时间和季节，分布都极不均匀，尤其是高纬度地区冬季温室内光照强度弱，光照时间短，影响温室作物的生长发育、花器官的形成和生理特性等。通常，不能满足植物光照长度的需求时，植物不能顺利完成生命周期的全过程，影响花芽分化、现蕾和开花。为此，可采取增加光照或遮光处理，来增加或者减少光照时间，以满足其生长发育的需要，同时，运用补光和遮光的方法，可以调节短日照和长日照花卉的花期，使其提前或延迟开花、延长供花期，以满足市场需要。

植物根据其对日照长度的需求，可以分为长日照植物、短日照植物和日中性植物。发育和开花不受日照长度影响的植物称为日中性植物，如仙客来、四季秋海棠、凤仙花等。日中性花卉利于花卉的周年生产，有较高的栽培价值。长日照植物是指日照长度超过临界日长，或者说暗期必须短于某一时数才能形成花芽的植物，如唐菖蒲、天竺葵、大岩桐等。日照时间越长，这类花卉生长发育越快，营养积累越充足，花芽多而充实，因此花多色艳，种实饱满，否则植株细弱，花小色淡，结实率低。唐菖蒲是典型的长日照植物，为了周年供应唐菖蒲切花，冬季在温室栽培时，除需要高温外，还要用电灯来增加光照时间。通常春末和夏季为自然花期的花卉是长日照植物。短日照植物是指只有当日照长度短于其临界日长时才能开花的植物。在一定范围内，暗期越长，开花越早，如果在长日照下则只进行营养生长而不能正常开花或开花少。一品红和菊花是典型的短日照植物，它们在夏季长日照的环境下只进行营养生长而不开花，入秋以后，日照时间减少到 10~11 h，才开始进行花芽分化。许多热带、亚热带和温带春秋季开花的植物多属短日照植物，如紫花地丁等。短日照植物大多数原产地是日照时间短的热带、亚热带。

二、温度与日光温室花卉栽培生理特点

日光温室内温度的增加主要靠太阳的辐射，自然光透过透明覆盖物，照射到地面并由温室地面墙体等反射长波辐射，提高室内气温和土温。由于长波辐射，能量较小，大多数被玻璃、薄膜等覆盖物阻挡，所以温室内进入的太阳能多，反射出去的少。再加上覆盖物阻挡了外

界风流作用（室内外气流交换）和低温季节人工增温，最终在温室内温度常年高于露地。但温室的环境仍然受到自然气候的影响，存在季节变化和日变化。此外，温室内还存在温度分布不均匀的现象，均对温室花卉的栽培具有重要影响。

（一）日光温室花卉的适宜温度

温度通过不同的方式影响植物的光合作用、呼吸作用和蒸腾作用等重要的生理生化过程，进而影响开花、结实等生长阶段。如日光温室内的水汽压不变，叶片温度上升，会增加叶片内部的水汽压，从而使叶片的水分蒸腾作用加强；土温低，则根系对水和离子状态的营养物质的吸收会减弱，并影响水分和养分的输导供应，进而影响地上部的生长和发育。

植物的生长发育和维持生命活动都要求一定的温度范围，如超过其维持生命的最高、最低界限，就会引起生长不良，甚至死亡。植物对温度环境的要求都是对原产地生态环境条件长期适应的结果。日光温室花卉种类众多，原产于热带、亚热带的植物多为喜温性花卉，如蝴蝶兰、马蹄莲、竹芋等。这类花卉不耐低温，甚至短期霜冻就会造成极大危害。冬季日光温室内生产大多数需要短暂加温。原产于寒带和温带气候条件下的则多为喜凉性作物，耐寒性较强，最适温度在18~25℃，超过25℃则生长不良，同化能力减弱；超过30℃时，几乎不能积累同化产物，如月季、梅花、紫罗兰、百合、金盏菊等。这类花卉一般不耐高温，日光温室夏季栽培大多需要配备降温设备。日光温室栽培应该根据不同植物对温度基点的要求，尽可能调控温度在花卉的生育适温内进行生产。另外，植物的最适温度也不是一成不变的，还受到光照强度、温室气体等其他因素的影响。

（二）花卉不同生育时期对温度要求不同

温度不仅影响花卉种类的地理分布，还影响各种花卉生长发育的不同阶段和时期，这是植物在长期的进化过程中，逐渐适应环境的结果，如球根的休眠、茎的伸长、花芽的分化和发育等，都要求一定的温度环境。热带花卉的生长发育较多地受雨季和旱季的影响，亚热带和暖温带的花卉，则依其原产地的气候条件，不同季节有不同的适温要求。每种花卉在不同栽培时期对温度的要求不同。一般而言，种子繁殖的草花，播种期对土壤温度要求较高，种子出土后，苗期要求温度较低，随着植物生长，对温度的需求逐渐提高，茎叶旺盛生长期需要较高的温度。现蕾至开花阶段，相对较低的温度有利于生殖生长，结实期要求相对较低的温度，有利种子成熟。二年生草花，幼苗期需要经过低温春化阶段，方能开花。

（三）昼夜温差与花卉栽培

欲使日光温室内花卉生长迅速，应有适宜的昼夜温差。白天适当提高温度，保障光合作用促进有机物合成；夜间适当降低温度至呼吸作用较弱的区间内，以增大有机物的积累、加快植株的生长。不同植物的昼夜最适温度不同，多数作物有近 6~10℃ 的温差要求。如彩叶草白天适温是 23~24℃，夜间适温是 16~18℃；香豌豆白天适温是 17~19℃，夜间适温是 9~12℃。日光温室花卉对昼夜温差的要求是长期适应自然环境的结果，超出一定适宜范围，反而对生长不利。

（四）温度与花芽分化

花芽分化是植物从营养生长向生殖生长过渡的标志，花芽的数量和质量对花卉至关重要，不同种植物的花芽分化、同一植物花芽分化的不同时期，对温度的要求均不同。一般而言，花芽分化的适温高于茎叶生长，在枝叶停止生长或生长缓慢时开始花芽分化。

三、湿度与日光温室花卉栽培生理特点

高湿是日光温室内湿度环境的突出特点。由于植物生长势强，释放大量水汽，加之温室常年由覆盖物覆盖，处于密闭状态，室内湿度常处于饱和状态，空气相对湿度和绝对湿度均高于露地。由于湿度过高，当局部温度低于露点温度时，会导致起雾、结露现象。除高湿外，温室内湿度分布不均匀，存在明显的日变化。白天温度高，光照好，可

进行通风，空气相对湿度较低；夜间温度下降，不能进行通风，空气相对湿度迅速上升。温室空间越小，湿度日变化越明显。湿度的季节变化与温度季节变化密切相关，低温季节空气相对湿度高，高温季节空气相对湿度低。

在一定的温度条件下，植物的生长发育都存在最适宜的空气相对湿度。日光温室内的高湿环境往往对温室花卉的生长发育产生不良影响。开花期湿度过大，易使枝叶徒长，花瓣霉烂、落花，有碍开花，影响结实。此外，当温室内空气相对湿度高于 90% 时，常导致病害严重发生。尤其在高湿低温条件下，水汽发生结露，加剧病害发生和传播。因此，从创造植株生长发育的适宜条件、控制病害发生、节约能源、提高产量和品质、增加经济效益的综合方面考虑，应采取措施降低温室内的空气相对湿度。

四、气体环境与日光温室花卉栽培生理特点

随着温室内光照、温度、湿度环境的不断改善，温室内气体成分和空气流动状况对花卉生长发育的影响，逐渐引起了人们的重视。温室内的空气流动不仅对温度、湿度有调节作用，而且能够及时地排除有害气体，同时补充二氧化碳，增强花卉的光合作用，对促进花卉的生长发育有重要作用。

（一）二氧化碳环境

大气中二氧化碳浓度为 $300\sim350\mu L \cdot L^{-1}$，由于受气候、生物等因素影响而具有一定的季节变化和日变化。一般一天中日出之前最高，$10\sim14$ 时最低；11 月至翌年 2 月较高，$4\sim6$ 月较低。而日光温室处于相对封闭的状态，内部植物生长活动旺盛，导致二氧化碳浓度日变化幅度远远高于外界。日光温室内，夜间由于植物呼吸、土壤微生物活动和有机质分解，室内二氧化碳不断积累，早晨揭草苫前浓度最高。揭苫之后，随光温条件的改善，植物光合作用不断增强，二氧化碳浓度开始低于外界。通风前二氧化碳浓度降至一天中最低值。通风

后，外界二氧化碳进入室内，浓度有所上升，但由于通风量不足，补充二氧化碳数量有限。因此，一直到 16 时左右，室内二氧化碳浓度低于外界。16 时之后，随着光照减弱和温度降低，植物光合作用随之减弱，二氧化碳浓度开始回升，盖草苫后及前半夜的室内温度较高，植物和土壤呼吸旺盛，释放出的二氧化碳多，因此二氧化碳浓度升高较快。第二天早晨揭苫之前，二氧化碳浓度又达到一天中的最高值。若在晴天的下午通风口过早关闭，由于植物仍具有较强的光合作用，温室内二氧化碳浓度会再度降低。温室内土壤条件对二氧化碳环境有明显影响。增加厩肥或其他有机物质的施用量，可以提高温室内部的二氧化碳浓度。无土栽培温室内，土壤散发的二氧化碳极少，特别是在换气量少的冬季，二氧化碳亏缺更加严重。

日光温室内不同部位的二氧化碳浓度分布并不均匀。从中午二氧化碳浓度分布来看，群体生育层上部以及靠近通道和地表面的空气中二氧化碳浓度较高，群体生育层内部浓度较低。由此可见，二氧化碳供应源主要来自土壤和外界空气。在夜间，靠近地表面的二氧化碳浓度往往相当高，群体生育层内部二氧化碳浓度较高，而群体生育层上部浓度较低。以上是在换气窗局部开放条件下的测定结果，因而受到外界空气的影响。日光温室内部二氧化碳浓度分布不均匀，会造成作物光合作用强度的差异，从而使各部位的花卉品质不一致，因而调节日光温室内二氧化碳浓度十分必要。

二氧化碳浓度的高低直接影响光合作用。各种作物对二氧化碳的吸收存在补偿点和饱和点。二氧化碳补偿点以上，随着二氧化碳浓度升高，光合作用逐渐增强，达到二氧化碳饱和点后，光合作用强度与二氧化碳浓度无关。在极端二氧化碳高浓度条件下，光合作用强度随二氧化碳浓度的升高而降低。在正常光照强度下，碳三植物二氧化碳补偿点一般为 $30\sim90\,\mu L\cdot L^{-1}$，碳四植物较低，为 $0\sim10\,\mu L\cdot L^{-1}$，碳三植物二氧化碳饱和点一般处于 $1\,000\sim1\,500\,\mu L\cdot L^{-1}$。

（二）有害气体对日光温室花卉栽培生理的影响

日光温室内乙烯主要来源于燃料的不完全燃烧和一些塑料薄膜、塑料管道的挥发。花卉自身也会产生少量乙烯，它促进果实成熟和植株衰老。通常室内空气中混入乙烯浓度达 $0.05\mu L\cdot L^{-1}$ 时，经 2 d 即出现叶片下垂，叶色褪绿、变黄，落叶，植株矮化，甚至枯死。金鱼草和马蹄莲自身都能释放较多乙烯。储运时不能把马蹄莲和其他花卉装在同一容器中运输，以免伤害其他花卉。水果也会产生大量乙烯，因此花卉不能与水果在同一冷库里存储。对乙烯敏感的花卉有珠兰、茉莉；抗性中等的有米兰、夜来香；抗性较强的有杜鹃、桂花、白兰等。

日光温室土壤中大量施用鸡粪、饼肥、厩肥等有机肥，在土壤中发酵以及施用碳酸氢铵、尿素等化肥，可释放出大量氨气，对日光温室中富含有机物的培养土进行蒸汽消毒时也会释放大量氨气。当氨气浓度达到 $5\mu L\cdot L^{-1}$ 时，植物就会开始受害，一般症状是植株幼芽最先受害，叶片出现水浸状斑，叶肉组织白化，其后变成黑褐色，逐渐枯死。

日光温室内汞的来源主要是温度计、高压水银灯、自动通风机械的开关设备等，这些设备破损，造成水银挥发而污染空气，可使玫瑰花苞停止开放或使花色变暗，叶片出现烧伤状，幼芽发黄变黑。发现汞污染环境时要及时清除。铁可与汞结合，可防止危害扩大。

日光温室以太阳为主要能源，但冬季低温季节进行花卉生产时，也常常使用天然气、石油和煤炭进行短暂加温。如果天然气燃烧不当或从加热管道中渗漏混入温室空气中，就会危害作物的生长。温室由于冬春季通气少，致使燃炉补充氧气不足而发生燃烧不充分，废气混入室内空气中。若天然气在室外储气罐中渗漏，在结冰的土层下扩散，通过未结冰的温室土壤表层挥发到温室空气中（这种方式可扩散至数百米之外的土层中），都会对植物造成危害。通常浓度达 $10\mu L\cdot L^{-1}$ 就会伤害植物，万寿菊更为敏感，$1\mu L\cdot L^{-1}$ 就受害，天然气可使香石竹花器官停止发育，花瓣直立状；天然气可使玫瑰过早开花，高浓度时还会出现大量落叶。

在使用硫黄熏蒸消毒时，若操作不当，会导致二氧化硫混入温室空气中，浓度达 $0.1\sim0.3\mu L\cdot L^{-1}$ 时，就会影响花卉的光合作用，破坏叶绿体，导致中部叶片叶脉间呈水浸状褪绿斑，严重时呈明显白色，直至植株萎蔫、枯死。对二氧化硫敏感的花卉有矮牵牛、波斯菊、百日草、玫瑰、唐菖蒲、天竺葵、月季等；抗性中等的花卉有紫茉莉、万寿菊、蜀葵、鸢尾、四季秋海棠等；抗性强的花卉有美人蕉等。

除上述有害气体外，日光温室内还会有一些其他大气污染物。如制铝工业和磷肥厂等含氟原料的化工厂排放的废气污染大气而产生的，其中氟化氢的毒性比二氧化硫高 20 倍，空气中只要含 $5 \times 10^{-6} \mu L \cdot L^{-1}$ 氟化氢就可使植物叶片比正常小 25%~35%。氟化氢还可造成叶绿体破坏，危害症状和二氧化硫中毒症状相似，若急性中毒时，只需几小时，叶子变为黄褐色，全株枯死。对氟特别敏感的花卉有唐菖蒲、郁金香、玉簪、杜鹃、梅花等；抗性中等的花卉有桂花、水仙、杂种香水月季、山茶等；抗性强的花卉有金银花、紫茉莉、玫瑰、洋丁香、广玉兰等。

五、根际环境特征及其对日光温室花卉栽培生理的影响

根际温度对整个植株生长的影响很大，根系生长要求比较稳定的根际温度。适宜稳定的根际温度，即使气温超过或低于作物生长的要求，对作物的生长也不会有多大的影响。日光温室的根际环境与露地有较大差异。

首先，日光温室有较严密的覆盖材料，无法依靠降水来补充水分，只能由灌水、土壤毛细管上升水等来供给。因此，与露地土壤相比日光温室内土壤水分较易调节。日光温室内与露地相比，自然风少，土壤蒸发和作物蒸腾量相对较小，加之灌水多，蒸发蒸腾水在覆盖材料表面结露下落返回土壤，因此，土壤水分含量比露地大。由于结露大部分沿着薄膜等覆盖材料表面流向温室两侧，久而久之使日光温室内中部的土壤干燥，而两侧的土壤相对湿润，引起日光温室内土壤局部湿差和温差，所以，在日光温室中部一带土壤应注意多灌水。地膜覆盖在温室园艺中普遍采用，由于地膜的透水、透气性差，大大降低了土壤的蒸发量，使土壤能保持相对较高的含水量，可减少灌水次数和灌水量，并可降低温室内空气相对湿度，抑制病虫害的发生。

其次，日光温室土温差异较小。土壤接受太阳热或人工加热得到热量以后，一部分热量传导到地中，到夜间随着气温的下降又释放出来提高气温，一部分热量用于土壤水分的蒸发，一部分热量用于增热

保护地内气温，还有一部分热量用于土壤横向失热。由于冬、春季节室内外土壤温差较大，土壤横向向外失热较多，所以造成日光温室地温变化速度缓慢。

再次，由于日光温室内土壤淋不到雨水，加之施肥量过高，土壤中残留的肥料盐类容易积累，大的灌水量和较高的温、湿环境，使盐分随着土壤毛细管水向上移动积累在土壤表层，造成土壤溶液浓度变大，栽培作物易发生各种生理障碍。因此，应定期对日光温室内土壤进行盐分浓度测定和营养诊断，把握土壤养分状况，进行合理施肥。合理施肥包括肥料种类的选用、施肥量的计算和科学的施肥技术。科学施肥是提高土壤肥力，保证日光温室花卉优质、高产的重要措施，了解各种肥料的养分含量以及每一种作物对养分的需求量，选择适宜的肥料进行合理配比、施用。

最后，根际气体环境与大气相比，由于作物根系的呼吸作用和微生物分解有机物质，加之根际气体与外界气体交换受到一定的限制，氧气浓度较低，二氧化碳浓度较高，使作物根系的生长发育受到抑制。气体浓度的变化与土层深度有关，土层愈深则二氧化碳浓度愈高，氧气浓度愈低，这与土壤呼吸量和土壤气体扩散系数有关。根际气体环境还与温度、含水量、有机质含量等有一定的相关性，随着地温的升高土壤呼吸增大，随着土壤水分含量的增高气体扩散系数降低，土壤中氧气浓度降低，随着土壤有机质含量的增加二氧化碳浓度升高。

第二节
花期调控的概念、意义和原理

一、花期调控的概念及意义

自然界中所有植物，每一种都有一个相对稳定的开花时期，正如人们所说的"春兰、夏荷、秋菊、冬梅"。在花卉生产中，为解决花卉开花的季节性和市场需求的周年性之间的矛盾，通过改变环境条件和采取特殊的栽培方法，使花卉提早或延迟开花的技术措施，称为花期调控技术。在花期调控栽培时，使花卉提前开花的栽培方式称为促成栽培，使花卉延迟开花的栽培方式称为抑制栽培。

花卉促成和抑制栽培的目的主要是调节花卉的开花期，解决生产中的供不应求、供过于求和周年供应的问题。通过促成或抑制栽培，适时地提供大量的鲜花，绿化和美化环境，使人们的工作、学习和生活环境变得整洁优美、清新悦目。例如，每到国庆节各大城市总是展出百余种不时之花，集春、夏、秋、冬各花开放于一时，极大地增强了节日气氛。一年中节日很多，元旦、春节、五一等都需应时花卉。目前通过促成栽培与抑制栽培，月季、香石竹、菊花等一些花卉已经基本实现了周年供花。通过花期调控技术，人们能够更精确地安排栽培进程，缩短生产周期，提高土地利用率。通过花期调控技术，能够提高花卉产量，既能够获得较高的经济效益，也可以缓解生产中的供不应求或供过于求的矛盾，满足市场四季均衡供应和外贸出口的需要。

现在，世界各国都一直十分重视花卉花期调控技术，特别是现代化、规模化程度较高的花卉生产大国，花卉生产已实现机械化和自动化控制，通过花期调控技术能够按时、优质、按量提供各种新鲜花卉，实现了花卉的订单生产。花卉花期调控技术是一项经济、适用、具有较高经济价值的技术，每个花卉生产者都希望尽快、尽早、尽多地全面掌握这项技术，以推动我国花卉产生的快速健康发展。

二、花期调控的原理

在花期调控实践中，人们大多采用温度和光照控制、激素处理、肥水管理以及修剪、嫁接等技术，实现对花卉花期调控。

（一）花期调控的主要设施

日光温室是促成和延迟花卉栽培的主要设施，可以实现对环境因子有效地调控，免受地区、季节的限制，已广泛用于花卉生产。随着经济发展和鲜切花生产水平的提高，日光温室建造逐渐向规模化、大型化、结构标准化和控制自动化的方向发展。花卉生产温室内一般要附设栽培架、播种和扦插繁殖床、水池、种子室、球根储藏室、操作室以及相应的保温和加温设备等。日光温室用于花期调控时，一般需配置有较好的喷雾设备、温度控制设备、光照控制设备等。温度控制设备包括加温和降温设施。光照控制设备包括短日照和长日照控制设施，其中短日照控制设施包括有黑幕、遮光膜（网）、暗房和自动控光装置等，暗房中装有便于移动的花架；长日照控制设施包括必要的补光和照明设施，配有各种颜色的光源和自动控光装置等。

（二）花期调控的生物性原理

1. 阶段发育理论　植物在一生中需经历营养生长和生殖生长两个不同的生长发育阶段。营养生长阶段植物主要完成细胞、组织和器官数量的增加以及体积的增大，植物体长大和营养物质积累到一定程度将进入生殖生长阶段。生殖生长阶段植物主要完成花芽分化和开花结实过程。一年生花卉从种子萌芽开始有一个较短的营养生长阶段长成一个完整植株，然后进入生殖生长开花结实，最后衰老死亡，完成一个生命周期。二年生花卉通常第一年只进行营养生长，第二年完成生殖生长，两年完成一个生命周期。多年生木本花卉的实生苗要经过几年的营养生长，才能使个体大小和营养积累达到要求，进入到生殖生长阶段开花结实。在花卉的生长发育过程中如果人为创造条件，使其提早进入生殖生长阶段，就可以提前开花。

2. 休眠与打破休眠　休眠是温带植物普遍具有的生物学特性，是植物为适应原产地生态环境，在长期的进化过程中逐渐形成的特性。通常处于休眠期的植物，即使环境条件适宜也不能萌芽生长，只有满足特定条件度过休眠期才能生长。在花卉生产中，如果能够根据植物的休眠特性，采取适宜措施打破其休眠，就可以促进生长、提前开花；相反，若采用相应的方法延长休眠期，就可以使其继续维持休眠状态，延迟开花。

植物的休眠根据所处的生理状态不同，可分为自发休眠和强制休眠 2 种类型。自发休眠是植物自身习性决定的休眠现象，往往出现在冬季温度最低的时期。处在自发休眠期的植物，体内的生长活动能力接近最低点，细胞原生质含水量极低，即使将这些植物移入适宜环境，也不会萌发、生长和开花。

强制休眠又称被迫休眠，主要有 2 种类型：一种是植物在生长期内遇到高温、低温或干旱等不良环境条件，限制了植物的继续生长，迫使它们的生长处于缓慢或停滞状态而进入强制休眠。另一种是休眠植物已经度过了休眠期，但由于环境条件恶劣，迫使其仍然处于休眠状态的现象。两种强制休眠都是不良环境条件引起的，如果给予适宜的生长条件，都能够逐渐恢复生长。

3. 花芽分化的诱导　植物由营养生长过渡到生殖生长，除需要个体达到一定的生理状态和一定的营养积累外，通常还需要特定的环境条件才能完成，而实现生长过渡的标志就是花芽分化。

花卉的生长发育起源于花芽分化，即由营养生长转入生殖生长是从茎或枝上分生组织的生长锥由分化叶芽转向分化花芽开始。花卉植物的花芽通常由鳞片或苞叶包裹着，可分为顶花芽和侧花芽 2 类。植株顶芽转变而来的花芽称为顶花芽，侧芽转变而来的花芽称为侧花芽。顶花芽的分化是在新梢停止生长之后，在顶花芽外部形成鳞片，内部的叶原基转化形成花芽原基和苞叶。侧花芽的分化最先开始于枝的基部，然后依枝上节位的顺序先后进行分化。花芽分化的起始和持续时间，取决于花卉种类、植株生理状态、营养积累程度以及气候条件。通常同一品种在同一地区，每年花芽分化时期大致相似。这样才会出现在相同纬度地区，同一种花卉开花期相对一致。很多春季开花的木本花卉多半是在夏季高温季进行分化花芽，一些秋植球根花卉是在夏季球根储藏期间进行分化花芽。花卉的花芽分化多要求较干燥的环境条件。掌握了各种花卉的花芽分化对植株和环境条件的要求，就可以采用适宜的栽培措施使植株提早满足花芽分化的要求，再适时地提供适宜的环境条件，就能够提早分化花芽，然后再给予花芽生长发育的条件使花芽迅速发育成花蕾，最终达到提早开花。相反，也可以设计一些阻止花芽分化的条件，使其延迟分化，以达到延迟开花的目的。

植物由营养生长过渡到生殖生长，完成花芽分化过程与温度、光照和营养等因素密切相关。根据植物花芽分化所需要的条件，形成了春化作用、光周期等多种理论和假说。

1）春化作用　某些园艺植物在生命周期的某个阶段，只有经过一段时期的相对低温，才能诱导生长点发生代谢上的质变，进入花芽分化过程形成花芽，进而才能孕蕾、开花、结实。这种通过一段低温过程才能够诱导花芽分化的现象称为春化作用。

多数越冬的二年生草本花卉，部分宿根花卉、球根花卉，以及部分木本植物的花芽分化需要通过春化阶段。若没有持续一段时期的相对低温的条件，它们始终不能形成花芽。植株通过春化阶段所要求温度的高低和持续时间的长短因种类不同而异。多数园艺植物通过春化所需要的温度为 $0 \sim 5 \, ℃$，所需要的时间长短不同种类的要求差异较大，短者仅需要 $5 \sim 10 \, d$，而长者需要 2 个月以上。这主要与植物原产地不同有关，一般起源地冬季温度低、低温时间长的植物，通过春化所需的时间也较长。起源相近的植物间，二年生草本植物需求时间较短，多年生宿根和球根类植物次之，多年生木本植物需求时间较长。很多草本植物，特别是二年生植物在度过春化阶段后，还要求一定的日照长度才能开花，如紫罗兰等；通常大多数木本植物度过春化阶段后能否开花，对日照长度要求不严。

2）光周期现象　植物生长到某一阶段时需要经过一定时间白天与黑夜的交替过程，才能诱导成花的现象叫光周期现象。根据植物诱导成花所需光照时间的长度分成长日照植物、短日照植物和日中性植物 3 类。长日照能促进长日照植物开花，抑制短日照植物开花；短日照能促使短日照植物开花而抑制长日照植物开花；日中性植物的要求不严格，在长日照、短日照时植物都能够开花。通常光照处理必须与植物在某一生育期对温度的要求相结合，才能诱导开花。目前证明，某些长日照植物必须在低温、短日照条件下度过春化阶段，才能在长日照条件下度过光照阶段诱导开花，而且长日照也不是绝对要求某一特定的日照时数，而是要求光照时间渐长的环境。短日照植物的光照阶段，也不是绝对的要求某一短日照条件，而是要求日照时间渐短的环境。实质上，许多研究表明对诱导开花起作用的不是足够长或足够短的日照，而是足够长或足够短的黑夜条件。

3）积温学说　许多研究证明，植物完成生长发育过程的每一个阶段都与发育期内环境的最低（下限）温度以上的温度的总和（积温）紧密相关。尤其是那些对光周期要求不严格，生育过程又与温度条件密切相关的植物，完成发育的全过程都要求一定的积温。在满足特定阶段所需积温的基础上，植物才能够接受环境中低温春化或光周期的诱导，由营养生长转向生殖生长，进而开花结实。在生产中对播种期的要求非常严格，且对花期估计的十分准确，这实际上就是建立在积温学说基础上的实践总结。作物的不同种类和品种、同一品种的不同发育阶段，对有效积温都有特定的要求。通常晚花品种及花瓣较多的品种，完成某一发育阶段对所需积温的要求相对较高。

4）碳氮比学说　植物完成特定生长发育阶段是以体内营养物质的积累为基础，特别是由营养生长转化为生殖生长必须积累一定量的营养物质。植物的营养物质主要有糖类和蛋白质两大类。促进植物开花的因素并不是某类物质的绝对含量的多少，而是两大类营养物质含量的比值。当糖类物质含量多于含氮化合物时，植物便开花，反之则不开花或延迟开花。许多对春化和光周期要求不严的一年生植物的花芽分化和开花与否，受体内营养水平的影响较大。体内的碳氮比只是植株成花的前提和基础，并不能影响已完成花芽分化植株的开花。除碳氮比值外，开花也受到磷、钾、硼等营养元素的影响，特别是硼对植株花芽分化和开花有较明显的作用。

（三）花期调控的常用方法

1. 植物种类和植株的选择　进行花期调控时，首先根据当地能够掌控的环境条件选择适宜的花卉种类。如凤尾兰等多年生常绿观赏花卉，在东北地区的低温条件下正常生长发育很难，花期调控也只能是空谈。在选定适宜的花卉种类后，应根据其生长发育特性和成花所需要的环境条件，确定相应的技术措施，如维持或打破休眠，阻止或促进春化作用，满足或阻碍度过光周期等。同种花卉的不同品种之间，对环境条件的敏感程度也存在明显差异，有些品种开花对环境条件较敏感，易于控制花期，而另一些品种则较难。对光照敏感的长日照和短日照花卉，通过光周期的调节较易于提早或推迟花期。大多数对光周期和温度变化都敏感的花卉，较易于通过相应的环境控制调节花期。花卉促成和抑制栽培时，应选择适宜的种类才能确保开花；必须选择适宜的品种，才能确保在要求的时间开花。

在选定花卉种类和品种后，还应选择已经进入开花可控期的适宜植株。通常处于童期或营养生长初期的植株，以及营养积累未达到成花条件的植株都无法通过栽培措施调控花期。植株达到开花可调控期所需的生长期长短因花卉的种类和品种而异，通常一年生花卉一般需几十天，二年生花卉需几个月，多年生花卉差异较大，多年生木本花卉甚至需要几年才能进入开花可调控期。有些植物看起来高大，但实际还是处在幼年期，即使给予诱导开花的条件，也很难开花。如牡丹催花植株一般应选择长势强健、株型紧凑、枝条粗壮、根系发达、无病虫害、芽体饱满、花芽已分化的壮苗。一般选择分株后四至五年生、总枝数在 5 条以上，每个枝条上有发育正常的花芽 2 个以上（俗称二芽）的强健植株。植株生长状态对花期调控效果也具有明显的影响。花期调控应选择生长健壮、节间较短、无病虫危害、营养积累较丰富，花芽分化质量较高、数量多的植株。营养生长过旺，节间过长，甚至徒长，花芽分化质量差、数量少的植株；营养生长虚弱、枝条纤细，营养积累不足，很难形成花芽的植株都不能选作花期调控的对象。

植株的自然花期与预定花期越接近，越容易通过人工控制在预期时间开花，还可以简化花期控制措施或缩短控制时间。在花期调控时，草本花卉可按自然花期与预定花期相距的时间和当时的环境条件，采用提前或推迟播种或繁殖期的方法控制花期，通常相距时间越短越利于控制花期，环境条件越适宜调控越容易，有时甚至可缩短调控期。宿根花卉、球根花卉及木本花卉，花期调控应选择花芽分化已完成的植株，而且植株的预定花期越接近自然花期，体内的生理活动也将开始，将要进入萌芽期，此时不但有利于打破休眠促进开花，也较易采取措施推迟萌动、延缓开花。如果植株花芽已萌动，甚至已形成花蕾，一般很难进行花期调控，但可选择萌动较晚、花蕾较小的植株，抑制生长推迟花期，但推迟的效果也很有限。为提高花期调控的效果，应选择没有完全通过阶段发育（如休眠、春化和光周期等）的群体或植株为宜。

2. 花期调控的技术措施　　花卉的花期调控常用方法大致可以分为物理调控、化学调控和栽培措施调控 3 类，鲜切花还可通过采后调控技术调节花期。

物理调控主要是指通过控制光照和温度等环境条件的方法进行的花期调节。温度处理是通过温度的高低和持续时间，调节花卉的休眠期、花芽分化期和生长期、花茎伸长期、花蕾的形成和生长期等花器官生长发育的进程，实现对花期的调控。许多越冬休眠的多年生花卉和木本花卉、越冬或越夏期相对休眠的球根花卉，都可用温度处理进行强制休眠延缓开花，或者打破休眠促进提早开花。光照处理主要是通过调节日照时间，即光周期调节植物的花芽分化，进而调控花期。

化学调控主要是指应用植物生长调节剂调节花卉的开花期。生产中常用的主要有赤霉素、萘乙酸、细胞激动素等植物生长促进物质，以及乙烯利、矮壮素、多效唑等植物生长抑制剂类物质。化学调控的优点是激素用量小，效果好，操作简便，易于推广，主要技术成熟后可在生产中大面积应用；缺点是应用效果易受环境条件和花卉生长状态的影响，稳定性差，需不断试验确定使用对象、浓度、时期和次数等，此外，还可能对环境造成污染。化学调控的主要作用包括解除休眠提前开花（如赤霉素）、代替低温促进开花、促进生长提早开花、抑制生长延缓开花等。以木本花卉促进开花为例，在休眠期可采用生长素类物质解除休眠，促进开花，在营养生长前期（即童期）可结合栽培技术采用植物生长素类促进生长，使其尽快度过童期提前开花；在转变期采用生长抑制剂类激素控制营养生长、增加营养积累，以促进开花等。

栽培措施调控主要是指应用栽培技术调节花卉花期的方法。一些对温度和光照不敏感的花卉，可以通过改变播种期或无性繁殖期的方法调节花期。许多花卉可以通过整形修剪或控制肥水的方法，延迟或提早开花。还可以通过覆盖保温、遮阴、通风等方法调节花期。此外，鲜切花作为一种特殊的观赏形式，可在采后利用人工方法提早开花或低温长时间储藏延迟开花，这也是花期调控的一种。

（四）花期调控的常见问题

花卉的花期调控必须按照其生物学特性和生态习性，采用适宜的方法才能获得较好的效果。如果采用的方法与花卉的生态习性不适宜，即使植株能够如期开花，也会导致开花不正常，严重降低观赏效果。在花卉的花期调控时，如何深入了解花卉的阶段发育特点，以及花芽分化、花芽生长发育和现蕾开花过程的影响因素，采用适宜的方法和措施，确保植株在预定时间能够正常开花，是花期调控成功的关键。此外，生产中还必须了解在花期调控中经常出现的问题，分析问题出现的原因及其解决方法，并尽可能地避免问题的发生。

植物的花期具有很强的时效性，如果花期与市场需求的时间不符，会给生产带来严重的损失。实际花期与预订花期相比，通常有提前和延后 2 种情况。如果花期提前，在预定花期前就已开花，会给生产和销售带来麻烦，特别是花期较短的花卉，提前开放后到使用时尽管尚未凋谢，但也过了最佳观赏期，严重影响观赏效果。某些单花花期较长的植物，花期适当前移不会造成严重的后果，如杜鹃在预定日期前 6~7 d 开花，整体上对观赏价值的影响也不会很大；但对于花期较短的花卉，如独本菊、月季等，花期即使提前了 2~3 d 也会对商品价值造成明显影响。为避免植株开花提前或延后，需要在整个管理过程中严格按照预订的程序进行。临近预订花期时，仅靠常规的管理措施很难控制开花时间，需要在预定花期的数周前就采取相应的措施，加速或延缓植株的生长发育，确保花朵如期开放。一般可以采用增施磷、钾肥，适当控制浇水，提高温度，增加光照等方法，加速植株生长发育，使其提前开花。

在花期调控时，由于环境条件的影响，有些花卉的花色可能发生变化，常常称为花色劣变。这主要是花色素合成受养分、光照和温度等条件的影响发生变化，进而导致花色的改变。如将晚菊花期控制在教师节前后，由于开花前温度较高，多数品种的花色会发生劣变表现为花色不正。光照对花朵颜色的影响也较大，花卉在富含蓝光、红光和远红光的室外直射日光下生长，更容易合成花青素，使花色更鲜艳。但白色的菊花在接受过强的日光照射后，花朵会出现粉晕，导致花色不纯正。这是因在强光下花瓣中生成了花青素，影响了观赏效果。温度条件对花色的影响，主要表现为低温利于光合产物的积累和花青素的形成，高温则会减少光合产物的积累、抑制花青素的形成。花卉生长在昼夜温差较大的环境中，花朵的颜色会更加鲜艳。例如将花期控制在5月初的一串红，在出圃前10 d置于昼温20℃、夜温10℃的环境中，花色会呈异常鲜艳的猩红色，从而提高了观赏价值。

第三节
花期调控的一般园艺措施

一、调节花卉播种期和繁殖期

在花卉生产中，播种期是指有性繁殖的种子播种时间，包括球根花卉种球的下地时间；繁殖期主要是指扦插、嫁接、分株等多种无性繁殖方式的繁育时期。许多花卉可以通过控制播种期或繁殖期调控花期。

许多一年生种子繁殖的花卉，如矮牵牛、百日草、波斯菊、雏菊、翠菊、凤仙花、鸡冠花、美女樱、松果菊、万寿菊、醉蝶花等，开花对环境条件要求不严，只要控制好播种时间，就能够较好地控制开花期。有的花卉甚至可以通过调控播种期，一年四季都可以看到同一种花卉开花。还有一些花卉，如大岩桐、桂竹香、旱金莲、荷花、黄金盏、千日红、三色堇、四季樱草、晚香玉、霞草等，不但要求一定的播种时间，还需要满足某种特定的环境条件才能开花。此类花卉仅依靠控制播种时间很难获得较好的花期调控效果，必须将播种期和环境条件控制有效地结合，才能达到预期的花期调控效果。

通过调控花卉的扦插、嫁接、压条期等，无性繁殖也能够有效地调控花期。在花卉无性繁殖过程中除调节繁殖期外，选用繁殖材料的质量和部位、采用的基质，以及繁殖的环境条件等都会对植株的开花时间产生一定影响。通常植株开花对环境条件要求不严的花卉，与种子繁殖一样可以通过调节无性繁殖时间控制开花期。开花需要满足某种特定的环境条件的花卉，也可以通过繁殖时间和环境控制相结合调控花期。

（一）调节播种期

一年生草本花卉大多属于日中性植物，通常开花对环境条件的要求不严格，只要植株生长到一定大小、营养积累到一定程度，就能够在温度和光照等条件的适宜范围内开花。它们可以在适宜生长的地区、季节或设施内播种，在不同时期开花，有的甚至可以在一年内的任何时间开放。

在东北地区一年生草本花卉，春季多于3月中旬至7月初露地播种，营养生长和开花都在高温、长日照条件下，植株生长旺盛，开花多、花色好；7~8月播种，由于气温高、湿度大，幼苗生长发育不良，但可在避雨、遮阴条件下露地播种，定植后正常开花；其他时期一般需在温室播种育苗后露地栽培或者在温室栽培。如翠菊的矮性品种于早春3~4月露地播种，6~7月开花；6~7月播种，8~10月开花；于日光温室2~3月播种，5~6月开花；8~9月播种的幼苗，如在日光温室栽培冬季开花，但如在冷床上越冬，则可延迟到翌年4~5月开花。这样排开播种，几乎一年内任何时间都可以看到翠菊花。夏堇从3月下旬至6月中旬，每隔10~15 d在露地播种1次，经间苗移苗后定植于露地或上盆，可从6月至10月中下旬连续不断开花，可供国庆节用花。

许多二年生草本花卉大多需要在低温下通过春化阶段，完成营养生长向生殖生长的转化，才能形成花芽进而开花结实。花卉按通过春化阶段的时期可分为种子春化和绿体春化2种类型。种子春化型花卉，如三色堇、香豌豆等，从种子萌动期开始到整个营养生长期，都可以接受低温影响，度过春化阶段，完成营养生长向生殖生长的转化；绿体春化型花卉，如羽衣甘蓝、紫罗兰等，必须植株生长到一定大小以后，才能够接受低温影响，度过春化阶段，完成营养生长向生殖生长的转化。种子春化型的花卉，既可以用作一年生花卉栽培，也可以用作二年生花卉栽培。如三色堇用作一年生花卉栽培时，于3~5月浸种，在种子充分吸水膨胀后，放在2~4℃低温下1~2周通过春化阶段后，再播于苗床育苗，定植后可于 7~10 月开花。三色堇作二年生花卉栽培时，一般于 8~9 月播种，发芽适温 19℃，10 d 左右出苗，经一次移植后在阳畦或温室越冬通过春化阶段，第二年 3~5 月定植，4~6 月开花，如果定植过晚会影响开花。绿体春化型花卉，由于只能在植株生长到一定大小时，才能接受低温度过春化阶段，生产中只能用作二年生花卉栽培。如绿体春化型花卉紫罗兰，通常于 7~9 月播种，经 2 次移栽长到 5~8 片真叶时，给予 2~5℃ 的低温 2~3 周通过春化阶段，再移入日光温室，前期日温 15~18℃，夜温 10℃，后期温度逐渐升高到日温 20~22℃，夜温 15℃，于 2~4 月开花。如果在 11 月开始给予人工补光，使每日接受 14~16 h 光照，则可提前到 12 月中旬开花，可供元旦用花。

有些球根花卉可根据其开花习性，通过改变播种期调节花期。几种球根花卉可按不同时间分别播种，使它们同时开花。如需国庆节开花，可在 3 月下旬栽植葱兰，5 月上旬栽植荷花，7 月上旬栽植晚香玉、唐菖蒲，7 月下旬栽植美人蕉（上盆，剪除老叶、保护叶及幼芽）。唐菖蒲切花要排开花期，可采用分期排球的方法，早花品种播种后一般 60~70 d 开花，于 1~2 月在日光温室中播种，3~5 月开花；3~4 月播种，6~7 月开花；9~10 月播种，12 月至翌年 1 月开花。唐菖蒲晚花品种播种后 120 d 左右开花，一般品种则播种后 90~100 d 开花，排开播种时间开花期可从 6 月初至 11 月初。安排唐菖蒲播种时间应考虑不同季节的积温差异，通常同一品种在早春播种需 100 d 左右开花，7 月播种则仅需 70~80 d 就可开花；4~5 月播种的积温在 1 600℃ 左右开花，6~7 月定植为 1 500℃，而 7 月下旬定植的则为 1 200℃，通常生长期的温度越高栽培周期就越短。

（二）调节定植期

多年生草本植物可以通过调节定植期调控开花期。如非洲菊一般定植后 5~6 个月开花，可以根据气候条件和用花需要，结合防寒、防暑等措施调整定植期，就可做到周年供花。一般表现为 8~9 月定植，翌年 1~2 月开花；10~11 月定植，翌年 4~5 月开花；1~2 月定植，5~6 月开花，经摘叶和摘蕾处理后，开花季节可延续到冬季。一些分蘖力较强的非洲菊品种，可在 3~5 月分株，经 4~5 个月栽培，可在 10~11

月开花。非洲菊在国庆节达盛花期，需在 4~5 月定植；春节开花，则需在 9~10 月定植。通常非洲菊只要保持室温高于 12℃，植株就不会进入休眠期，如果条件控制适宜一年四季均可开花。

　　黄莺从定植到开花需 100 d 左右，可根据所需开花期提前 90~100 d 栽植。3 月中下旬分株定植，6 月底可采收第一茬鲜切花；采收后根系周围发出脚芽，可重新分株定植，9 月底可采收第二茬鲜切花；如日光温室内栽培，至元旦前可采收第三茬鲜花。生产中也可将黄莺幼苗冷藏，按期分批定植，可常年提供鲜切花。如果黄莺于 1~2 月在日光温室上盆，加强光照和水肥管理，温度保持在 15~20℃，可于 4 月中旬到 5 月开花，较正常花期提前 2 个月左右，可供五一用花。

（三）调整扦插、嫁接期

　　许多花卉可以通过改变扦插、嫁接期调控花期，特别是草本花卉更宜采用此法。因为草本花卉从苗期开始，整个生育期间都可以通过摘心等方法，获得适宜的插条或接穗，同时也较易创造适宜的条件，可以在任何时间进行扦插和嫁接。此外，扦插和嫁接繁殖与种子繁殖的幼苗相比，减少了出苗期和生理幼年期，植株生长更快、开花更早，花期调控也更方便、更易控制。如一串红、藿香蓟等花卉要于 4 月下旬至 5 月上旬开花，供应五一市场，可于 11 月下旬至翌年 1 月上旬在日光温室内扦插；需要 9 月下旬到 10 月上旬开花，供应国庆节市场，则可于 5 月中旬至 6 月中旬扦插；美女樱、孔雀草于 6 月下旬至 7 月上旬扦插，亦可于 9 月下旬至 10 月上旬开花，供应国庆节市场。扦插繁殖比播种繁殖可提前开花，如夏堇播种苗需要 27~30 d 才可移植，而扦插则只需5~6 d 即可移植，扦插苗的开花期比播种苗可提早 20~25 d。所以，根据用花需要进行扦插繁殖，是调控花期、满足节日用花的适宜措施。

二、肥水控制

　　在花卉栽培过程中，适宜的养分和水分供应可以加快植株的生长发育，同时适宜的肥水管理也可以使植株提前或延迟开花。在花卉生长中，不同养分的作用明显不同，其中氮肥有利于植株营养生长，磷肥和硼肥利于生殖生长（花芽分化、开花结实），钾肥则主要有助于养分的运输传递，对提早开花也有一定作用。花卉氮肥充足时枝叶生长茂盛，开花推迟；磷、钾和硼肥充足则花芽分化质量好，开花多、花期长。特别是对低温春化和光周期要求不严格的花卉，如香石竹、矮牵牛、百日草、波斯菊、雏菊、翠菊、凤仙花、鸡冠花、美女樱、松果菊、万寿菊、月季等花卉，氮肥和水分充足可促进营养生长而延迟开花，增施磷、钾肥和硼肥有助抑制营养生长而促进花芽分化和开花。施肥要使用速效性肥料喷施，如生产中多采用间隔数天喷施一次磷酸二氢钾的方法催花。对低温春化和光周期要求较严格的花卉，在通过阶段发育后氮肥和水分充足也可延迟开花，增施磷、钾肥和硼肥可促进花芽分化和开花。菊花在营养生长后期追施磷、钾肥可提早开花1周左右。一些能连续发生花蕾，总体花期较长的花卉，在花期增施适宜的肥料可延长总花期。如仙客来在开花近末期增施氮肥可延长花期约1个月；香石竹、百合等栽培中增施适量氮肥，能延迟开花；飞燕草开花前追施氮肥，开花后多施磷、钾肥，可促使提早开花。某些花卉的花茎长出的较晚较短，可在花茎抽生前每隔3~4 d，在傍晚时叶面喷施磷酸二氢钾催花，可延长花茎、提早开花。

在花卉生长期适当控制水分能促进花芽分化、提早开花。因为相对干旱的环境能抑制植株的营养生长，增加营养积累，促进花芽分化。在花卉栽培中常采用控水、断水等措施，调节花期。如梅花、玉兰、紫薇等花卉，在7~8月停止灌水，立秋后逐渐恢复正常浇水，到国庆节可第二次开花。球根类花卉通常在干燥环境中进行花芽分化，分化后逐渐正常供水可促进花芽发育、花茎伸长并开花。如唐菖蒲在2~3叶期的花芽分化阶段要控制浇水，而当花蕾近出苞时，灌水1~2次，可提早开花1周。

在花卉的休眠期，可通过肥水控制使植株进入强迫休眠或打破休眠促进花芽分化。如梅花、榆叶梅等落叶盆栽花卉，在夏季高温、干旱条件下顶芽停止生长，进入夏季休眠或半休眠状态，此时如果继续进行干旱处理，将盆中水分控制到最低限度，可进入强迫休眠，延迟花芽分化和开花；相反在夏季多雨的年份，常常营养生长过旺，如进行干旱处理，强迫停止营养生长，也利于花芽分化和开花。如桃、梅等花卉在生长后期，保持干旱，导致自然落叶、强迫休眠，然后再给予适宜的肥水条件，可使其在 10 月开花。

三、整形修剪

月季、茉莉、矮牵牛、一串红等多种花卉，在适宜条件下一年中可多次开花，可以通过修剪、摘心等栽培措施调控花期。一些木本花卉，如月季、广东象牙红等，在营养生长达到一定程度时，只要环境条件适宜即可多次开花，可利用修剪的办法，使之萌发新枝不断开花。某些宿根花卉，如一枝黄花、菊花等，也可用修剪的办法使其一次或多次开花。如一串红修剪后发出的新枝，经 20 d 就能够开花，4 月 5 日修剪可于 5 月 1 日开花，9 月初修剪可于国庆节开花。百日草在幼苗 5~10 cm 时移植，定植后每月追肥 1 次，摘心 1~2 次，促使多分枝多开花，可延迟花期。月季花从修剪到开花的时间，夏季 40~45 d，冬季 50~55 d。9 月下旬修剪可于 11 月中旬开花，10 月中旬修剪可于 12 月开花，不同植株分期修剪可使花期相接。生产中常用的整形修剪方法有摘心、剥蕾、摘叶、剪枝等。

（一）摘心

摘心又称打顶，是对预留的主干枝、基本枝和侧枝顶端的柔嫩部分，进行摘除处理，促进其腋芽生长、抽生分枝的一种整形修剪方法。摘心一般用于易分枝的草本花卉，如一串红、藿香蓟等，摘心后因花卉种类和季节的不同，新生枝开花的早晚明显不同。在生长季节，草花摘心后 25~35 d 即可开花。常采用摘心方法控制花期的花卉主要有香石竹、菊花、矮牵牛等，如需要菊花在国庆节开花时，早菊的最后一次摘心在 7 月 15~20 日，晚菊的最后一次摘心在 7 月 1~15 日。一串红生长健壮的植株摘心后约 25 d 开花，因此 4 月初摘心者五一开花；9 月 5 日摘心者在国庆节开花。荷兰菊在短日照期间摘心后萌发的新枝经 20 d 开花，可在适宜季节内定时修剪、定期开花。

香石竹通过摘心不但可以调控花期，而且能够调整株型、增加枝量和调节枝条的生理状态，做到周年供应。如7月摘心，12月至翌年1月可切花上市；1月初完成摘心，到五一可切花上市。摘心方法不同，直接影响产花数量和采花时间。摘心方法主要是第一次摘心在定植后1个月，苗长到5~6节时才进行。摘心应选阳光充足的晴天，以利伤口快速愈合。操作时需一手扶稳植株，一手摘心，以免连根拔起。第一次摘心后，选留主枝和4~6个新生分枝培养，以便花质量好、开花早。在第一次摘心后抽生的分枝长到5~6节时，进行第二次摘心。第二次摘心时只选择主枝和3个生长势强而均衡、方位好（相互间呈120°分布）的分枝摘心，其余分枝不摘心，称为一次半摘心。一次半摘心主要是为了调整株型、错开花期，使株型丰满、提早分期开花、花量稳定。因为不摘心的分枝可继续生长，直到开花后剪除供应市场；摘心的分枝抽生二次分枝，以增加枝量使植株成形。生产中，在第二次摘心时将主枝和侧枝全部摘心，并称为双摘心。由于双摘心的摘心枝较多，易造成同一时间内抽生的枝条过多，使枝条细弱，株型繁乱；此外继续生长后同一时间形成的花枝也过多，使花期集中、单枝花数少、质量也较差，所以生产中最好不采用双摘心。

矮牵牛可通过摘心的方法调节开花，可于欲开花期前2~3周，选健壮植株，开过花或未开花的植株进行摘心处理，摘心后如果温度、光照及水分、肥力等条件适宜即可开花。如果摘心1周后尚未见幼蕾，则可喷施0.1%磷酸二氢钾，每周1次，2~3次后可现蕾开花。

倒挂金钟可通过适时摘心和修剪调节开花。倒挂金钟的适期摘心将能促使新枝的萌发，使其分枝多，开花繁盛。倒挂金钟摘心应从苗期就开始，每株保留5~7个枝条。在生长季节中，当花谢后又可进行摘心。通常在摘心后20 d又能长出新梢，形成花蕾，开出鲜艳的花朵。

（二）剥蕾、摘叶

剥蕾是在某些花卉的花序内花朵数较多，正常情况下不能全部开放的时候，将部分花朵在幼蕾期按要求摘除的方法，也是生产中常用的开花管理措施。剥蕾在生产中有剥除侧蕾和剥除主蕾2种方式。剥除侧蕾是将花序内生长瘦弱、发育不良的花蕾摘除，只保留发育最好的适量大花蕾，这样可使养分集中，促进剩余大花蕾提早开花；剥除主蕾是选择花序内发育良好的大花蕾和生长瘦弱不可能开花的小花蕾摘除，只保留发育中等的适量花蕾，这样也可使养分集中，能够适当地延迟开花，如大丽花、君子兰等花卉可用此法控制花期。

摘叶是指在花卉生长后期摘除部分衰老的非功能叶片和枝叶密集处功能低下叶片，改善植株通风透光条件的管理方法，能够改变花期，延长开花时间。如倒挂金钟的花蕾着生在新梢的叶腋间，如果在 6 月中旬摘叶，加强肥水管理，能促进第二次新梢萌发，9 月下旬新叶展开，新抽生的花蕾可在元旦、春节开花。如果摘叶做得好甚至到第二年 6 月下旬仍能陆续开花，7 月下旬后才进入休眠期。摘叶处理的时间，宜晚不宜早，最好在营养生长阶段结束、当年开花前进行。从植株形态上要求腋芽接近成熟而尚未萌发成侧枝时最理想。过早花色素等物质从叶部还未转运到枝条，过迟则会造成落蕾或提前抽条，影响二次开花的效果。以倒挂金钟为例，秋后，疏掉生长过密的枝条，短截过长的枝条，这样有利于萌发强健的新枝，促进多开花。倒挂金钟 6 月中旬摘叶，则花期可延长至第二年 6 月。

（三）剪枝

剪枝主要应用于保护地内的多年生木本盆栽花卉，可分为冬剪、夏剪和秋剪。木本花卉花芽分化多在每年冬季休眠前已经完成或部分完成，休眠植株的枝条可分为花枝和营养枝，越冬芽可分为叶芽和花芽。冬剪一般于每年春季植株结束休眠前进行，其作用是调整植株结构，使枝条分布更合理、株型更丰满；调整植株的花枝和营养枝、花芽和叶芽的比例，使生长更健壮、开花更繁盛。冬剪时首先应观察植株的生长势、树冠性状、枝条的疏密程度和分布，以及花枝和营养枝、花芽和叶芽的比例，分析营养生长和生殖生长是否均衡，确定修剪的基本原则。

如果植株生长势强，营养枝生长旺盛，而花枝、花芽较少，修剪时应疏除生长强旺的营养枝，并尽可能保留花枝和花芽，以确保营养生长和生殖生长均衡发展；如果植株生长势弱，营养枝细弱而花枝、花芽过多，修剪时应疏除多余的花枝和花芽，保留生长势较强的营养枝，以使植株的生长和开花协调发展。无论植株生长势如何，冬剪时都应疏除树体枝条密集部分的细弱枝，以利于通风透光；疏除生长过旺部分的强旺枝，以控制生长；保留并短截生长较弱或缺枝部分的强旺枝，以促进发枝生长。树冠枝条分布层较明显的植株，冬剪时应打开层间距，维持树形。例如，成年梅树，如果树冠内部通风透光条件不良，枝条营养不足，很难形成花芽，应疏除部分枝条，以增强树势，多形成花芽。修剪时，疏剪能改善树冠内部通风透光条件，减少养分消耗，使保留的枝条得到较多的养分，有利于花芽分化；枝条长放不修剪，有利于枝条的花芽形成和翌年或下一次开花；枝条短截有利于促进营养枝的抽生，而且短截越重植株营养生长越旺盛，越不利于花芽形成。

夏剪在植株萌芽后到落叶前的整个生长期都可进行，但主要是植株萌芽后、开花前、落花后和枝条封顶停止生长几个时期。夏剪的作用主要是调整植株的营养生长和生殖生长，使生长更健壮、开花更繁盛；调节植株的不同部位间花朵的数量和分布，调节和延长花期；促进花芽分化，为翌年打好基础。夏剪的方法主要有抹芽、摘心、疏花、疏枝、短截等。抹芽主要在植株萌芽生长到 5 cm 左右时，抹除枝条密集部位和萌芽较多部位的多余新梢，使枝条分布更合理。摘心是在花卉生长期中，适时地用手或剪刀除去嫩梢的生长点，促进多生侧枝，控制花卉徒长，使植株矮化，达到株冠丰满美观的目的。疏花在植株现蕾到开花前进行，疏除植株发育较好的大花蕾可延迟开花；疏除发育较差的小花蕾可促进开花；疏除植株花枝和花蕾过密部位的部分花枝或花蕾，可集中营养使剩余花朵开花质量好、延长花期。疏枝和短截在蕾期到落叶前都可进行，在蕾期可疏除花枝密集部位的多余花枝，也可将较长的成串花枝短截，仅保留 1/3~2/3，可集中营养使花朵分布均匀、开花质量好、花期长；在植株生长期间可疏除枝条过密部分的细弱枝（弱树）或强旺枝（旺树），将植株生长势较弱部位或枝条稀疏部位的强旺枝短截，可促进发枝生长，均衡树势。

秋剪在秋季落叶后到进入休眠前进行，主要应用于灌木和藤本花卉，特别是在北方需要防寒越冬的灌木花卉，以及少数二年生枝条开花效果较好、三年生以上的枝条开花效果较差的灌木花卉。如树莓在每年秋剪时都将植株开过花、生长势减弱的二年生以上的枝条从基部剪除，只保留当年的生长旺盛、翌年开花效果较好的枝条越冬。其他灌木花卉也需要在秋剪时剪除衰老枝、细弱枝和成熟度较低的枝条，保留生长健壮、花芽分化较好的枝条越冬。藤本花卉通常当年生长的枝条都很长，如果全部保留则第二年株型繁乱，需要秋季进行短截修剪。秋剪时先从基部剪除细弱的多余枝条，剩余的枝条仅保留基部成熟度好、芽眼充实，并足够翌年发枝的部分枝条为宜。通常依种类和品种不同保留基部几个到十几个芽眼的枝段即可。

第四节
温度处理在花期调控中的作用

在适宜的日照条件下，温度是影响植株开花与否以及花朵数量、质量的关键因素。如果能够人为地创造适宜温度，满足植株花芽分化、花芽发育、花蕾生长和开花的需求，就可以使花卉在非生产季开花，达到人为控制花期的效果。温度控制植株花期主要是通过对植株休眠期、春化阶段、花芽分化和发育、花蕾和花茎生长等阶段的调节，实现对花期的控制。大部分越冬休眠的多年生草本和木本花卉以及越冬呈相对静止状态的球根花卉，都可通过温度调控花期。温度调控花期主要有提高温度、降低温度等方式，不同方式在不同花卉或同种花卉不同阶段的作用和效果各异。

一、提高温度的影响

在一定范围内提高温度能够加速大多数花卉的生长发育，使植株提前开花。已通过休眠期或春化阶段的花卉，都可在温室提供的适宜条件下，通过提高温度使之提前开花。加温起始期和持续时间的长短，应根据植株生长发育状态及其到开花所需要的天数而定。在采用提高温度调节花期时，首先应注意加温初期温度应逐渐升高，一般以每3 d升温5℃为宜；其次提高温度必须在栽培花卉的适宜范围内，大多数花卉温度提升夜温到15℃、日温为25~28℃为宜；此外，提高温度必须与水分或湿度管理相结合，以防升温后水分或湿度不足导致植株失水萎蔫。

（一）升温促进花芽分化

许多花卉在20℃或更高的温度下能够加速阶段发育进行花芽分化，如杜鹃、山茶、樱花、紫藤等都在25℃以上时进行花芽分化，入秋降温后进入休眠，经过一定低温后结束或打破休眠而开花。许多球根花卉也在夏季较高温度下进行花芽分化，如唐菖蒲、晚香玉、美人蕉等春植球根于夏季生长期花芽分化，而郁金香、风信子等秋植球根是在夏季休眠期花芽分化。

（二）升温打破休眠促进成花

在升温处理前，部分花卉如郁金香、百合等，需一个低温过程完成花芽分化和休眠，再移入日光温室经升温培养才能够提早开花。此类花卉可通过控制休眠期调控花期，如前期低温处理提早进入休眠，后期升温处理提早打破休眠，进而提早开花。有些花卉如杜鹃、月季等在冬季低温环境下休眠，在春节回暖后生长开花，如果进行升温处理可以提前打破休眠恢复生长，提早开花。常用的方法是温水浴法，即把植株的一部分，浸入30~35℃温水，可打破休眠。如30~35℃温水处理丁香、连翘的枝条，需几个小时可解除休眠。冬季休眠的月季，在休眠期使用15~25℃处理，可打破休眠开花。

（三）升温促进花卉生长发育

在寒冷的冬春季节，温度较低花卉生长缓慢，通常气温降到5℃以下大部分花卉停止生长，进入休眠状态，部分热带花卉气温低于10℃就可能遭受寒害。因此，提高温度、阻止花卉植物进入休眠，防止热带花卉受寒害，是提早开花的主要措施。

在高温下已形成花芽而处于冬季休眠状态的木本植物，在完成一定阶段的低温（0~4℃）休眠后，适当提高温度（15~25℃），可以打破休眠、促使花芽提前发育、提早开花。花卉种类和品种间通过休眠后到开花期间，所需温度和时间明显不同，如梅花、迎春在春节期间4℃条件下即可开花，西府海棠在15~20℃条件下经10~15 d即可开花，牡丹则需50~60 d。通过提高温度打破休眠、提早开花的技术，处理植株必须已完成休眠过程才能达到预期效果。如果升温处理过早，植株未完成休眠过程，易导致植株不萌芽或萌芽不整齐。

二、降低温度的影响

（一）降低温度对休眠的影响

起源温带的多年生植物大部分都有低温休眠的特性，凡以花芽越冬休眠的耐寒花卉均可用通过控制休眠期的温度调节花期。

1. 延长休眠期　通常具有休眠特性的花卉如果已接受了足够的低温完成了休眠阶段，但仍然处在低温条件下就会进入强制休眠，直到温度回升满足生长条件才能恢复生长。生产中可以采用降低温度的方法，使植株始终处于休眠状态，以延迟花期。花卉通过强制休眠、延长休眠期所需的温度随花卉的种类而异，耐寒花卉如月季、海棠、梅花、迎春等为0~3℃；不耐寒花卉如山茶、紫薇等为5~10℃，温度过低，易受寒害。植株在强制休眠期间如果温度过高，易于解除休眠、萌动生长。

花卉生产中，采用低温强制休眠的方法延迟花期通常需要在冷库中进行。强迫休眠的花卉应在冬末，气温尚未转暖移入冷库，入库植株必须仍处于休眠期。入库时间过迟时，休眠较浅的早花类植物如西府海棠、迎春等易度过休眠期并开始萌动，萌动后的植株如再遇低温则受冻害。花卉低温强迫休眠的时间长短，应根据种类和品种的休眠特性，以及所需的开花日期、花芽发育所需时间和当时的自然气温而定。植株在低温强迫休眠期间，应控制水分供应，防止湿度过高，但要保持根部适当湿润。如要将大花萱草、芍药等延迟到9月中旬至10月上旬开花，可于2月中旬至3月中旬移入冷库，在8月中旬至9月中旬出库培养，可按期开花。在8月、9月沈阳露地日温为20~26℃，夜温为15~18℃，大花萱草宜于6月下旬出冷库，芍药、金银花、锦带花宜于8月下旬至9月初出冷库，榆叶梅、桃花9月初出冷库，西府海棠9月中旬出冷库，也可以根据市场需要分期分批出库。冷库与外界条件相比，温差低、光照弱，因此植株出库尽量选在傍晚或阴雨天，且出库后宜先放在半阴及较冷凉处，在花芽萌动前每日在植株枝干上喷水2~4次，以保花芽湿润，花芽萌动后再逐渐移至阳光充足处，使植株逐渐适应高温和较强的光照。

各种耐寒、耐阴的宿根花卉、球根花卉及木本花卉，如牡丹、梅花、山茶等，都可采用强迫休眠的方法调控花期。春植类球根花卉一般在叶片伸长后才进行花芽分化，如唐菖蒲、百合、晚香玉等，可通过低温抑制叶芽萌动，延迟花期。唐菖蒲一般在10月采收球茎，低温储藏到翌年1~2月后遇适宜温度，球茎开始萌芽。若将唐菖蒲球茎一直保存在0~3℃低温库中储藏，能够长期抑制种球萌动，分期取出种植，可根据需要延迟开花期。将正处在休眠期的芙蓉葵，于气温转暖前移入冷库，保持2℃左右的低温，可继续休眠，按开花期的自然气温决定出库时间，一般出库120~140 d可开花，自然气温较高可适当推迟出库，反之则早出库。

2. 低温解除休眠　花卉进入休眠后必须经过解除休眠，才能恢复生长开花。进入休眠的植株必须接受一定时间的低温，才能度过休眠阶段，度过休眠阶段后的植株遇到适宜条件，就可以恢复生长。在植株进入休眠期后，温度的高低对休眠进程的影响明显不同。植株休眠期的适宜温度与种类、品种、休眠特性与其起源地相关，大多数起源于温带的花卉，在0~5℃条件下休眠时间最短，高于5℃休眠时间明显延长，高于15℃则不能积累需冷量、休眠进程停止。如果将处于休眠阶段的植株，置于适宜休眠的低温条件下就可使其尽快满足对低温的要求，较快度过休眠阶段，能够提早加温、恢复生长，提前开花。例如，若使牡丹在元旦开花，可提前从冷室中将牡丹取出，移入温度在1~5℃的冷库中处理1周，然后再加温催花；若使其在国庆节开花，则需2周的1~5℃低温处理才有效。这是由于国庆节时气温较高，需要更长时间低温才能度过休眠期。仙客来、吊钟海棠等在夏季高温的环境下停止生长，进入休眠或半休眠状态，可在温度较低的荫棚下缩短休眠期并打破休眠，恢复生长，促使花期提前或无须休眠即能继续正常生长开花。

起源于温带的宿根花卉在冬季地上部枯萎，地下部宿存，休眠芽（顶芽）已形成花芽需经过一定的低温，才能打破休眠，恢复生长。如菊花以脚芽或莲座状叶的形式进入休眠状态，植株茎矮缩、不生长，经 0~3℃ 低温处理 30~40 d 可打破休眠，再转入日光温室恢复生长，提前开花。

一些高温休眠的花卉，如郁金香、仙客来等，用 5~7℃ 的低温处理种球可打破休眠并诱导和促进开花。郁金香种球收获后储藏于 25℃ 条件下，从 6 月底开始叶芽分化，到 8 月初花芽分化基本完成。然后将种球放于 5℃ 冷藏箱处理 7~13 周，冷处理时间越长，开花越早，花茎越高。冷处理 13 周的郁金香在种植后 60 d 开花。延长郁金香种球冷处理时间，可以缩短温室生长期。在冬季郁金香切花或盆花生产中，为降低加温成本、调节郁金香花期，采用延长郁金香种球冷处理时间的方法，成功实现了元旦或春节开花。

（二）低温春化

二年生草本花卉和某些球根花卉，在生长发育中需要一个低温春化过程才能抽薹开花，如毛地黄、桔梗等。一些秋播花卉，如改为春播，在种子萌动期或幼苗期进行一段时间的 0~5℃ 低温处理，也可度过春化阶段，促进开花。秋植球根花卉如风信子、水仙，通常需要一段 6~9℃ 的低温处理，才能使花茎伸长开花。元旦和春节开花的洋水仙，也先要在 8~10℃ 低温下冷藏处理，在 8℃ 时需冷藏 5 周以上，冷藏处理时间越长，促进开花效果越好。

起源于温带的多年生木本花卉，须经一段时间 0℃ 左右低温，通过休眠阶段才能开花，如海棠、桃、梨、杏花等。如碧桃喜温暖、耐严寒，在 16~28℃ 时生长良好，可在华北地区露地越冬，但必须经过一段时间的低温休眠，否则花器官很难正常发育，低温处理是植株开花的关键。通常在碧桃秋季落叶后，在露地 0℃ 左右的低温中放置 4~8 周，才能正常生长开花。植株低温处理时间的长短依温度的高低而异，在

1~5℃的温度条件下,需4周左右可完成休眠;在5~10℃的温度条件下,经过8周左右才能度过休眠阶段。度过休眠阶段的盆栽碧桃移入日光温室内催花时,应先放在气温接近0℃的环境,经过2~3 d,再逐渐提高温度,如果直接长时间将植株置于气温过高的地方,易导致花蕾败育使催花失败。

(三) 低温延缓生长

生产中可采用低温培养的方法,延长花卉的营养生长期,达到延迟开花的目的。采用低温培养的方法延迟开花时,温度应逐渐缓慢降低,通常以每3 d降低5℃为宜。植株在降温处理后,应保持在一定的低温条件下培养,培养低温因花卉种类不同而异,起源寒带的抗寒花卉可降到2~5℃,起源温带的不抗寒花卉降到5~10℃,起源热带、亚热带的喜温花卉降到10~15℃为宜。如荷花、玉兰正常花期在6月中下旬,为推迟花期可在花蕾长至6~8 cm时,移入2~4℃的低温冷库保存,抑制花蕾的生长,分别于9月上旬及9月下旬出库,可推迟到9月中旬至10月上旬开花,使其在国庆节开花。

推迟球根花卉风信子的花期,可将夏季已完成花芽分化进入休眠期的鳞茎,储藏于1~2℃的冷库中,使其停止生长。在预订花期前4个月取出,于9~13℃条件下培养4周,萌发生根后栽植,在17~20℃室温下促使生长抽生花茎,经3个月即可开花,此法多用于将花期推迟至6~11月开花。

(四) 低温促进花芽发育

桂花、菊花等花卉可在低温下花芽分化,其中桂花在花芽分化完成后,在夜温低于18℃条件下仅5~7 d即可开花。通常菊花采用光照处理控制花期,比温度处理的效果更好。

桂花喜温忌寒,在16~28℃条件下生长良好。温度对桂花开花的影响较大,植株花芽分化后在昼温低于12℃的环境中,持续数天花芽才能正常发育,顺利开放。如果环境温度过高,会抑制植株开花。在我国北方很多地区,为了保证桂花在中秋节开放,可先置于高温温室中养护一段时间,然后再搬到室外培养,可促使植株开花。

（五）避暑促花

仙客来和倒挂金钟等花卉，在适宜的温度下栽培可持续不断开花，但夏季炎热会停止生长不开花；如果在 6~9 月采取降温措施，满足其对温度的要求就能不断开花。月季、唐菖蒲、大丽花等花卉不耐高温，在稍低的温度下生长良好，能够不停地开花；盛夏高温会抑制花芽形成，导致歇花或开花不良，花形和花色也不如春末初夏和夏末初秋艳丽多姿，并易产生落叶、烂根等现象。在高温季节来临前，做好越夏避暑降温工作，就能延长开花期，提高观赏价值。

三、温度调控花期实例

在花卉栽培过程中，人们不断了解花卉的生态习性和生长发育特点，及其与环境条件的关系，总结出许多通过改变环境条件加速或延缓植株生长发育进程，调控开花期的措施，其中通过改变环境温度调控开花期的措施应用最普遍，效果也十分明显。

生产中人们常利用球根类花卉花芽分化和休眠期的温度周期性变化规律，进行促成或抑制栽培。秋植球根花卉通常在夏季休眠期高温条件下完成花芽分化阶段，而花芽的发育和花器官的生长却要求较低的温度条件。如郁金香花芽分化的最适温度为 20℃，而花芽伸长的最适温度为 9℃；风信子花芽分化的适温为 25~26℃，而花芽伸长的适温为 13℃。因此，郁金香的促成栽培时，通常选用晚花品种，在植株完成花芽分化后，在 13~20℃ 条件下经 35 d 预冷，再于 0~3℃ 下低温处理 35 d，使已分化的花芽充分发育、显露出幼小的花芽后再于 11 月上旬移入日光温室，在适温 15~20℃ 下栽培，可提前于 12 月开花。水仙促成栽培可在 5 月下旬采收种球，先置于 27℃ 高温下 2 个月左右完成花芽分化，再于 8~9 月移入 10~15℃ 的冷藏室低温处理 30~35 d，花芽充分发育后定植，也可于 12 月开花。小苍兰喜凉爽、忌高温，在 10~20℃ 的温度内生长良好，花芽分化的适宜温度为 12~20℃。每年 6 月采收的小苍兰球茎通常处于深休眠状态，30℃ 左右的高温能够打破休眠。栽培中小苍兰种球收获后，通常先将种球在 30℃ 左右条件下放置数周打破休眠，在解除休眠后定植到 12~20℃ 的低温条件下完成花芽分化，才能正常开花。小苍兰的花芽分化必须在 24℃ 以下完成，如果气温超过 25℃，就会出现花位下移。花位下移是指小苍兰的第一朵花生长在花序轴较低的位置，通常由球茎定植后的温度过高而引起。栽培中为了防止小苍兰花位下移，在定植后应将温度控制在 20℃ 以下，这样不但可以使小苍兰早开花，而且花期更长、株间花期一致。

第五节
光照处理在花期调控中的作用

　　光照主要从光照强度和光周期两个方面影响花卉的生长发育。植物正常的生长发育都要求适宜的光照强度，阳性花卉只能在阳光充足的条件下才能形成花芽进而开花，如荷花在阳光不足的遮阴条件下，叶面舒展肥大，营养生长旺盛，但往往不开花。阴性花卉在较弱的光照或散射光条件下，生长茂盛开花良好，光照过强或不足不能开花。如山茶在夏季花芽分化时在荫棚下养护，叶色绿，枝条茂盛、节间长，不能形成花芽。在适宜的阳光下，花芽数量多、质量好，是由于阳光适宜时可促进植株的光合作用，体内有机营养积累充足，为成花提供了物质基础；同时光照可抑制细胞分裂、促进细胞分化，进而抑制了营养生长，促进了生殖生长，有利于花原基的形成。

　　光周期是指一天内昼夜交替的周期性变化的现象。光周期对植物生长发育起到十分重要的作用，特别是对许多花卉由营养生长向生殖生长转化、形成花原基和开花起到决定性作用。每种植物都需要一定的日照长度和黑夜长度，才能够诱导花芽形成和开花。花卉对日照长短要求的光周期反应，不是在植株整个生长周期所必需的，只需在生殖器官形成以前较短的一段时间内获得满足，就可以形成花原基完成阶段发育。长日照和短日照通常是以一昼夜中日照时间长于或短于 12 h

来划分的，但实质上应以光照与黑暗时间长短的比例来决定。

生产中采用长日照或短日照诱导植物完成阶段发育的过程叫光周期处理。光周期处理的作用是促进花芽分化、诱导成花，进而完成花芽和花器官的发育，最后开花结实。光周期处理的方法是长日照花卉在短日照季节通过补光促使提早开花，在长日照季节通过遮光处理缩短日照抑制开花；短日照花卉在长日照季节通过遮光缩短日照促进开花，相反采用长日照处理抑制开花。光周期处理的开始时期，取决于花卉植株个体的大小和营养积累的程度，以及该种花卉的临界日照长度的小时数和所在地的地理位置。也就是说，植株应生长到能够接受光周期处理完成阶段发育的程度，而所处的光照条件又不能满足时，才能进行光周期处理。如植株所处的条件能够满足需求则无须处理，如北纬40°地区在3月初至10月初的自然日照在12 h以上，长日照花卉在此期间无须处理就可以完成阶段发育，形成花原基进而开花；但短日照花卉则必须进行光周期处理，缩短光照时间才能完成阶段发育，形成花原基而开花。

一、长日照处理诱导成花

长日照处理主要用于长日照花卉的促成栽培和短日照花卉的抑制栽培。唐菖蒲、百合、满天星、郁金香、瓜叶菊等长日照花卉做切花栽培时，冬季利用人工补光，可在自然的短日照条件下开花。长日照处理是多种切花冬春日照较短期间促成栽培的必要措施，能够防止因光照不足产生的盲花现象。如唐菖蒲于11月在日光温室栽植种球，在保持室温20~25℃条件下夜间人工补光，可提前到3月下旬开花，获得较高的经济效益。

生产中常采用长日照处理菊花等短日照花卉，延迟开花进行抑制栽培。如秋菊的花芽生理分化期为8月20日左右，抑制栽培时可在8月下旬至9月初开始补光，补光期的长度，根据需花期推算。通常补光结束后10 d植株进入花芽形态分化期，再于适宜条件下培养40~50 d可现蕾开花。所以，停止补光的时间为从预订开花期倒推2个月左右，如需元旦开花，则在 11 月初停止补光。菊花采用补光处理延迟开花，应尽量选用耐低温的晚花品种，补光时间如果在日落后每天应补光 4~5 h，但夜晚 22 时至翌日凌晨 2 时补光的效果最好。如采用 100 W 白炽灯，每 10 m² 用一盏灯，光源距植株 60~80 cm，植株对光照的感应部位是菊花的顶部叶片。理论上说光照强度至少达到 40 lx，在生产中一般需提高到 50~100 lx。在花卉冬季促成栽培中，除补足光照外最大问题是必须保证一定的适宜温度，若只能满足光照要求而不能达到植物开花所需的温度，也很容易造成盲花现象。

　　部分花卉对日长条件的要求随温度的不同存在明显差异。如万寿菊在高温条件下短日照开花，但温度降低到 12~13℃ 时只能在长日照条件下开花。报春花在低温条件下，长日照和短日照处理都能诱导成花；在高温条件下短日照处理才能诱导成花，但成花后的花芽发育需高温长日照条件。栀子花在高温条件下需短日照才能诱导成花，而在 15℃ 条件下则长日照和短日照都能够诱导成花。

（一）长日照处理的方法

　　长日照处理的方法主要有彻夜照明、延长明期、暗中断、间隙照明、交互照明等多种方法。生产上应用较多的是延长明期法和暗中断法。延长照明期法是在日落后或日出前给植株补充一段时间照明，使照明期延长到该种花卉的临界日长的小时数以上。生产中多采用日落后补光法，也叫初夜照明法。暗中断法又称夜中断法或午夜照明法，是在自然长夜的中期（午夜）给予一定时间的照明，将长夜隔断，使连续的暗期短于该种花卉的临界暗期的小时数的方法。通常在夏末、初秋和早春夜间照明为 1~2 h，冬季照明为 3~4 h。间隙照明法又称闪光照明法，该法以暗中断法为基础，但午夜不用连续照明，改用短的明暗周期，一般每隔十几分钟闪光几分钟，效果与暗中断法相同。间隙照明法是否成功，取决于明暗周期的时间比。如荷兰栽培切花菊，夜间做 2.5 h 中断照明，在 2.5 h 内进行 6 min 明、24 min 暗；或 7.5 min 明、22.5 min 暗等间隙周期照明，使总照明时间减少至 30 min。大大节约电能，节省电费近 80%。交互照明法是根据诱导成花或抑制成花的光周期都需要连续一定天数，才能引起诱导效应的原理而设计的节能方法。

例如长日照抑制菊花成花，在长日照处理期间采用连续 2 d 或 3 d（依品种而异）暗中断照明，随后间隔 1 d 非照明的方法处理，既可以达到长日的效应，也节省了电能。

（二）长日照处理的光源与光照强度

长日照处理采用的照明光源过去常为白炽灯或荧光灯，但白炽灯光能利用率低，目前多改用光亮度更高的节能光源。日照处理时不同花卉间适用的光源的光质有所不同，菊花等短日照花卉更适于采用含远红外光较多的长波光源，满天星等长日照花卉更适用短波光源。但大多数人认为，任何植物都应采用多种光源相结合，采用与阳光光质相似的组合光源补光，更利于植株生长发育。

不同花卉间光照处理的有效临界光照强度有所不同。荷兰菊在 10 lx 以上，一品红则需 100 lx 以上都具有抑制成花的长日效应，50~100 lx 是长日照植物诱导成花的常用光强。满天星长日照处理采用午夜 4 h 中断照明时，随照明强度的增加促进成花效果逐渐提高，但是超过 100 lx 后效果明显降低。光照处理的有效的照明强度因照明方法而异，如菊花采用长日照处理抑制开花栽培时，采用午夜闪光照明法时，1∶10 的明暗周期需要的光照强度为 200 lx，而 2∶10 的明暗周期需要的光照强度为 50 lx 即可。

植物接受的光照强度与光源安置方式有关。100 W 白炽灯相距 1.5~1.8 m 时，交界处的光照强度在 50 lx 以上。生产上常用的方式是 100 W 白炽灯相距 1.8~2 m，距植株高度 1~1.2 m。如果灯距过远，交界处光照不足，长日照植物会出现开花少、花期延迟或不开花现象，短日照植物出现提前开花、开花不整齐等现象。

二、短日照处理诱导成花

短日照处理常用于短日照花卉的促成栽培和长日照照花卉的抑制栽培。在日出之后至日落之前利用黑色遮光物，如黑布、黑色塑料膜等对植物进行遮光处理，使日长短于该植物要求的临界小时数的方法称为短日照处理。在遮光处理时，通常处理后的黑暗小时数不能大幅度超过处理植物的临界小时数，否则影响植株正常的光合作用，影响生长和开花的质量。

例如，一品红为短日照花卉，临界日长为 10 h，经 30 d 以上短日照处理可诱导开花，短日照处理时日长以 8~10 h 为宜。此外，许多花卉的临界日长受温度影响而变，温度高时临界日长小时数减少；遮光程度应低于各类植物的临界光照强度，一般光照强度不高于 22 lx，特殊花卉还会有不同的要求，如菊花光照强度应低于 7 lx，一品红光照强度应低于 10 lx；不同花卉需要遮光日数不同，通常 35~50 d。短日照处理以春季及初夏为宜，夏季进行遮光处理易出现高温危害、降低花品质，为减轻高温危害应采用透气性覆盖材料。遮光处理可遮去傍晚和早晨阳光，但遮去早晨的阳光植株开花偏晚，生产中以遮去傍晚的阳光为好；在遮光处理时，夜间应揭开覆盖物使温度与自然夜温一致。另外，在植物已展开的叶片中，上部叶比下部叶对光照敏感，因此遮光度确定应以上部叶为准。

三角梅是典型的短日照植物，花期调控主要采用遮光处理。在三角梅栽培过程中，应该保证植株每天接受不少于 4 h 的直射光。通常要在中秋节前 70~75 d 对植株进行遮光处理，遮光的具体时间是每天 16 h 至第二天 8 h，处理 60 d 后基本完成花期诱导，如苞片已经变色，停止遮光不会影响正常开花。这时如果有条件，最好将植株摆放到荫棚下养护数天，避免接受过强的日光照射，否则苞片的颜色较差，荫棚养护应维持到准备摆放的前 1 周，再让植株逐渐接受正常的光照，就能够正常开花。在短日照处理过程中，应避免遮光罩进光，必须做到在处理过程中保持黑暗，因为即使是短期的日光照射也会对三角梅的开花造成不良影响。夏季气温较高，遮光罩内的温度甚至可达 40℃ 以上，三角梅虽能够在短期内忍受高温环境，但时间不宜太长，可采用透气遮光材料或在遮光罩内设置排气孔，最大限度地降低环境温度。同时应注意不要让光线从排气装置中进入遮光罩内，以免影响短日照处理的效果。

长寿花是典型的短日照花卉，一般自然条件下 2~6 月开花。生产中可采用遮光处理调节花期，处理时选取生长发育健壮的植株，每天

8~10 h 光照，其他时间将植株放到暗室或者用黑布罩住，不能有一点透光，人为地形成一个短日照环境。通常处理 3~4 周就开始有花蕾出现，处理 12~15 周就可以看到全株都开满了花。如希望在元旦开花，可从 9~12 月初，每天给予 14 h 完全黑暗和 10 h 光照，就可如期开花。如果短日照连续处理 40 d，处理后的光照无论是长日照还是短日照，对开花都不会产生太大影响。在短日照处理期间，温度保持在 21℃ 为宜，不得高于 27℃ 或者低于 15℃，否则导致短日照处理时间会延长或处理失效。10~11 月是长寿花花芽分化期，应将温度控制在 15~18℃，土壤湿度保持在 50% 左右。在春季气温回升花序开始伸长时，应加强肥水管理，土壤湿度保持在 50% ~70%。

第六节
植物生长调节剂在花期调控中的作用

植物生长调节剂是人工合成或从植物、微生物中提取的，对植物生长发育具有调节作用的化学物质或生理活性物质。植物生长调节剂不但包括生长素类、赤霉素类、细胞分裂素类、脱落酸、乙烯等植物激素类物质，还包括植物生长延缓剂和植物生长抑制剂。花卉开花调节中，植物生长调节剂可用于打破休眠，促进茎叶生长，促进成花、花芽分化和花芽发育。常用的药剂有赤霉素、萘乙酸、吲哚乙酸、吲哚丁酸、矮壮素、多效唑、秋水仙碱、脱落酸、油菜素内酯、水杨酸、茉莉酸和多胺等。

一、植物生长调节剂的作用

（一）促进诱导成花

植物生长调节剂中的大部分抑制剂，如矮壮素、嘧啶醇、多效唑、乙烯利等，具有抑制植株营养生长、促进生殖生长、诱导成花的作用。在杜鹃最后一次摘心后 5 周，叶面喷施 1.58%~1.84% 的矮壮素溶液可促进成花。利用矮壮素浇灌盆栽杜鹃与短日照处理相结合，比单用药剂更为有效。乙烯利对多种凤梨科植物有促进成花作用。荷兰鸢尾喷施乙烯利可提早成花并减少盲花率。大多数花卉在花芽分化前喷洒适宜浓度的多效唑，都能够抑制营养生长并促进花芽形成。

营养生长是生殖生长的基础。赤霉素是促进花卉营养生长较有效的生长调节物质，在植株营养生长的前期和中期喷洒赤霉素，能够促进营养生长，使其生长发育进程加快，进而促进开花，目前已应用于菊花、仙客来、山茶、含笑、蒲包花、君子兰等花卉的生产。

（二）解除休眠

一些生长调节物质有打破花芽和储藏器官休眠的作用。常用的有赤霉素、激动素、吲哚乙酸、萘乙酸等。其中，赤霉素不仅可以解除花芽和储藏器官的休眠，而且还可以部分代替低温的作用，当冬季低温不足时，在休眠后期使用赤霉素处理，可以提早解除休眠。如宿根花卉芍药的花芽需经低温打破休眠，在促成栽培前用赤霉素 10 mg·L^{-1} 处理，可提早开花、提高开花率。

用一定浓度的赤霉素喷洒花蕾、生长点、球根、雌蕊或整个植株，可促进开花。生产中也可在花芽分化期采用快浸和涂抹的方式，对大部分花卉都有效。小苍兰、郁金香的休眠种球放在乙醚气中进行处理，可促其萌芽生长，提前开花。

（三）促进花芽分化

吲哚乙酸、萘乙酸、赤霉素以及一些生长抑制剂如矮壮素、多效唑等，可诱导花芽分化、促进开花，甚至能够在很难开花的环境下诱导开花。在花卉生长期喷洒或涂抹球根、生长点、芽等部位会促进侧芽萌发，加速茎叶生长，提早开花。某些生长抑制剂对原产于热带和亚热带的花卉引种到温带地区栽培，具有缩短植株童期、促进花芽分化的作用，还可缩短原产于温带的实生花卉从种子萌发到开花所需年限。

（四）抑制生长，延迟开花

植物生长延缓剂对花卉具有延长植株营养生长期、矮化和增加分枝数等作用，并能够延迟花期。常用的生长抑制剂处理有三碘苯甲酸0.2%~1%溶液，矮壮素0.1%~0.5%溶液，在植株生长旺盛期喷洒，都可明显延迟花期。通常用多效唑处理1次，切花植株的花期可延长3~5d。

在花卉生产中，利用植物生长调节物质来延迟开花及延长花期也屡见不鲜。如用一定浓度的萘乙酸处理菊花，就可以延迟菊花的花期。若在菊花的生长点向生殖状态变化时，或在发生这种变化之前用萘乙酸处理，以后每隔3 d连续处理几次，推迟花期效果明显，若混用赤霉素，效果更佳。

二、植物生长调节剂调控花期实例

植物生长调节剂调控花期的效果，除了受生长调节剂和植物的种类影响外，也与处理的时间、浓度以及环境条件关系密切。对火鹤、八仙花、仙客来、康乃馨等花卉施用赤霉素 GA_3，可提前开花。除单独使用外，植物生长调节剂组合使用，也可达到很好的效果。用 GA_3、萘乙酸（NAA）及多效唑（ PP_{333} ）等生长调节剂处理，可使菊花在短日照条件下延迟开花。叶面喷施 NAA 和 NAA+吲哚丁酸（IBA）组合可在短日照条件下推迟秋菊开花，NAA+IBA 组合处理对花期延迟的效果比单独使用效果好。不同品种的延迟开花效果不同，可能与各品种对短日照要求不同有关。使用植物生长调节剂处理植物时，要明确药剂使用的范围、作用和施用浓度，如果施用不当，不仅不能收到预期的效果，还会造成生产上的损失。

三、施用植物生长调节剂的注意事项

相同药剂在不同花卉种类和品种间应用的效果不同。例如赤霉素对一些植物，如花叶万年青具有促进成花的作用，而对多数其他植物，如菊花等则具有抑制成花的作用。同一药剂的不同浓度效果也不尽不同，如多数生长素低浓度时促进生长，高浓度则抑制生长；某些生长抑制剂高浓度抑制生长，低浓度则促进生长。相同药剂在同一植物上，施用时期不同而产生的效果明显不同。如吲哚乙酸对藜的作用，在成花诱导之前应用可抑制成花，而在成花诱导之后应用则有促进开花的作用。红掌幼苗喷施赤霉素、细胞分裂素不仅能够使红掌提早开花，而且能够提高红掌的观赏价值。红掌在苗期喷施 $50\sim150\ \text{mg}\cdot\text{L}^{-1}$ 的赤霉素能有效提早开花，以 $100\ \text{mg}\cdot\text{L}^{-1}$ 效果最好，但是 $600\ \text{mg}\cdot\text{L}^{-1}$ 的赤霉素不但不能使红掌提前开花，反而会延迟开花，开花的品质也降低。激动素以 $50\ \text{mg}\cdot\text{L}^{-1}$ 喷洒效果最好，但仅能使红掌花期提早 $7\ \text{d}$ 左右。

各类药剂施用方法不同。一些易被植物吸收、运输的生长调节剂，如赤霉素、矮壮素等，可用于叶面喷施；一些能由根系吸收并向上运输的生长调节剂，如多效唑等，可用土壤浇灌；而对易于移动或需在局部发生效应的生长调节剂，可用局部注射或涂抹，如 6- 苄基腺嘌呤涂抹芽，可促进落叶，为打破球根休眠可用浸球法。

环境条件对药剂处理有明显影响。在施用生长调节剂期间，有的在低温条件下最有效，有的则需高温；有的需在长日照条件下发生作用，有的则需短日照相配合。此外土壤湿度、空气相对湿度、土壤营养状况以及植株生长发育状态、有无病虫害等都会影响药剂的正常施用效果。

第四章
日光温室一二年生草本花卉生产

本章在概述一二年生草本花卉的基础上，介绍了瓜叶菊、三色堇、矮牵牛的生物学特性，常见品种，繁殖与栽培技术要点，花期调控技术等；并简要介绍了金盏菊、万寿菊、一串红和鸡冠花等其他一二年生草本花卉的主要栽培技术。

第一节
一二年生草本花卉的定义及特点

一二年生草本花卉通常生育期较短、花期集中，观赏效果好；种类和品种众多，大多采用种子繁殖，有些也可采用扦插繁殖，具有繁殖速度快、繁殖系数高等特点。一二年生草本花卉的抗性和适应性强，栽培技术相对简单，可用于花坛、切花、地被、花台、花境和盆栽，在园林绿化中具有重要意义。

一、一二年生草本花卉的定义

一年生草本花卉是指在一年内完成整个生活史（从种子萌发到植株开花结果和种子成熟的全过程）的观赏植物。包括 2 种类型：一种是典型的一年生花卉，一般春季播种，夏秋季开花，冬季来临之前植株死亡，在一个生长季内完成全部生活史；另一种是将多年生花卉用作一年生栽培的花卉，通常是由于当地气候条件不适宜多年生栽培，而植株本身又具有结实容易、生长速度快等特点，当年播种即可开花，如美女樱、藿香蓟、一串红等。

二年生草本花卉是指在两个生长季内完成生活史的花卉。一般播种当年进行营养生长，第二年进行生殖生长、开花、结实，直至死亡。生产中多在夏、秋季播种，翌年春夏开花，冬前死亡。二年生草本花卉可分为 3 种类型：第一种是典型的二年生草本花卉，在第一年秋季播种，种子发芽进行营养生长，形成一定大小的营养体后越冬，第二年春、夏季开花结实，到炎夏植株死亡。此类二年生草本花卉必须经过较严格的春化过程，才能从营养生长过渡到生殖生长，如须苞石竹、紫罗兰、毛地黄等。第二种是多年生花卉用作二年生栽培，多为多年生花卉中喜冷凉的品种，在当地环境中多年生栽培不适应，生长发育不良或后期生长势弱，但又具有播种后只要能度过春化阶段就很容易开花结实的特点，如雏菊、金鱼草等。第三种是可以一年生栽培也可以二年生栽培的花卉，一般抗寒和耐热性都较强，如蛇目菊、月见草等，春播为一年生、秋播为二年生栽培，两者生长势相似只有植株高矮和花期的差别。一些花卉喜温暖、忌炎热或喜凉爽、不耐寒，如满天星、香雪球等，秋播生长状态优于春播；一些花卉只要简单保护就可以越冬，可秋播表现为二年生草本花卉，如翠菊、美女樱等。

二、一二年生草本花卉的特点

（一）对温度的要求

一二年生草本花卉的抗寒性存在明显差异，可分为耐寒、半耐寒和喜温3类。耐寒的一二年生草本花卉能够耐0~5℃低温，可于秋季或早春在庭园露地直播；半耐寒的一二年生草本花卉能在5℃以上低温下正常生长，可短时间忍耐0~5℃低温，但不耐霜冻，必须于冬季或早春于日光温室中播种，严寒过后移出栽植或终霜期后直播。半耐寒花卉许多用作花坛，如矮牵牛、烟草花等。喜温的一二年生草本花卉起源于热带或亚热带，必须在10℃以上才能正常生长，不能忍耐低于5℃的低温。后两类花卉只有在终霜期或温度升高后才能在北方露地直播。一般情况下，绝大多数一二年生草本花卉既可选择适宜的播种或栽植期在北方露地栽培，也可根据需要先经温室育苗（表4-1）。

表4-1　部分一二年生草本花卉生长温度范围

名称	最低温度（℃）	最高温度（℃）	最适温度（℃）	类型
竹	3	35	15~22	耐寒
金鱼草	2	30	7~16	耐寒
金盏菊	2	28	7~20	耐寒
雏菊	3	30	10~25	喜凉，半耐寒
三色堇	5	30	15~25	喜凉，半耐寒
羽衣甘蓝	5	30	20~25	喜凉，半耐寒
瓜叶菊	5	20	12~15	喜凉，半耐寒

续表

名称	最低温度（℃）	最高温度（℃）	最适温度（℃）	类型
翠菊	3	30	15~25	喜凉，半耐寒
四季报春	10	30	15~20	喜温，半喜凉
矮牵牛	4	35	13~18	喜温
百日草	5	35	15~20	喜温
美女樱	5	25	15~20	喜温
蒲包花	7	25	10~13	喜温
彩叶草	5	30	20~25	喜温

（二）对光照的要求

一二年生草本花卉大多数对光照较敏感，按对光照强度的要求可分为阳性和半阴性2类；按对光照时间长度的要求可分长日照、短日照和日中性3类。通常大多数一二年生草本花卉属于阳性花卉，整个发育期需要充足的光照；少数属于半阴性花卉，如矮牵牛、三色堇等，在强光下生长发育不良。一二年生草本花卉对日照长度较敏感，秋季或初春播种、春季或初夏开花的花卉，如金鱼草、香豌豆等，只有在长日照条件下才能开花结实；春季播种、夏秋季开花的花卉，如矮牵牛、一串红、鸡冠花等为短日照花卉，只在短日照条件下开花；日中性花卉一年四季均可播种，对日照长短不敏感，不论长日照或短日照都会正常现蕾开花，如半支莲等。

（三）对土壤和水分的要求

多数一二年生草本花卉对土壤要求不严，一般排水良好、土质疏松的土壤都可正常生长，以土层深厚、有机质含量高的壤土为好；对土壤pH要求不严，在中性和微酸性土壤中生长良好，只有石竹等少数花卉要求略偏碱的土壤。一二年生草本花卉多为浅根性，不耐旱，种子萌发和生长前期需水较多，进入旺盛生长期要适当控水，直至种子成熟。

（四）繁殖特性

一二年生草本花卉以种子繁殖为主，也可采用扦插、压条和分株等无性繁殖方式，繁殖速度快、繁殖系数高。较名贵、种子成本高的种类和品种，可进行穴盘点播育苗，国内外的大型企业一般使用自动播种机，节约种子且出苗率高；一般常规花卉也可采用传统方法于苗床或育苗盘撒播，当幼苗长出 2~3 片真叶时间苗或分苗，待长出 5~6 片真叶时定植。虞美人、茑萝等不耐移植的直根系花卉，最好不移栽，应采用营养钵育苗。

第二节
瓜叶菊栽培技术

瓜叶菊别名千日莲、瓜叶莲，为菊科瓜叶菊属多年生草本植物，因其叶片形状与瓜类作物的叶片相似，故名瓜叶菊。瓜叶菊原产于大西洋的加拿列群岛，目前世界各地均有栽培。由于植株在我国大部地区不能安全度夏，生产上只用作一二年生栽培。瓜叶菊花色鲜艳，颜色丰富，品种众多，且栽培成本低，栽培技术简单易行，近几年已成为我国北方冬季草花的首选，冬春季日光温室瓜叶菊栽培已形成较大规模。

一、主要生物学特性

（一）形态特征

1. 茎　茎直立，高 30~70 cm，密被白色长柔毛。

2. 叶　具叶柄，叶柄长 4~10 cm，基部扩大，抱茎；幼叶较小，近无柄。成熟叶大型，肾形至阔心形，有时上部叶片三角状心形；叶长 10~15 cm，宽 10~20 cm，顶端急尖或者渐尖，基部深心形，边缘不规则三角状浅裂或具有钝齿状；叶表绿色，叶背灰白色，被密茸毛；叶脉掌状，上凸下凸。

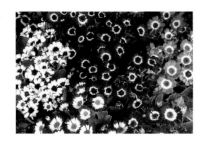

图 4-1　瓜叶菊

图 4-2　紫色瓜叶菊

3. 花　花序头状,直径 3~5 cm,花序梗较粗,长 3~6 cm;总苞钟状,长 5~10 mm,宽 7~15 mm;总苞 1 层,披针形,顶端渐尖。小花紫红色、浅蓝色、粉红色或近白色;舌片开展,长椭圆形,长 2.5~3.5 cm,宽 1~1.5 cm,顶端具有 3 小齿;花瓣管状,黄色,长约 6 mm。如图 4-1 至图 4-3 所示。

4. 果实　果实为瘦果,长圆形,长约 1.5 mm,具棱,初时被茸毛。冠毛白色,长 4~5 mm。花果期 3~7 月。种子较为细小,每克 2 500~4 200 粒。目前优质品种多数为国外进口的杂交种,市场销售常以粒计。

（二）对环境条件的要求

瓜叶菊性喜温暖湿润,忌炎热干燥。既不耐高温,也不耐低温,一般生长适温白天为 20~22 ℃、夜间 10~13 ℃,日温超过 25 ℃生长发育受抑制,夜温低于 5 ℃生长发育不良,低于 0 ℃遭受冻害,不耐霜冻。瓜叶菊性喜阳光,但不耐强光直射,充足的光照不仅能使植株冠丛整齐、

图 4-3　蓝色瓜叶菊

紧凑，提高观赏价值，而且能增强抗病能力，幼苗阶段可以适当遮阴。瓜叶菊花芽形成后长日照可促进提早开花，人工补光能防止茎伸长。花期为12月至第二年4月，盛花期2~3月。瓜叶菊一般要求疏松、肥沃、腐殖质丰富而又排水良好的沙质壤土。土壤适宜pH 6.5~7.5，怕旱、忌涝。

二、常见品种

目前用于大规模生产的瓜叶菊，较著名的品种有完美、小丑、礼品等，花色有红、粉红、蓝、紫以及许多复色和套色。近年来，市场上以色彩鲜艳的红色系列销路最好，室外摆放可用多种颜色合理搭配。

长期以来我国的瓜叶菊以花大取胜，通过不断地选择，保留了一些花朵巨大的品种，花朵直径可达12 cm，株高50 cm。国内瓜叶菊多为常规品种，连年采种繁殖，手段传统简单，群体性状整齐度较低、遗传稳定性差。

国外瓜叶菊选育以小花多花的中等紧凑株型为主，花径4~6 cm，株高25 cm左右，花色丰富，花形多样，适应性好，抗性较强，适宜盆栽，具有较好的观赏价值，品种全部为杂交种。如威尼斯系列品种，不仅色彩丰富，同时还弱化了其光周期特性，开花早且整齐度高。

我国大规模的瓜叶菊生产大部分采用国外品种，分为高生种和矮生种，主要品种简介如下：

1. 威尼斯系列（Venezia） 荷兰先正达公司培育。

为F1代种子，植株低矮，株高25 cm。花小繁多，花径4 cm左右。花色丰富，有蓝色、酒红色、杏红色、白色、复色等。可周年生长开花，整齐度高。与其他瓜叶菊相比生产期短。

2. 纪念品系列（Souvenir） 美国泛美公司培育。属大花型，花径可达7 cm，比普通多花型瓜叶菊品种花径更大。雏菊型，花朵色彩丰富，叶片浓绿。生长势强，观赏效果佳。

3. 小丑系列（jester） 美国高美公司培育，该公司现已被荷兰先正达公司收购。为F1代种子，株型低矮紧凑，植株饱满，株高20~25 cm。叶小花多，花径3.5 cm，花朵紧密地覆盖于整个植株之上，盛花期可形成球状花冠。花色丰富且复色花多，花色纯正。较耐寒，为冬季、早春的主要盆花品种。

4.完美系列（perfection）　日本泷井公司培育。极早生、多花品种。植株矮生，株型紧凑，非常适合盆栽应用。花径2.5~3 cm，花量繁多，色彩丰富的菊状花。表现极佳的优良品种。

5.豌豆公主系列　国产品种，江苏盆花研究所培育。株高低矮，仅为15 cm，冠幅20 cm左右，花径仅为1.5~2 cm，10 cm的花盆即可栽植。植株玲珑精致，非常适合春节盆栽。

目前市场上瓜叶菊的主要国产品种还有浓情、勋章、激情、美满、喜洋洋等，这些品种表现也很好，价格较进口品种便宜很多。在瓜叶菊的育种方面，国内主要是江苏省大丰市盆栽花卉研究所，并且国内80%的瓜叶菊市场被此研究所占领。

三、繁殖技术

瓜叶菊的繁殖方式主要有种子繁殖、扦插繁殖和组织培养繁殖等。

（一）种子繁殖

瓜叶菊多为种子繁殖，发芽适宜温度为18~24℃，于8~9月秋播，翌年五一前开花。若要自入冬后保证室内有花，需提前播种。瓜叶菊种子粒小，撒播于盆中覆土不宜厚。用盆底浸水法浸湿盆土，盖上玻璃或塑料薄膜封住盆口，置于阴凉处。播后3~7 d出苗，待苗高5 cm，有5~7片真叶后即可定苗或分盆移栽。

（二）扦插繁殖

扦插繁殖方法简单、繁殖周期快，但瓜叶菊扦插繁殖系数较低，不适宜大规模生产。一般在开花后，利用老茎或茎基部发生的腋芽或脚芽作为插穗扦插，注意选取生长健壮的腋芽或脚芽，插穗长5~8 cm。苗床以干净的沙土为宜，注意保湿以免插穗萎蔫，但也不要积水以免伤口腐烂，20 d左右可生根。

（三）组织培养繁殖

瓜叶菊组织培养繁殖一般以带侧芽茎段、花托等为外植体，采用含有 0.1 mg·L⁻¹ 萘乙酸和 1~2 mg·L⁻¹ 吲哚丁酸的 MS 培养基进行初始诱导培养，1 个月左右即可诱导丛生芽；将丛生芽接种到含有 0.1 mg·L⁻¹ 萘乙酸和和 1.02 mg·L⁻¹ 吲哚丁酸的 MS 培养基进行继代培养，20 d 左右可得到无根壮苗；后将无根苗移入添加 0.82 mg·L⁻¹ 吲哚丁酸和 2% 蔗糖的 1/2 MS 培养基内进行生根诱导，16 d 后，生根率可达 100%，即可进行移栽。此方法繁殖系数高、遗传稳定性好，适合工厂化育苗，也利于自动化控制生产。

四、栽培技术要点

（一）育苗

瓜叶菊从播种到开花一般需 180 d 左右，播种期根据市场需花期和品种开花期推算而定。春节期间上市的瓜叶菊应从春节起向前推算，以播种品种的正常开花所需时间加 30 d 为宜，本着宁早勿迟的原则。瓜叶菊每年的 5~11 月均可播种，种子发芽适宜温度为 20~25℃，10 d 左右出苗。最好采用穴盘、播种盘或营养钵播种育苗。播种基质可以腐叶土、田园土、河沙各 1 份混合配制。瓜叶菊种子非常细小，需与细河沙拌种，充分拌匀后再播种。播种后的覆土宜薄不宜厚，用浸盘（盆）法浇水，禁止表面喷水，以防冲出、冲散种子。以后每 2~5 d 浸盘（盆）补水 1 次。幼苗生长到 2~3 片真叶时，分苗上盆。

扦插繁殖适宜温度为 25℃ 左右，在遮阴保湿条件下 20~30 d 即可生根。生根后上盆，进入正常管理。

（二）上盆

若采用开敞式育苗盘撒播育苗，最好在长出 2~3 片真叶时，用 72 穴或 128 穴穴盘移植 1 次。当长到 6~7 片真叶时，幼苗已形成良好的根系，可直接定植到 13~15 cm 直径的盆中，盆土采用 20% 腐叶土 +70% 优质园土 +10% 腐熟农家肥。上盆种植的关键是浅植，定植时应施足基肥。

（三）光照管理

光照对瓜叶菊生长发育的影响较大，瓜叶菊的花芽发育和开花结实需要长日照和较强的光照。瓜叶菊生长期间要求光照充足，光照强度在 2 万 ~3 万 lx。光照充足不仅能使植株冠丛整齐、紧凑，花繁叶茂，还可增强抗性，减少病虫害的发生；光照不足则植株矮小、花茎细弱，花朵小、花色浅，影响观赏效果。夏季忌烈日直射，否则会使叶尖枯黄，应放置在通风良好的有散射光处养护。在冬季，特别是阴雪天光照不足，应摆放在光照条件较好的位置。管理中应随着瓜叶菊的生长，及时扩大盆间距或换盆，盆株太密，互相遮挡，易引起植株徒长，诱发病害。瓜叶菊趋光性强，冬春季节植株易向南倾斜，应经常转盆，保持良好株型。

瓜叶菊属长日照喜光花卉。在低温短日照条件下，通过春化阶段，完成由营养生长向生殖生长的过渡形成花芽，然后在长日照条件下开花结实。瓜叶菊通过春化阶段形成花芽后对光照时间长度要求不严，每天 10 h 以内为宜，东北地区日光温室正常管理基本都能满足要求。在适宜条件下，瓜叶菊花芽分化后经 8 周左右就可开花。

（四）温度管理

瓜叶菊喜凉爽气候，不耐炎热，生长最适宜温度 18~22℃。在植株生长前期白天温度不超过 20℃，夜间温度不低于 5℃为宜，温度过高易引起植株徒长，节间伸长，影响株型和花期，导致花、叶萎蔫，严重时会给叶片带来不可逆转的损伤；温度过低则抑制植株生长，影响后期花芽分化和开花结实。

花芽分化期，白天温度控制在 18℃左右，夜间 5~10℃为宜，温度过高和过低都影响花芽分化的质量。温度对瓜叶菊的花芽分化起决定作用。在适宜的光照条件下，瓜叶菊花芽的分化和温度有密切联系，在 5~10℃的温度下，完成花芽的分化大约需要 40 d。在植株花芽分化后到现蕾期，适当提高温度可以缩短开花时间，但白天温度不得超过 20℃。温度是影响瓜叶菊开花的重要因子，温度对瓜叶菊开花的影响（表 4-2）。

表4-2　温度对瓜叶菊开花的影响

温度（℃）	开花时主茎节数（节）	处理至显蕾时间（d）	显蕾至吐色时间（d）	吐色至顶花开花时间（d）	合计时间（d）
5	22.3	45±4	22±5	45±4	112
10	21.3	42±3	22±5	40±4	104
15	25.8	46±4	20±6	32±7	98
20	33.5	70±10	13±13	26±11	109

在植株开花期间，为延长开花期温度应降至15℃左右。在开花期内，温度过高易导致花叶萎蔫，可在10时左右叶面喷水降温，中午可在塑料棚布上加盖一层遮阳网降温。栽培瓜叶菊的天窗应开在日光温室中上部，这样易控制通风口的大小，有利于降低温度和空气相对湿度。如果只利用下部通风，只能降温而不利散湿，在日光温室内外温差较大时还易导致产生扫地冷风引起的烧叶现象（叶片边缘发黄变焦）。

（五）水肥管理

1.浇水　瓜叶菊整个生长期需水量较大，特别是小苗期间要注意水分供应。植株生长前期一般晴天需3 d浇透水1次，每天喷水1次。但浇水次数过多会使密闭的室内空气相对湿度经常在90%以上，瓜叶菊生长期最佳空气相对湿度为70%~80%，所以通风降湿尤为重要。冬季室内湿度不易散失，高湿轻则引起枝叶徒长，重则导致病害发生和流行。所以，即使阴雨天低温时也需要适当通风，应先小通风量，随温度的升高逐渐加大通风量。在植株进入花芽分化期后，可适当减少浇水量，以防止植株徒长影响花芽分化的数量和质量。

2.施肥　瓜叶菊是喜肥的草本植物，在育苗和上盆时需配制营养丰富的培养土，以后的栽培过程中也要十分注意施肥。瓜叶菊上盆后经过7~8 d缓苗期，以后每隔10~15 d就需追肥1次。植株现蕾前施肥以氮肥为主，最好用腐熟的人粪尿清液稀释5~10倍浇灌，浇灌前可加入少量的硫酸亚铁溶液，以补充营养提高肥效。若无腐熟肥料，可用0.2%~0.4%尿素溶液代替。

花芽分化前停肥 2 周，并增施 1~2 次磷钾复合肥，同时控制浇水，以利植株营养物质的积累，促使花芽分化和花蕾发育。植株营养生长期的施肥量直接影响后期株型是否丰满，以及后期花芽分化的质量优劣和花期的早晚。施肥量足则株型丰满，且开花多、花期早；施肥量不足则反之。植株进入生殖生长期后，株型已丰满，若追施氮肥易引起植株徒长，施肥应以磷钾复合肥为主。植株开花后的施肥方式以叶面喷施为主，一般以喷 0.2%~0.4% 磷酸二氢钾为宜。瓜叶菊的花量大、花期长、养分消耗量大，所以进入花期的植株只要未出售，就不能停止施肥。

（六）植株整形与转盆和换盆

瓜叶菊的侧枝多，分枝密，必须适时修枝整形，改善植株通风透光条件，确保株型圆润丰满。瓜叶菊定植后，主茎基部 4 节以内的低节位侧枝（腋芽或侧芽）应随时抹除，以集中营养使植株生长旺盛。如果其余侧枝或腋芽全部保留到成蕾开花期，通常主茎上可抽生 20~40 个花枝，每个花枝上又可抽生 3~4 个副花枝，导致枝叶密集、通风透光差，延迟开花、缩短花期。一般每盆瓜叶菊保留 15~20 个花枝为宜，多余的花枝应及早疏除。疏枝时应根据植株生长状态，将枝芽密集处的瘦弱枝、生长过旺的徒长枝剪除，使植株生长健壮、花枝分布均匀、株型匀称圆满。

瓜叶菊趋光性强，冬春季日光温室内栽培植株向南侧倾斜，特别是在生长前期倾斜更明显。在上盆栽培后，应每周转盆 1~2 次，以保持株型生长端正、匀称丰满，增加观赏性。瓜叶菊植株生长速度快，在栽培过程中为确保花盆的大小与植株长势相符，必须随着植株生长及时更换更大的花盆，以增加植株营养面积、补充生长所需的养分。

（七）出圃

瓜叶菊在出圃销售前要进行适应性锻炼，避免由于环境条件的突然改变，影响生长与开花。瓜叶菊锻炼应在出圃前半个月开始，首先应控制浇水并逐渐加大通风量，降低棚内温度和空气相对湿度，一般应将温度控制在 10~15℃；其次应适当拉大盆距，以利于通风和降温。通过炼苗使瓜叶菊能够适应冬季室内的生长环境，正常开花并保持较长的花期。

瓜叶菊商品盆花要求株型紧凑，花蕾整齐一致，冠幅一般在 25 cm 左右，植株开 3~5 朵花时即可出圃销售。出圃销售前，应除去黄化叶片，剪除多余和纤细的枝条，使植株的株型良好。冬季和早春出圃时，应套塑膜袋保护，运输车厢要密封保温，温度控制在 0℃ 以上，装卸要快，以防受冻。

五、花期调控技术

在瓜叶菊的花朵开放后，应避免往植株上喷水，否则花朵容易衰败，也不要再施追肥。开花植株应置于遮阴处，避免日光直射；有条件最好能够开窗通风，保持空气清新。环境温度较低可有效延长瓜叶菊的花期，将植株置于温度 12~15℃ 的环境条件下可有效延长花期。

第三节
三色堇栽培技术

三色堇别名猫脸花、蝴蝶花、鬼脸花，为堇菜科堇菜属的二年生或多年生草本植物，原产于欧洲南部，在欧美十分流行。在我国通常用作一二年生草本花卉栽培，如图 4-4 所示。

一、主要生物学特性

（一）形态特征

1. 茎　三色堇株高 10~40 cm，直立或稍倾斜，全株光滑，有棱，

图 4-4　三色堇的花

茎长多分枝，常倾卧地面，地上茎虽然较粗壮但木质化程度低、支撑度弱。

2.叶　叶茎生，叶片卵形、长圆形或长圆状披针形，先端圆或钝，基部圆，边缘具稀疏的圆齿或钝锯齿；上部叶叶柄较长，下部者较短；托叶大型，叶片羽状深裂，长 1~4 cm。基生叶叶片长卵形或披针形，具长柄。

3.花　花为腋生，花冠两侧对称，花大，直径 3.5~6 cm，每个茎上有花 2~10 朵，花瓣 5 枚，不整齐，一瓣基部延伸成短而钝的锯，下方花瓣有线形附属体，向后伸入锯内，侧方花瓣里面基部密被须毛。三色堇品种和类型繁多，有大花、纯色、杂色、双色、瓣缘波状等不同品种类型。

花有总梗及 2 枚小苞片。花梗稍粗，单生叶腋。小苞片极小，卵状三角形；萼片绿色，长圆状披针形，长 1.2~2.2 cm，宽 3~5 mm，先端尖，边缘狭膜质，基部下延，附属物发达，长 3~6 mm，边缘不整齐；子房无毛，花柱短，基部明显膝曲，柱头膨大，呈球状，前方具较大的柱头孔。如图 4-5 至图 4-7 所示。

图 4-5 黄斑三色堇　　　　图 4-6 红斑三色堇　　　　图 4-7 白斑三色堇

4.果实 蒴果椭圆形，长 8~12 mm，无毛。花期 4~7 月，果期 5~8 月。

（二）对环境条件的要求

三色堇喜光、喜凉爽湿润气候，耐半阴，不耐热，不耐旱，抗性强，适宜 pH 6.0~6.5 的土壤。

二、常见品种

三色堇有红、黄、紫罗兰、橘红、蓝、淡黄、白、玫红等单色品种。在大花高贵、宾哥、阿特拉斯等系列中，还有红黄双色、白色花斑、玫红花斑、蓝色花斑等双色类型。大花三色堇杂种类型按照花朵直径可以分为巨大花系、大花系、中花系。巨大花系花径可达 10 cm 以上，如壮丽大花、奥勒冈大花等；大花系花径在 6~8 cm，如瑞士大花为花色鲜艳的矮生品种；中花系花径一般为 4~6 cm，如三马杜、海马等品种，适合布置花坛。小花三色堇杂种类型分为小花系和微型花系。小花系是以角堇为主选育出的品种群，花径 3~5 cm，丛生，花多；微型花系是角堇及其近缘野生种选育出的品种群,花径为 1.5~2.5 cm。此外,三色堇还有专门用作切花的品种群。

目前,国内主要栽培的三色堇品种为国外进口和国产 F1 代杂交品种,现将主要进口品种简介如下:

1. 超大花型三色堇 XXL 系列　美国泛美种子公司培育。超大花型三色堇品种,株高 20~25 cm,冠幅 20~25 cm。长势强健,抗热,对植物生长调节剂忍耐力较强。花柄短而壮,花坛栽植表现极为出色。适合于六七月播种,秋季销售。

2. 超级宾哥系列(Matrix)　美国泛美种子公司培育。大花型三色堇品种。株高 20 cm,冠幅 20~25 cm。分枝性极强,在花芽分化之前,幼苗就能满盆,不易徒长,花柄短而强壮,花大,花瓣厚,花色艳丽丰富。开花期一致。

3. 宾哥系列(Bingo)　美国泛美种子公司培育。大花型三色堇品种。株高 20 cm,冠幅 20~25 cm。花柄短而强壮,十分适于运输,花量大,大型的花朵向上昂起,株型紧凑,分枝多,花期长,是晚秋和早春花坛的理想选择。

4. 宝贝宾哥系列(Bingo)　美国泛美种子公司培育。中花型三色堇品种。株高 15~20 cm,冠幅 20~25 cm。分枝性好,开花量大,具有特殊花色如黑色品种。

5. 潘诺拉系列(Panola)　美国泛美种子公司培育。多花型三色堇品种。株高 15~20 cm,冠幅 20~25 cm。具有 15 个单色和 9 个混色品种,各品种开花间隔 5~7 d,生长习性更整齐。该系列综合了三色堇和角堇的最佳特性,是适于花园和景观美化多季节栽培的顶级品种系列,开花早,花量大,持续开花能力强,株型紧凑,不易徒长。

6. 雨系列(Rain)　美国泛美种子公司培育。小花型三色堇品种。株高 25~30 cm,冠幅 30~40 cm,花径 4 cm。具有垂吊习性,越冬能力强,早花,在早春条件下,比其他三色堇品种开花早 2~4 周。秋季表现优秀,适于吊篮和大型容器栽植。

7. 活力柠檬黄系列(Fizzy Lemonberry)　美国泛美种子公司培育。带褶边的黄色花瓣,花边深紫色,有些花朵完全呈现紫色和黄色。在冷凉条件下,褶边效果更为明显。株高 15~20 cm,冠幅 20~25 cm。

三、繁殖技术

三色堇可通过种子繁殖、扦插繁殖和分株繁殖等多种繁殖方式。种子繁殖速度快、系数高，适于大面积生产；扦插繁殖能够保持亲本植株的性状，方法简单、繁殖周期短，适用于不能采用种子繁殖的类型繁殖；分株繁殖系数低，适于使用单位和个人少量繁殖。

三色堇种子繁殖可采用春季和秋季 2 种播种方式。秋播一般在 8~9 月，播后保持适温 15~20℃，经 10 d 左右种子可发芽，苗长至 5~6 片叶时移植，第二年 2~3 月开花，秋播植株发育较好，花期长、花大、花多，种子产量高，采种效果明显优于春播。春播于 3 月将种子播于加底温的温床或冷床上，分枝后定植，6~10 月开花。春播植株发育较差，花小、花稀。

扦插繁殖在 5~6 月进行。插床采用优质园田土掺入一半细河沙铺设而成；插条宜剪取根茎中央新萌发出的嫩枝，长 2~3 节即可；插条按一定株行距，插入床土中后放置阴处；注意浇水、保湿，15~20 d 生根后移栽。

分株繁殖常在花后进行，将带不定根的侧枝或根茎处萌发的带根新枝剪下，可直接盆栽，放半阴处恢复生长。

四、栽培技术要点

（一）育苗

三色堇植株根系发达，耐移植，生产中多进行播种育苗，可四季播种，全年开花。播种日光温室要求通风良好，采光面覆盖遮阳网。三色堇种子发芽较慢，一般播种前要用 30℃温水浸种 24 h，使种子充分吸水膨胀，稍阴干后播种。播种基质使用草炭∶蛭石 = 3∶2 的比例配制，pH 5.5~6.2，过低会导致缺硼，引起叶端发焦。播种前应浇足底水，待底水渗下后，覆一薄层过筛细土，然后把种子与细河沙拌匀撒播。播种后覆土，厚度为种子直径的 2~3 倍为宜，为保持苗床湿润，覆土后要用塑料薄膜及遮阳网等覆盖，覆盖物在大部分幼苗出土后应及时撤除。播种出苗期适宜温度为 20~23℃，温度超过 30℃出苗不整齐、幼苗质量也较差。

三色堇播种后 10 d 左右出苗，为防止苗徒长，出苗后应及早揭除播种盘上的覆盖物，微喷水保湿。幼苗前期生长缓慢，不耐强光，应适当遮阴和通风。一般出苗 15 d 后使用氮∶磷∶钾 = 20∶10∶20 的肥料 50 mg·L^{-1} 喷淋，以后每周使用 100~150 mg·L^{-1} 肥料喷淋 1 次，保证苗期正常生长，苗期为 50~60 d。

（二）上盆

若采用穴盘育苗，有 5~6 片真叶时即可移植上盆；育苗床播种的可在 2~3 片真叶时移植 1 次，移植穴盘或苗床上均可。待苗长至 6~7 片真叶时直接上盆。盆土可选择腐叶土∶田园土∶河沙比例为 4∶4∶2。移植时须带土护根，以确保成活率。幼苗上盆后，先要在背阴处缓苗 1 周，再移到向阳处。盆栽每 17 cm 一盆，花坛株距 15~20 cm。

（三）光照管理

三色堇对光照反应较敏感，光照充足、日照时间长，则植株茎叶生长繁盛，开花早；反之，光照不足、日照时间短，植株开花不佳或延迟开花。通常日照长短比光照强度对植株开花的影响更大，在栽培过程中应保证植株每天接受不少于 14 h 的直射光。三色堇根系对光照敏感，在有光条件下，幼根不能顺利扎入土中，所以育苗期间，在胚根长出前不需要光照，幼苗生长前期应避免直射光，生长到 2~3 片真叶时再逐渐增加日照强度，使其生长更为茁壮。

（四）温度管理

三色堇喜凉爽、忌高温、怕严寒。温度在 12~24℃生长良好，可忍耐 0℃低温，但是温度长期过低会出现叶片变成紫红色。15℃或以上有利开花，15℃以下会形成良好的株型，但会延长生长期。三色堇生长前期必须经过 28~56 d 的低温，才能通过春化阶段顺利开花。温度较高时花期延迟，温度达 28℃以上，开花不正常；温度连续在 30℃以上，植株萎蔫、花芽消失，基本不开花。

（五）肥水管理

三色堇根系不耐旱，喜微潮偏干的土壤，以疏松、肥沃和排水良好的壤土或泥炭土加粗沙土壤为宜。幼苗期盆土或苗床过湿，容易遭受病害；茎叶生长旺盛期可以保持盆土湿润，但不能过湿或积水，否则影响植株正常生长发育，甚至枯萎死亡。植株开花时，充足的水分对花朵的增大和花量的增多很重要。在气温较高、光照强的季节要注意及时浇水，防止缺水干枯。生长期温度过低时，应控制浇水，否则易形成黄化苗。每次浇水要见干见湿，如花期多雨或高温多湿，则茎叶易腐烂，使开花期缩短，结实率降低。在气温低、光照弱的季节，由于水分不易散失，浇水量要适中，过多的水分既影响生长，又易导致植株徒长。

生长期间每3次浇水中要用1次肥水，肥水应以含钙复合肥为主，浓度为100~150 mg·kg^{-1}为宜。三色堇栽培时常发生缺钙症，缺钙症表现为叶片畸形、起皱等，可通过增施硝酸钙解决。植株生育期间每20~30 d追肥1次，各种有机肥料或氮、磷、钾均佳。气温较低时，氨态氮会引起根系腐烂。植株生长初期施肥应以氮肥为主，临近花期可增施磷肥。花谢后应立即剪除残花，以促使植株再生并再次开花，但春末以后因气温较高，开花渐少也渐小。

五、花期调控技术

三色堇花期控制的关键技术包括调节温光环境、控制肥水供应、调整栽植期与使用化学药剂等方法。为了延长观赏期，栽培时应加强管理，必须经常保持土壤微湿，在开花前施3次稀薄的复合液肥，孕蕾期加施2次0.2%磷酸二氢钾溶液。在植株生长旺盛有徒长迹象时，使用生长抑制剂，如矮壮素等，可以使植株生长缓慢并延迟开花时间。花朵开放后，应保证浇水充足，如果盆土过干，就容易导致花朵过早萎蔫。不必继续追肥，应保证每天有2~4 h的日光直射；保持环境通风有助于花期延长。特别需要注意的是不应使环境温度升得过高，当气温超过25℃时，三色堇的生长、开花便会受到抑制，植株开始枯萎死亡。

及时剪去残花，减少营养损失。

第四节
矮牵牛栽培技术

矮牵牛别名碧冬茄、矮喇叭、灵芝牡丹，为茄科矮牵牛属一年生或多年生草本植物，生产上常作一年生栽培。矮牵牛花大、色艳，花形多变，生长势旺盛，是布置花坛、花境、装饰园林的极好材料。

一、主要生物学特性

（一）形态特征

一年生草本，株高 30~60 cm，全体生腺毛。

1. 花　单生于叶腋，花梗长 3~5 cm。花萼 5 深裂，裂片条形，长 1~1.5 cm，宽约 3.5 mm，顶端钝。花冠有各式条纹，漏斗状，长 5~7 cm。筒部向上渐渐扩大。檐部开展，有折襞，5 深裂，雄蕊 4 长 1 短；花柱稍稍超过雄蕊。如图 4-8 至图 4-13 所示。

2. 叶片　具短柄或近无柄，卵形，顶端急尖，基部阔楔形或楔形，全缘，长 3~8 cm，宽 1.5~4.5 cm，侧脉不明显。

3. 果实　蒴果，圆锥状，长约 1 cm，2 瓣裂，各裂瓣顶端有 2 浅裂。种子极小，近球形，直径约 0.5 mm，褐色。

（二）生物学特性

矮牵牛原产于南美洲，喜温暖、干燥、阳光充足和通风良好的环境，植株耐干旱，忌积水雨涝，在干热天气开花茂盛。耐盐碱能力较强，在 pH 8.2 的情况下仍可正常生长。生长适温 13~28℃，能忍受 -2℃ 的

低温和45℃的高温，花期长，从每年4~10月都可正常开花，如果光
照充足可周年开花。

图4-8　白色矮牵牛

图4-9　黄色矮牵牛

图4-10　粉色矮牵牛

图4-11　紫色矮牵牛

图4-12　亮玫红色矮牵牛

图4-13　玫红白边矮牵牛

二、常见品种

矮牵牛花朵硕大，花色丰富，有红、白、紫、深紫、粉红、玫瑰红、
淡蓝、白底红纹、红底白纹及各式各色的斑驳相参，或镶边，或呈星形，
花瓣变化多，有单瓣、半重瓣、重瓣等多种花朵类型。品种众多，按
照花型分类，主要有以下几种：矮生种，株高20 cm左右，花小，单瓣；
大花种，花径达10 cm以上，但开花较少；重瓣种，雄蕊通常演化成花瓣，
雌蕊畸形，花型大或小；长枝种，枝长数米，宜作藤木任其攀缘，花径
5~7 cm，单瓣。此外，还有垂吊型，花朵呈下垂状。矮牵牛适用于花盆、

花坛及大型容器栽培。

常见的栽培系列有大花重瓣的小瀑布系列；花瓣最多的重瓣种派克斯系列；花瓣波状的急转系列；多花重瓣的重瓣果馅饼系列；单瓣大花的阿根廷系列；大花型梦幻系列、花边香石竹系列；中花型名誉系列和小花型风暴系列、幻想系列等；垂吊形有轻浪系列、波浪系列等。

目前，国内主要栽培的矮牵牛品种多为国外进口 F1 代杂交品种，现将主要进口品种简介如下：

1. 梦幻系列（Dreams）　美国泛美种子公司培育。大花单瓣型品种，花径（花朵的水平直径）9~10 cm，花量大，株高 18~20 cm。株型低矮而紧凑，花色丰富艳丽，花期一致。极耐灰霉病，长势强，易栽培。种子质量高而稳定。

2. 依格系列（Eagle）　日本坂田种苗公司培育。大花单瓣多花型品种，花径 8~10 cm，颜色鲜艳，植株低矮 15~20 cm，抗性强，不易徒长，冠幅 20~25 cm，易栽培管理。

3. 海市蜃楼系列（Mirage）　美国泛美种子公司培育。大花单瓣多花型品种，花径 7~9 cm，株高 25~38 cm，冠幅 38~45 cm，多分枝，集大花与繁花于一身，花色齐全，具脉纹、星状、纯色和双色，适应性强。

4. 梅林系列（Merlin）　日本坂田种苗公司培育。中花单瓣繁花型品种，花径约 6 cm，株高 20~25 cm，株型整齐紧凑，花期长，花量大。比大花型矮牵牛对气候的抗性更好，抗风吹雨打。

5. 大地系列（Daddy）　美国泛美种子公司培育。大花单瓣品种，最畅销的带脉纹大花矮牵牛品种，也是唯一全部由脉纹品种组成的矮牵牛品种系列。花径 10 cm，观赏性佳，开花早，有良好的盆栽习性。

6. 地毯系列（Carpet）　美国伯爵种子公司培育。多花单瓣型品种，花径 5 cm 左右，花量大，分枝性强，株型紧凑整齐，既耐夏季炎热和潮湿，又耐风雨。适宜花坛造景。

7. 小甜心系列（Picobella）　荷兰先正达种子公司培育。小花多花型品种，花径 5~6.5 cm，花量繁多，植株低矮 20~25 cm，株型丰满，适应性强，稍耐寒冷与潮湿，可粗放管理。

8. 庆典系列（Horizon）　英国弗伦诺瓦公司培育。中花多花型品种，花径 5~6.5 cm，花量大，花色多。株高 25~30 cm，株型紧凑，花期早，持续开花能力强，花瓣较厚，耐潮湿。

9. 黄金时代系列（Paimetime）　美国高美种子公司培育。中花多花型品种，花径 6~7 cm，花量极多，株型紧凑整齐，株高 25~30 cm，冠幅 30~35 cm。抗性强，既抗病又耐不良天气。

10. 交响曲系列（Symphony）　日本泷井种子公司培育。大花单瓣多花型品种，植株低矮，株型紧凑丰满，长势健壮。分枝性好，成苗几无明显主枝，稍耐寒，耐轻霜，只要条件适宜，可全年开花。根系发达，耐移植。

11. 双瀑布系列（Doublecascade）　美国泛美种子公司培育，大花重瓣型品种，丸粒化种子，价格较高。花径 10~13 cm，花瓣浓密，花期早至 2~3 周，株高 25~38 cm，分枝性好，长势强劲，抗性强。

12. 波浪系列（Wave）　美国泛美种子公司培育。单瓣垂吊型品种，花径 5~7 cm，花量大，株高 20~30 cm，冠幅 70~80 cm，瀑布状的分枝布满花朵，生长速度快，观赏效果好，抗热及抗寒性俱佳。

13. 潮波系列（Tidalwave）　美国泛美种子公司培育。单瓣花篱型品种，花径约 5 cm，持续开花能力强，植株先向外匍匐生长再向上生长，株型丰满，冠幅可达 75~120 cm，能形成密实圆润的花篱。抗性强，耐葡萄孢菌，抗倒伏。

14. 黄色小鸭系列（Yellow Duck）　美国泛美种子公司培育。多花垂吊型品种，花径 4~5 cm，花量多，株高 17~25 cm，冠幅 75~90 cm，开花早，分枝性强，株型圆润丰满，生长迅速，花期较长，抗逆性强。

15. 美声系列（Opera）　日本泷井种子公司培育。多花垂吊型品种，花径 5~7 cm，花量大，花色丰富。具有极强的匍匐性和分枝性，植株整体表现紧凑。花期长，可从 4 月持续到 10 月，耐热抗风雨。

三、繁殖技术

矮牵牛的繁殖方式主要有种子繁殖、扦插繁殖和组织培养繁殖。

1. 种子繁殖　播种期可分为春播和秋播 2 种方式。秋播一般在 7~9 月播种，春播于 3 月播种，秋播采种效果优于春播。种子发芽适温为 20~22℃, 用经高温消毒的培养土、腐叶土和细沙的混合土。播后不需覆土, 轻压一下即可, 10 d 左右发芽, 生长到 4~5 片真叶移植或上盆。

2. 扦插繁殖　在温室内几乎全年均可进行, 在植株开花后剪取萌发的顶端嫩枝, 长 10 cm 左右, 插入沙床, 保温保湿, 控制基质温度为 20~25℃, 插后 7 d 左右发芽, 15~20 d 生根, 30 d 移栽上盆。

3. 组织培养繁殖　外植体可采用种子、叶片和受精子房等。在无菌条件下, 先在 75% 乙醇中浸 8 min, 再在 0.1% 氯化汞溶液中浸泡 5 min, 取出用无菌水冲洗后, 接种在 MS 培养基上, 接种后 15 d 出现小芽, 将小芽切割后转入新的培养基中继代培养, 20 d 后 1 个小芽可得十多个芽。将 1 cm 的壮芽接入含萘乙酸 0.05~0.2 mg·L^{-1} 的 1/2 MS 培养基上, 10 d 后生根, 成为完整小植株。

四、栽培技术要点

（一）育苗

播种前将配好的苗床土铺到预先制作好的苗床上, 厚度为 10~12 cm, 浇透水, 晾半天, 然后将其表面翻松, 用平滑木板刮平即可播种。矮牵牛的种子细小, 每克 7 000~12 000 粒, 直接播种困难且不易播种均匀, 一般都需拌细沙或用消过毒的苗床土, 拌量为种子体积的 5 000 倍左右为宜, 拌匀后均匀地撒播到苗床上。一般每平方米播种 800~1 000 粒矮牵牛种子, 如果播种过密, 幼苗容易徒长, 导致植株细弱, 播种过稀, 浪费苗床。种子撒播完后, 用直径为 12~15 cm, 长 40~50 cm, 大约 4 kg 重的空心圆铁管滚压一遍, 滚压后不必覆土。播种后覆盖一层塑料地膜, 将地膜周围压严实, 床中间不要压任何东西。

播种后, 土壤温度控制在发芽适温 24~26℃, 待 80% 幼苗的 2 片子叶出土后, 揭除塑料地膜, 将土壤温度调整为 20~22℃, 气温保持在 18~28℃。如果播种后温室内光照强、温度高, 要适当放风或遮阴, 使幼苗健壮生长。幼苗出土后如果发现土壤缺水, 应及时补水。在幼苗第一片真叶未展开前严禁浇大水, 以防幼苗徒长。

生产上, 矮牵牛重瓣品种多采用扦插繁殖。扦插繁殖除盛夏高温季节外，其他生长期均可进行，但以早春和仲秋气温偏低时扦插成活率较高。扦插繁殖时，插穗采集最好在清晨太阳出来前进行，这时枝条含水量高，易于插穗生根。采插条时选取健壮无病虫害的枝条，剪除顶端过嫩部分，剪口要平，剩余插穗上部留2~3片叶，如叶片过大可剪掉一半，下部剪成斜形。然后将插穗插入事先备好的沙土床中，压实。扦插完后浇足水，覆盖塑料薄膜保湿，必要时再覆盖遮阳网降温。插床温度控制在20~25℃，插后一般15~20 d即可生根，1个月左右可移栽上盆。

（二）上盆

当幼苗在4~5片真叶时可以分苗移栽（或上盆）。从播种苗床中起苗时要尽量在根上带一点土，减少根系损伤。分苗时先在营养钵中间用木棍或中手指戳一个深3~4 cm，直径1~1.5 cm的圆洞，将起好的幼苗根系小心放入洞中压实，每个营养钵栽1棵苗。移栽一部分后，将分好幼苗的营养钵浇透水。浇水时应用细喷壶小水慢浇，以防浇倒或损伤幼苗。移栽后立即扣塑料小拱棚，并加盖遮阳网保湿降温，以利缓苗。

移栽后缓苗期管理是育苗的关键环节。移栽后前3 d应在早、晚低温弱光时让幼苗见光，晴天10~18时遮光，光照强度保持在2 000~3 000 lx。3 d后光照逐渐增加到5 000 lx左右，然后再根据缓苗情况每天减少遮光时间，到10~12 d幼苗基本缓过来就无须遮光。在此期间，营养钵内的土壤持水量保持在90%左右，小棚内空气相对湿度应保持在85%以上。如果空气相对湿度偏低，可采用在小拱棚内地面浇水的办法增加空气相对湿度，不能在分好的幼苗上洒水，否则幼苗会因为水多而烂叶、烂根，影响分苗成活率。

分苗后20~25 d就可上盆。幼苗上盆时先脱去幼苗营养钵，并尽量不要将土坨弄散，否则将加重缓苗，甚至会导致上盆后幼苗死亡。幼苗上盆时不要栽植过深，以盆土刚盖过幼苗营养土1 cm为宜，然后浇透水。幼苗上盆后一般要缓苗3~5 d，缓苗后应浇1次缓苗水，并随水施入适量尿素和磷酸二氢钾（总量不超过0.5%），以后每隔10 d施1次，直到出温室前1周结束。

（三）光照管理

矮牵牛为阳性花卉，在充分的日照下枝繁叶茂，花多、花大、开花期长，应放置或种植在阳光充足处，否则易徒长枝叶，少开花或难开花。在温度可控的情况下，尽可能保持强光照。当光照较弱、日照较短时，补充光照会有利开花。一般只在刚移栽后注意遮阳，利于缓苗，成活后整个生长期内均不需要遮阳。为了促进其在短日照条件下开花，生长前期应延长日照至 13 h，以增加营养积累和花芽分化；开花前缩短日照，以促进早开花。

（四）温度管理

矮牵牛属喜温植物，耐寒性较差，适温在 13~28℃，重瓣矮牵牛要求的温度更高，在 18~30℃。温度过高或低都会造成不良影响。温度低，生长慢，花芽分化也差，且易感染病虫害。尤忌冬季冷风吹袭，零下温度几分钟即能使全株萎蔫死亡；温度过高，虽利于花芽分化但分枝少，花多，花径小，叶小，枝条细，株型不整齐。栽培上，植株定植后最初 6 周保持夜温 13~16℃，昼温 16~18℃。在植株花芽出现后把夜温降至 10℃，以促进基部分枝，使株型更紧凑。在定植前应降低温度炼苗，使植株很快适应环境变化，甚至能耐 0℃低温。在温度高于 24℃条件下，分枝枝条生长速度快，导致植株徒长，在高温、多湿时植株开花不良或开花受阻。

（五）肥水管理

栽培矮牵牛时土壤不宜过干或过湿，应保持湿润均匀，更忌积水，以防烂根。浇水过多既会导致植株花色变淡，降低观赏效果，也容易受病虫害侵袭。矮牵牛较万寿菊、美女樱需水量少，但也不能受干旱威胁，只浇土壤表面而不浇透水会使花枝萎蔫。如果叶片表面出现褪绿现象，是 pH 过高导致缺铁，可通过增施 22~37 g·L^{-1} 硫酸亚铁降低 pH。浇灌后及时用清水冲洗叶片；相反 pH 较低会导致矮牵牛铁、锰中毒，可使用 0.9 g·L^{-1} 的水溶性石灰水浇灌缓解危害。

（六）整形修剪

为了防止矮牵牛植株出现偏冠，应该每周转盆1次，注意在操作时要保证180°角的位移，以保证在转盆后植株的阴、阳两面均能接受大致相同的光照，否则容易出现向光性偏移而使其观赏价值下降。

矮牵牛在夏季高温多湿条件下，生长旺盛，植株易倒伏，要注意随时修剪整枝，摘除残花。矮牵牛具有边开花边长蕾的连续开花特点，及时剪去残花和短截枝条十分重要。一般在定植之后就要摘心（即摘除顶芽），以促进侧芽生长，增加开花量，否则会缩短花期。在盆花出圃前15 d左右，不再摘心，保持一定的花量，以保证花坛、花带的景观效果。矮牵牛盆花在出温室前4~5 d开始炼苗，使其适应温室外的布摆环境。

五、花期调控技术

矮牵牛单花最佳观赏时间为2~3 d，而整个植株的最佳花期可达数周之久。其花期调控主要采用调整育苗期、适时摘心并调整温度以及应用化学药剂等方法。应用摘心的办法调节花期，可于开花期前2~3周，选健壮的植株进行摘心处理。植株摘心后如果温度、光照及水分、肥力等条件适宜，2~3周即可开花，如果1周后尚未见幼蕾，则可施用0.1%磷酸二氢钾，2~3次后即可现蕾。

为延长花期，在花朵开放后，应保证浇水充足，如果盆土过干，就容易导致花朵过早萎蔫。根据植株的生长势可以适当追施肥料，如果植株生长势稍差，则可每周追施1次液体肥料，若植株花蕾繁多，开花不断，则可暂时停止追肥。要避免强烈的日光照射，但摆放环境亦不可过于荫蔽，环境温度变幅不宜过大。应该随时将残花摘去，以保证植株能够更好开花。

第五节
金盏菊栽培技术

一、主要生物学特性

（一）形态特征

金盏菊又称金盏花，一年生草本，高 20~75 cm，通常自茎基部分枝，绿色或多少被腺状柔毛。基生叶长圆状倒卵形或匙形，长 15~20 cm，全缘或具疏细齿，具柄；茎生叶长圆状披针形或长圆状倒卵形，无柄，长 5~15 cm，宽 1~3 cm，顶端钝，急尖，边缘波状具不明显的细齿，基部抱茎。

头状花序单生茎枝端，直径 4~5 cm，总苞片 1~2 层，披针形或长圆状披针形，外层稍长于内层，顶端渐尖，小花黄或橙黄色，长于总苞的 2 倍，舌片宽达 4~5 mm；管状花檐部具三角状披针形裂片，瘦果全部弯曲，淡黄色或淡褐色，外层的瘦果大半内弯，外面常具小针刺，顶端具喙，两侧具翅脊部具规则的横折皱。花期 4~9 月，果期 6~10 月。

（二）生物学特性

金盏菊适应性较强，喜阳光充足，不耐阴，有一定的耐寒能力，怕酷热。耐瘠薄土壤和干旱，怕潮湿，生长适温为 7~20℃。

二、常见品种

栽培品种植株有高生型、株高 30~40 cm，矮生型、株高 20~25 cm，大花型、花径达 10 cm；花姿有多轮舌状花，花序中间凸起呈球状等类型；花色有柠檬黄、黄、杏黄、橙黄及橙红等颜色。花朵密集，花色鲜艳夺目，开花早，花期长，可周年开花。植株矮生，是

晚秋、冬季和早春的重要花坛、花境用材料，也可数盆点缀窗台或阳台，
还可用作切花栽培。如图4-14所示。

图4-14 金盏菊

英国的汤普森·摩根公司和以色列的丹齐杰花卉公司在金盏菊的育
种和生产方面闻名于欧洲。20世纪80年代后，重瓣、大花金盏菊和矮
生金盏菊引入我国。目前，生产上的常见栽培品种有：

1. 邦·邦（Bon bon） 株高20~75 cm，花朵紧凑，花径5~7 cm，
花色有黄、杏黄、橙等。

2. 吉坦纳节日（Fiesta gitana） 株高25~30 cm，早花种，花重瓣，
花径5 cm，花色有黄、橙、双色等。

3. 卡布劳纳系列（Kablouna） 株高50 cm，大花种，花色有金黄、橙、
柠檬黄、杏黄等，具有深色花心。

4. 红顶（Touch of red） 株高40~45 cm，花重瓣，花径6 cm，花
色有红、黄和红黄双色，每朵舌状花顶端呈红色。

5. 宝石系列（Gem） 株高30 cm，花重瓣，花径6~7 cm，花色有
柠檬黄、金黄，其中矮宝石（Dwarf gem）更为著名。

三、栽培技术要点

可于温室秋季或早春播种。播种时可撒播于育苗盘或苗床上，播种土壤需消毒，播种不宜过密，覆土 3 mm 厚为宜，发芽适温为 20~22℃，7~10 d 发芽。幼苗长至 3 片真叶时移苗 1 次，5~6 片真叶时定植于直径为 10~12 cm 的花盆。定植后 7~10 d，摘心促使分枝以控制植株高度。生长期每半月施肥 1 次以补充养分消耗，肥料充足植株开花多而大。如不留种栽培，可在第一茬花后将凋谢花朵剪除，适当整枝，有利花枝萌发，促进 2 次开花，延长观花期。

露地播种可于 8 月中下旬进行，经间苗后，于 10 月中下旬气候转凉时移至低温温室进行促成栽培。栽培期间植株应充分见阳光，室温保持在 8~10℃，可于 12 月至翌年 2 月开花，如光照不足可人工补光至每天光照 14 h，可供元旦及春节用花。如需花期为 3~4 月，可于 10~12 月播种于低温温室，在室内间苗、移栽，充分见阳光，及时浇水、施肥，保持 8~10℃ 室温，则可按时提前开花。

第六节
万寿菊栽培技术

一、主要生物学特性

（一）形态特征

万寿菊又称臭芙蓉、臭菊花，全株有一股特殊的臭味，株高 50~150 cm。茎直立粗壮，具纵细条棱，分枝向上平展。叶片对生，羽状全裂，裂片披针形，具有明显的油腺点。花序为头状，顶生，具有中空的长总梗，总苞钟状，舌状花瓣上有爪，边缘呈波状，花色有淡黄色、黄色、明黄色（图 4-15）、橘黄色（图 4-16）、橘红色（图 4-17）和稀有的白色。花型有单瓣型、重瓣型菊花型、钟型、蜂窝型和平瓣型等。

瘦果，黑色，顶端有冠毛，每克330粒。

图 4-15　明黄色万寿菊

图 4-16　橘黄色万寿菊

图 4-17　橘红色万寿菊

（二）生物学特性

万寿菊原产于墨西哥，是近年来我国北方各地广为栽培的一年生草本花卉。

万寿菊属短日照植物，喜温暖和阳光充足的环境，花期 7~9 月。生产中有单瓣、重瓣等花型及高、中、矮不同株高的品种。生长适温为 15~25℃，不耐寒，但经得起早霜侵袭，酷暑期生长不良，30℃ 以上容易徒长。盆栽宜选用疏松、排水良好、有基肥的基质，以 pH 6~6.7 为宜。从播种到开花需 70~90 d。夏秋季栽培时氮肥不宜过多，否则会造成枝叶徒长，在苗高 15 cm 时可摘心促进分枝。冬季栽培时由于短日照的影响，分枝少，为独茎一花，不可摘心。

二、常见品种

目前，国内主要栽培的万寿菊品种为国外进口和国产 F1 代杂交品种，主要进口品种简介如下：

1. 安提瓜系列（Antigua）　美国泛美种子公司培育。夏秋栽培品种，高密度生产首选。自然矮生，特别是夏季耐高温，不易徒长。广泛用于盆花及花坛花。株高 25~30 cm，冠幅 25~30 cm，株型紧凑，分枝能力极强，早花，完全重瓣，花径 8 cm。易栽培。

2. 泰山系列（Taishan）　美国泛美种子公司培育。矮生，长势旺，花径大，自然矮生，不易徒长。植株健壮，花色艳丽持久，景观应用表现极佳，持续效果长。没有软花蕊，不易产生病害，可耐淋灌。株高 25~30 cm，冠幅 25~30 cm。

3. 奇迹系列（Marvel）　美国泛美种子公司培育。中高型品种。植株紧凑，完全重瓣大花，丰满圆润，株高 45 cm，冠幅 25 cm，花径 9 cm，从播种到开花 60 d。紧密的花瓣确保该系列对葡萄孢菌属的侵染有较强的抗性，而且花园表现极其优异。茎秆坚韧，在运输或恶劣天气条件下也不会折断。

4. 贵夫人系列（Lady）　美国泛美种子公司培育。中高型品种。株高 50 cm，冠幅 25 cm，花径 7 cm。茎秆强壮，株型整齐匀称，完全重瓣，花量大，花朵挺拔于叶丛之上。大块种植，独具魅力，引人驻足，适于大型容器栽培。

5. 皇家系列（Royal）　美国泛美种子公司培育。中高型品种。株高50 cm，冠幅25 cm，花径10~11 cm。完全重瓣大花，短日照条件下，10 cm盆栽，70 d即可开花。植株灌木丛状，茎秆强壮，在各种气候条件下都可保持挺直，适合大型容器栽培和盆栽销售。

6. 香草系列（Vanilla）　美国泛美种子公司培育。中高型品种。株高40 cm，冠幅25 cm，花径6~7 cm。奇特的杂交白花万寿菊，乳白色花，完全重瓣，花期与奇迹系列和贵妇人系列接近，从播种至销售只需11~12周。植株紧凑，株高比奇迹系列和贵夫人系列稍矮，但盆栽和花园表现同样十分优秀。适合花坛和镶边栽植，亦适合大型组合盆栽。

7. 哥伦布系列（Columbus）　美国美洲种子公司培育。矮生品种。性状表现稳定，适合作盆栽和花坛应用。株高25~30 cm，花径6~7 cm。

8. 明月系列（Lunar）　美国美洲种子公司培育。中高型品种。株高30~35 cm，花径7~8 cm，性状表现稳定，非常适合作盆栽和花坛。

9. 完美系列（Pefection）　美国高美种子公司培育。大花单瓣多花型品种，植株低矮，株型紧凑丰满，长势健壮。分枝性好，成苗几乎无明显主枝，稍耐寒，耐轻霜，只要条件适合，可全年开花。根系发达，耐移植。

三、繁殖技术

万寿菊主要采用种子繁殖，有些大花重瓣或多倍体品种则需扦插繁殖。可春、秋两季播种，春季通常于3月下旬至4月上旬在日光温室内播种，播种土应为过细筛的疏松的加沙腐殖土。播种前应浇透水或用浸盆法浸透水，水下渗后撒播，播后覆细沙，厚度为种子的2倍。万寿菊种子发芽适温21~24℃，约经1周发芽，播后70~80 d开花。扦插繁殖可于5月底至6月进行。插穗选取当年生半木质化枝条，剪去上部幼嫩部分，将下部叶片摘除，只留上部少量叶片。插穗剪成10 cm左右，扦插于温床干净的细河沙中。在温床内按株行距为5 cm×5 cm

扦插，扦插深度 2~3 cm，插后压实，以插穗不倒为度。扦插后苗床浇透水，插穗表面水分蒸发后上面扣塑料拱棚保湿，加盖遮阳网降温。每天浇水保持湿润，温度保持在 32℃以内，空气相对湿度在 80%以上，经 3~4 周生根，即可移栽培育。

四、栽培技术要点

万寿菊在阳光充足、土壤肥沃、土质较干旱的条件下植株生长强健，开花结实正常。株型较高的在生长后期植株易倒伏，必要时需立支杆扶持，以免歪斜或倒伏，并随时摘除残花枯叶。矮生种较耐瘠薄，对土质肥力要求不高，一般不需扶持。生长过程中应合理修枝整形，通过摘心促进植株分枝，通过剪除枝叶过密集处的细弱和徒长枝条改善通风透光条件，确保植株圆整丰满。从定植到开花需每 20 d 左右追 1次肥，过分干旱时应适当灌水。

栽培品种应选择四季开花或生长周期较短的杂交种，如 3 月于冷床或温室播种，生长期保持 20~25℃，5 月可定植于露地，6 月中旬即可开花；如元旦前后播种，则可在五一开花。在高温期可分批播种，通常从 4 月下旬气温转暖时开始至 7 月，如每 15 d 播种一批，可于 6 ~10月连续开花。抑制栽培可采用推迟播种期、扦插期和移栽的方法来推迟花期。6 月中旬播种则国庆节开花，期间正常管理，雨季应注意防涝。7 月上旬取侧芽进行扦插，极易成活，2~3 周即可生根，8 月中旬可上盆或定植，可于国庆节开花。

第七节
一串红栽培技术

一、主要生物学特性

（一）形态特征

株型紧凑，茎四棱光滑直立，茎节为紫色，茎基部多为木质化。叶片有长柄，卵形，尖端较尖，叶边缘有锯齿，对生。花多为红色、深红色，一般为6朵轮生，总状花序。苞片卵形，深红色，早落。花萼钟状，二唇，宿存，与花冠同色，花冠唇形有长筒伸出花萼外，如图4-18所示。花期6~10月，种子成熟期8~10月。花色通常有紫色、白色、粉色等类型。坚果，卵形，内有黑色种子，容易脱落，每克256~290粒。

图4-18　一串红

（二）生物学特性

一串红又称墙下红、草象牙红、爆竹红、西洋红等，原产于巴西，在我国各地广为栽培。广泛分布于温带及热带，喜温暖湿润的气候，怕霜冻，要求阳光充足，植株适应性强，但不耐旱，也不耐霜冻。植株矮壮，花序成串，品种各异，花色鲜红艳丽，花形奇特，花萼在花开败后还较长时间留存，花期可达 20 d 左右，不易凋谢。应用范围广，可用于花坛、花境、园林绿地、草坪中心与边缘及道路两侧，河道坡地栽培，亦可盆栽用于节日庆典。常见的变种有：一串白，花萼和花冠均为白色；一串紫，花萼和花冠均为紫色。

二、常见品种

目前，国内主要栽培的一串红品种既有国外进口的品种也有国内自育品种，简介如下：

1. 展望系列（Vista） 美国泛美种子公司培育。株型丰满紧凑，叶片为深绿皱叶，株高 25~30 cm，冠幅 20 cm 左右，观赏季节为 4~10 月。盆栽品种播种到开花一般 9~10 周，花色丰富，有酒红、红、淡紫色等颜色，在强烈的阳光下也可以保持花色不褪。长势强，易栽培。种子质量高而稳定。

2. 莎莎系列（Salsa） 日本坂田种苗公司培育。株型紧凑，叶片为深绿色，株高 30~35 cm，冠幅 15 cm 左右。突出特点为花期较早，播种 8~10 周就可开花，颜色鲜艳，有红、酒红、淡紫色等多种颜色，易于栽培管理。

3. 火焰系列（Flare） 美国泛美种子公司培育。株型整齐一致，长势强劲。株高 25~30 cm，冠幅 15 cm 左右，叶片浅绿色，花期较早，8~10 周开花，花期一致，花色鲜红，有较佳的园艺性状。

4. 猩红国王系列（Scarlet King） 日本坂田种苗公司培育。株型整齐紧凑，长势强劲。株高 30 cm 左右，冠幅 15 cm 左右，叶片浅绿色，花色亮红，极其鲜艳，壮苗率较高。

5. 太阳神系列（Daddy） 美国泛美种子公司培育。叶片深绿、无皱缩，花色鲜红，具有较好的抗热性。株高 25 cm 左右，冠幅 15~20 cm，播种到开花 10 周左右，观赏性佳，生长势强，有良好的盆栽习性。

6. 猩红王后系列（Scarlet Queen）　美国泛美种子公司培育。株型紧凑，整齐一致，株高 20~25 cm，冠幅 13~15 cm，花色亮红，是较好的早花一串红品种，播种后 85 d 左右开花，其种子 10 d 左右即可发芽，宜花坛造景。

7. 沙漠系列（Desert）　英国弗伦诺瓦公司培育。株高 25~30 cm，叶片肥大浓绿，花色亮红，群体表现优异，有较好的耐热和耐雨性。在夏季，该品种有较多的分枝和较大的花量，加之其优秀的耐热性，使之成为较受欢迎的一串红品种。

三、繁殖技术

可采用播种繁殖。播种繁殖的发芽温度为 22~24℃，发芽天数 7~10 d，生长适温为 15~24℃。温度低于 15℃叶黄脱落，高于 30℃则花、叶小，日光温室栽培一般维持在 20℃左右。为短日照植物，每天 8 h 日照，57 d 即可开花，长日照下则 82 d 开花。对土壤肥力要求不严格，但在疏松、肥沃、排水良好土壤上生长健壮，开花早、花期长。

四、栽培技术要点

8 月中下旬露地播种，播种 8~10 d 出苗，幼苗长到 6 cm 时摘心，促其分枝，使植株矮壮。10 月下旬陆续上盆，日光温室内保持 15℃，逐渐升温至 20℃，缓苗后每半月施一次有机肥水。植株生长过程中可经常摘心，如最后一次摘心于 3 月下旬，则可于 4 月下旬开花，供五一观赏。元旦前后播种，加强保温和肥水供应，减少摘心次数，最后一次摘心于 3 月底 4 月初进行，则花枝数不及前者，但可加大使用株数，供五一用花。此外，一串红为短日照植物，在完成营养生长阶段后，每天给予 8 h 光照，经 57 d 可开花；若每天给予 16 h 光照，则经 82 d 可开花，短日照处理可提前开花。

第八节
鸡冠花栽培技术

一、主要生物学特性

（一）形态特征

鸡冠花又称鸡冠苋、鸡公花，花序顶生，呈扁平鸡冠状，中部以下多花，花色多样而艳丽，有紫、红、淡红、黄色或杂色，可植于花坛、花境、花丛或盆栽观赏，高型品种适宜做切花，切花水养持久。如图4-19、图4-20所示。

鸡冠花全株具毛，茎光滑具棱，直立少分枝。叶质柔软，长卵形或卵状披针形，全缘或有缺刻，有绿、黄绿、红绿及红等颜色，互生。花顶生，花冠肉质，扁球形、扇形或肾形。花小而不显著，花序上部丝状，中下部干膜状。花色有深红色、鲜红色、红黄相间色、橙色等。蒴果，种子扁圆肾形、黑色发亮，每克1 000粒左右。

图4-19　头状鸡冠花

图 4-20　羽状鸡冠花

（二）生物学特性

鸡冠花属长日照植物，喜高温和全日照的环境，日光温室栽培最适温度昼温为 21~24℃，夜温 15~18℃。不耐霜冻、贫瘠，忌积水，较耐旱。霜期来临则全株枯死。盆栽适用疏松肥沃、排水良好的弱酸性基质。花期较长，可由夏、秋季开花直至霜降。在正常光照条件下，从播种至开花需 70~100 d。短日照下花芽分化快，长日照下鸡冠花花序形体大。

种子采收期为 8~10 月，种子生命力强，可达 4~5 年，可自播。

二、常见品种

1. 孟买系列（Bombay）　美国泛美种子公司培育。头状鸡冠花，株高 70~100 cm，冠幅 13 cm，花头扁平，花茎健壮，花色鲜艳，习性整齐一致，生长周期短。

2. 朋友系列（Amigo）　株高 15 cm，冠幅 25 cm，喜光耐热。生长适温 20~30℃。

3. 冰激凌系列（Icecream）　美国泛美种子公司培育。羽状鸡冠花，株高 30 cm，冠幅 25 cm。株型紧凑，分枝多。花色艳丽，花头密集。抗热性强，持续时间长。

4. 新火系列（First Flame）　美国泛美种子公司最新培育。羽状鸡冠花，株高 35~50 cm，冠幅 25~40 cm。长势强壮，整个夏季花色明艳，分枝佳，花穗多。

5. 艳阳系列（Fresh Look）　美国泛美种子公司培育。羽状鸡冠花，株高 35 cm，冠幅 30 cm，花穗长 25 cm，基部分枝和上部分枝都非常稠密，有红、黄、金黄和橙黄等颜色。

6. 新象系列（New Look）　美国泛美种子公司培育。羽状鸡冠花，株高 35 cm，冠幅 30 cm，花穗红色，基部分枝性很好，呈丛生状。花量较大，花色艳丽持久，开花较早。

7. 久留米系列（Kurume）　日本泷井种苗公司培育。典型的羽状鸡冠花，近球形，有金黄、绯红、鲜红、玫红、黄红相间等颜色。主要特点为耐热、抗病性强，密植时可以产生小花冠。

8. 世纪系列（Century）　最早由日本坂田种苗公司培育，后各大公司均有出售。羽状鸡冠花，株高 45~60 cm，颜色有紫红、火红、红、黄、淡黄等颜色，在夏季有较好的表现。

9. 和服系列（Carpet）　最早由日本坂田种苗公司培育，后各大公司均有出售。羽状鸡冠花，矮生，株高 15~25 cm，株型丰满，分枝性较好。颜色鲜艳，有红、玫红、樱桃红、橘红、深红、黄等颜色。

10. 城堡系列（Castle）　羽状鸡冠花，播种后 8~10 周即可以开花，在强光和高温下不会褪色。株高 30 cm，有金黄、浓橙、绯红、桃红、橙黄等颜色，可供花坛使用。

11. 嘉年华系列　羽状鸡冠花，矮生，株高 35 cm，分枝性较好，冠幅丰满，叶片翠绿，观赏期较长。有红、金黄、火红、深玫红等颜色。

12. 红妆系列　羽状鸡冠花，矮生，株高 25 cm，冠幅 25~30 cm，花序粗壮，颜色鲜艳，有红、深玫红等颜色。

13. 火把系列　羽状鸡冠花，中矮生，株高 35 cm，主要特点是观赏期较长，从播种至开花 70 d 左右。花序挺拔，花色亮丽，有红、玫红、黄、粉等颜色。

14. 火炬系列　羽状鸡冠花，株高 40 cm 左右，株型端正，叶片红色。主花序长 30 cm，侧花序较短，有红、玫红等颜色。

15. 宝塔系列　羽状鸡冠花，从播种到开花 80 d。株高 30 cm，株型丰满，主花序较大，侧花序较小，有深红、鲜红等颜色。

16. 皇冠系列　羽状鸡冠花，从播种到开花 70 d，株高 25~30 cm。颜色亮丽，株型丰满，有鲜红、深红、玫红、金黄等颜色。

17. 格言系列　羽状鸡冠花，独干无分枝，长势强健，株型端正，花冠大。从播种到开花大概 70 d，株高 30 cm 左右，有红、深红等颜色。

18. 红绣球系列　羽状鸡冠花，独头型，花冠较圆，叶片狭长，株高 30 cm，从播种到开花 90 d。适于夏季盆花使用。

19. 奥林匹亚系列　独头鸡冠花，矮生无分枝，株高 15~20 cm，花冠呈扁圆形。从播种到开花大概 50 d，株型较小，适合小容器栽植。

三、繁殖技术

鸡冠花通常采用种子繁殖，播种于 4~5 月进行，播前要施足底肥，撒播要均匀，种子萌发需盖土，但因种子细小，覆土宜薄，每亩播种 0.5 kg 左右。播种后应保持土壤湿润，发芽适温为 20℃ 左右，7~10 d 发芽。生长期间喜高温、全日照且空气干燥的环境，较耐旱，不耐寒，怕霜冻，温度低时生长缓慢。喜土层深厚、土质肥沃、湿润、呈弱酸性的沙质壤土，忌黏性土壤，在瘠薄不透气的土壤中生长不良，花序变小，土壤适宜 pH 5.0~6.0。栽培适温为昼温 21~24℃，夜温 15~18℃。鸡冠花为短日照植物，短日照可诱导开花，自然花期为 6~10 月。生长迅速，栽培容易，种子自播繁殖能力强，生活力可保持 4~5 年。

四、栽培技术要点

1. 定植　鸡冠花幼苗长出 4~6 片真叶时，可定植到营养钵或花盆中。如果上盆不及时会导致花芽分化提前，产生老苗的现象，严重影响花的品质。上盆时要适当栽深一点，以花苗的叶子接近盆土为最佳，移植后及时浇透水。鸡冠花是直根系植物，移栽时，尽可能加大土坨，避免伤根。

2. 土肥水管理　鸡冠花适宜的培养土配方为园土∶腐熟粪肥∶沙土 =2∶2∶1。上盆前，先将配制好的培养土进行消毒灭菌处理，并在盆内施入草木灰或过磷酸钾作为基肥，之后方可用于鸡冠花的定植。花苗上盆 7 d 后开始施肥，施肥周期为 15 d 施 1 次，生长期不宜施过多的肥，尤其是氮肥不宜过多，以免出现植株疯长、开花延迟的现象，营养生长后期可加施磷肥。在鸡冠花的开花初期，要供给充足养分，每隔 7~10 d 追施稀薄的复合液肥，尤其是要保证钾肥的供给量，促使其生长健壮和花序硕大。当花蕾形成后，保持 7~10 d 施 1 次肥，同时适当浇水。

鸡冠花成株抗旱能力较强，忌水涝，生长期间浇水不能过多，以湿润偏干为宜。若土壤过湿则会导致徒长和花期延迟。因此，水分管理关键是要做好排水管理。鸡冠花的成株营养生长期要保持适当干燥，促进花序的形成，但也要注意过于干燥导致的茎叶萎垂。现蕾后应 7~10 d 配合施肥浇透水。开花后控制浇水，天气干旱时适当浇水，雨后及时排水。在种子成熟阶段宜少浇肥水，以利种子成熟，并使其在较长时间保持花色浓艳。

3. 温光控制　鸡冠花属是强阳性植物，在其整个生育期给予充足光照，可使植株生长健壮、花色鲜艳。鸡冠花的生长发育适宜温度在 20～25℃,不同品种间存在差异。当环境温度低于 5℃时发生冻害,导致植株枯萎死亡;当环境温度超过 35℃,则会导致植株生长发育不良。

4.株型管理　对于直立分枝较少的鸡冠花品种,定植后要及时去除侧芽,以保证顶部花序的营养充足。对于矮生种多分枝的鸡冠花品种,要及时进行摘心,均衡主侧枝花朵的大小、高低,使其达到最佳的观赏效果。对于头状鸡冠花,一般在其生长期不进行摘心;对于穗状鸡冠花来说,在其长到 7～8 片真叶时进行摘心,以促进多分枝,达到最佳观赏效果。

第五章
日光温室宿根花卉生产

　　本章在介绍宿根花卉定义及特点的基础上，讲述了菊花、非洲菊、香石竹、石竹、君子兰以及火鹤等主要宿根花卉的主要生物学特性，常见品种，繁殖与栽培技术要点，花期调控技术及采收、储存与运输等。

第一节
宿根花卉的定义、特点及生物学特性

一、宿根花卉的定义

宿根花卉是指植株地下部分可以宿存于土壤中越冬，翌年春天地上部分又可萌发生长、开花结籽的一类多年生草本植物。其地下部分形态正常，未变态为球状或块状。在实际栽培中，一些种类多年生长后其基部会有些木质化，但上部仍然呈现柔弱草质状，本应称其亚灌木，但一般也归属为宿根花卉范畴。宿根花卉依据其耐寒力不同可分为耐寒性宿根花卉和不耐寒性宿根花卉。

1.耐寒性宿根花卉　冬季地上部全部枯死，地下根茎进入休眠状态。大多数宿根花卉耐寒性很强，在我国北方可以露地越冬，翌年春季再萌发生长。因此，此类花卉可以露地栽培。主要原产温带寒冷地区，常见种类有菊花、鸢尾、芍药等。

2.不耐寒性宿根花卉　又叫常绿性宿根花卉，冬季地上部分仍为绿色，但温度低时呈现半休眠状态，停止生长。温度适宜则休眠不明显，或只是生长稍停顿。这类花卉在北方寒冷地区不能露地越冬，需要温室栽培。主要原于产热带、亚热带等温暖地区，常见种类如香石竹、石竹、君子兰、非洲菊等。

二、宿根花卉的特点

宿根花卉种类繁多，花色丰富艳丽，且具有繁殖容易、管理简便等优点，一年种植可多年开花，广泛应用于花坛、花境、花带、地被、切花以及垂直绿化中。特点如下：

1.种类繁多　宿根花卉种类繁多，形态多变，生态习性差异大，其株型、株高、花期、花色等生物性状都有较高观赏价值，极大地丰富了我国花卉种质资源。

2. 适应性强　宿根花卉具有较强的耐寒、耐旱、耐盐碱、耐水湿、耐瘠薄能力，但不同宿根花卉适应性均有差别，因此需进行合理科学地种植和管理，尽量做到适地适花。另外，许多宿根花卉具有净化空气和抗污染能力，如萱草具有抗二氧化硫气体的能力；薰衣草不仅可药用，其香气能醒脑明目，还能驱除蚊蝇。

3. 地下部分可存活多年　宿根花卉可一年种植多年开花，这主要是由于宿根花卉大多种类具有较发达的主根、侧根或地下根茎。主根可数年不死，由地下着生的芽和根蘖萌发生长、开花。

4. 栽培管理粗放　宿根花卉大多数品种对环境条件要求不严，一般可相对粗放管理，节省人力、物力。但其根系较一二年生花卉强大，所需养分、水分也较多，因此需要加强土壤改良以及肥水管理，以保证充足的水分和养分。同时，需注意病虫害尤其是地下害虫的防治。

5. 以无性繁殖为主　宿根花卉多数可用播种繁殖，而应用最普遍的是分株繁殖，利用脚芽、茎蘖、根蘖等特化的营养繁殖器官分株。有的种类还可以利用叶芽扦插，这些无性繁殖方式都有利于扩大繁殖系数，保持品种优良特性。

6. 园林应用广泛　宿根花卉因其种类繁多，适应性强，观赏期不一，可周年应用，群体栽植效果好。常作为花坛花卉栽植的主要有菊花、荷包牡丹、萱草、景天类等。花境配置一般选用管理较粗放、花期较长、色彩鲜艳的种类，如金鸡菊、蜀葵、芍药、鸢尾等。此外，宿根花卉还可以用作基础栽植，应用于岩石园、地被等。

三、宿根花卉的生物学特性

（一）对环境条件的要求

1. 对温度的要求　根据宿根花卉对环境温度的要求，将其分为2类：

1）不耐寒宿根花卉　植株越冬温度在5℃或10℃以上，否则会遭受冻害，在长江流域以北常作日光温室花卉栽培，如网纹草、彩叶草、秋海棠、凤梨等。

2）耐寒宿根花卉　植株越冬能耐受 -10℃ 以上的低温，在我国北方大部分地区可以露地越冬，如芍药、荷兰菊、荷包牡丹等。

2.对光照的要求　宿根花卉有些喜欢阳光充足，如福禄考、菊花等；有些则耐阴能力很强，如玉簪、紫萼、铃兰、落新妇、玉竹等。春天开花的多为长日照花卉，如芍药、鸢尾等；而夏秋开花的多为短日照花卉，如菊花、荷兰菊等；还有周年均可开花的日中性花卉，如香石竹、非洲菊、金鸡菊等。

3.对水分的要求　宿根花卉根系较发达，耐旱性较强，如石竹、马蔺、紫松果菊、玉带草、景天、福禄考等；也有些适宜种植在湿润的土壤条件下，如千屈菜、溪荪、花菖蒲、落新妇、柳兰等。

4.对土壤的要求　宿根花卉生长强健，对土壤要求不严，但在疏松肥沃、富含腐殖质的沙性壤土中栽培效果更佳。不同种类对土壤肥力要求不同，如金光菊、荷兰菊、桔梗、紫松果菊、马蔺等较耐瘠薄；而芍药、菊花、非洲菊等则喜肥。羽扇豆、鸭跖草等喜酸性土壤；而非洲菊、石竹等喜微碱性土壤。

（二）宿根花卉的生长发育规律

不同种类宿根花卉的生命周期有较大差异，从数年到数十年。花前成熟期的长短也因种类或品种的不同而异，如射干、紫松果菊等当年春季播种即可开花；而楼斗菜、羽扇豆第二年方可开花；鸢尾、芍药等则要 3 年以上才能开花。

宿根花卉地下部可存活多年。多数种类具有不同粗壮程度的主根、侧根和须根，也有不少种类具地下根茎。在其生活周期中如遇不利环境，如低温、高温、干燥等条件后，植株地上部枯死，地下部以休眠状态越冬、越夏或越过干热等时期，等恢复有利于重新生长的环境后，又开始萌芽、生长和开花。

原产于温带的耐寒、半耐寒宿根花卉具有休眠特性，其休眠芽或莲座枝需要冬季低温解除休眠，在翌年春季萌芽生长；原产于热带、亚热带的常绿宿根花卉，通常只要温度适宜即可周年开花。

第二节
菊花栽培技术

　　菊花别名黄花、寿客、节华等，为菊科菊属植物。菊花色彩艳丽、姿态万千，其品种及变异类型达 3 000 余种，堪称世界园林史上的奇葩。经长期人工选择，已培育出许多名贵的园艺品种。如图 5-1 至图 5-6 所示。

图 5-1　菊花群体栽培

图 5-2　菊花无土栽培

图 5-3　盆栽菊（一）

图 5-4　盆栽菊（二）

图 5-5 盆栽菊群体

图 5-6 切花小菊

一、主要生物学特性

（一）形态特征

1. 根和茎　根系发达。茎直立，多分枝，茎色嫩绿或褐色，具灰色柔毛或茸毛，枝青色至紫褐色，表面有茸毛，基部半木质化。植株的高度因品种不同差异较大，一般在 20~200 cm。

2. 花　头状花序，顶生或腋生，一朵或数朵簇生，花序大小和形状各有不同，有单瓣或重瓣、扁形或球形、长絮或短絮、平絮或卷絮、空心或实心、挺直或下垂之分，式样繁多，品种复杂。花序直径 20~30 cm，两性花，花序外有几层叶状苞片，构成总苞，总苞半球形，外面被柔毛。内层花瓣由外部的舌状花和中央的筒状花组成，舌状花为雌花，筒状花为两性花。其中舌状花分平瓣、匙瓣、管瓣、桂瓣、畸瓣 5 类，筒状花发展成为具各种色彩的托桂瓣。花期 9~11 月。花色极其丰富，有红、黄、白、紫、粉、墨、橙、棕、紫红、浅绿、雪青和复色等颜色。

3. 叶　单叶互生，有叶柄，柄下两侧有托叶或托叶退化。叶卵形至披针形，长 5~15 cm，羽状浅裂或半裂，边缘有缺刻及锯齿，叶下被白色短柔毛覆盖。

4. 果实　褐色瘦果，长 1~3 mm，宽 0.9~1.2 mm，上端稍尖，呈扁平楔形，表面有纵棱纹，果内结 1 粒无胚乳的种子，果实翌年 1~2 月成熟，千粒重约 1 g。

（二）生物学特性

1. 对环境条件的基本要求

1）对温度的要求　菊花喜冷凉，具有一定耐寒性，地下根系能耐 -20℃ 的短期低温，可宿存越冬；生长适温为 16~21℃，最高 32℃，最低 10℃，地下根茎耐低温极限一般为 -10℃，花期最低夜温 17℃。菊花在开花以后往往在基部长出一些脚芽，脚芽稍稍伸长便可开花，但是晚秋或初冬发生的脚芽在环境诱导下一般不伸长而呈莲座化，自然条件下，经过冬季的低温才可自动解除莲座化。解除莲座化的有效温度一般在 1℃ 以下。

2）对光照的要求　喜充足阳光，但也稍耐阴。菊花为典型短日照花卉，在每天 14.5 h 的长日照下进行茎叶营养生长，每天 12 h 以上的黑暗与 10℃ 的夜温则适于花芽发育。成花要求一定的短日照天数，一般短日照条件达到 10 周即可形成花芽，但品种不同对日照长短的反应也不同。

3）对土壤的要求　对土壤要求不严，喜地势高燥、土层深厚、腐殖质含量丰富、排水通气良好的沙壤土。在微酸性至微碱性土壤中皆能生长，而以 pH 6.2~6.7 较好，忌连作。

4）对水分的要求　地下根茎耐旱，最忌积涝，喜湿润，但雨季要注意排水，避免积水烂根，现蕾期应水分充足。

2. 菊花的花芽分化　花芽分化可分为两大阶段，即花序的发育阶段和小花的发育阶段。小花的花瓣种类可以分为舌状花和管状花。花序的发育是从花芽创始后开始的，首先从膨大茎尖的周边分化出总苞原基，然后从花床的周围开始向中间形成凸起的小花原基，逐步形成花序。与此同时，每个小花原基分化出花瓣、雄蕊、雌蕊、胚珠和花粉，形成完整的小花。这个被总苞包住的花序就是我们肉眼看到的花蕾。

3. 菊花的莲座化　菊花开花后往往从植株基部长出幼芽，在园艺学中称之为脚芽。初秋发生的脚芽往往会稍稍伸长，在适当的条件下还能开花。但在晚秋或初冬发生的脚芽一般节间不能伸长而呈莲座状。这种莲座状的脚芽又称为冬芽。冬芽无论在温暖地区的露地，还是放在夜温为 10℃ 的适当生育温度下栽培，都不能正常伸长和开花。菊花的这一特性叫作莲座化。如果在较低的温度条件下呈现莲座状态，一旦移到比较适合的温度下立即开始生长，不能称为莲座化。这是因为温度条件不适宜而不能生长而已。莲座化的原因不是因为环境不适，而是植物体本身生长活性低下的结果。进入莲座化的植株，经过一段时间的低温后，即使在比较低的温度条件下也能正常伸长。这就是说莲座化的植株在接受低温后能够恢复其生长活性，这个现象就叫作莲座解除。

二、常见品种

（一）依开花特性分类

1.夏菊　自然花期在5月下旬到8月下旬，此时应控制温度，10℃左右利于花芽分化，高温抑制花芽分化。

2.早秋菊　冷凉地区的自然花期在9月上旬到10月下旬，属短日照植物，花芽分化适温在15℃以上。

3.秋菊　秋菊属典型的短日照植物，自然花期一般在10月中旬到11月下旬。秋菊按花期又分为早、中、晚3类。

4.寒菊　自然花期为12月以后，高温条件下花芽不分化。

目前，欧美国家栽培的菊花一般为我国的秋菊和寒菊品种。

（二）依整枝方式和应用类型分类

1.独本菊　一株一茎一花。如图5-7所示。

2.大立菊　一株数百至数千朵花。

3.悬崖菊　植株整体呈现悬垂式。如图5-8所示。

图5-7　独本菊

图5-8　悬崖菊

4.嫁接菊　在植株主干嫁接各色菊花。

5.案头菊　类似独本菊，但株矮花大，仅供桌面上摆放。

（三）依瓣型和花型分类

1982 年中国园艺学会、中国花卉盆景协会在上海召开的全国菊花品种分类学术会议上，将秋菊中的大菊分为 5 个瓣类，30 个花型。列举如下：

1. 平瓣类　宽带型、荷花型、芍药型、平盘型、翻卷型、叠球型。

2. 匙瓣类　匙荷型、雀舌型、蜂窝型、莲座型、卷散型、匙球型。

3. 管瓣类　单管型、翎管型、管盘型、松针型、疏管型、管球型、丝发型、飞舞型、钩环型、璎珞型、贯珠型。

4. 桂瓣类　平桂型、匙桂型、管桂型、全桂型。

5. 畸瓣类　龙爪型、毛刺型、剪绒型。

（四）依应用分类

根据种型、品种演化次序和栽培及应用进行分类。

1. 小菊系（花径小于 6 cm）　小轮型、小球型、小星型、小桂型。

2. 中大菊系（花径大于 6 cm）　瓣子花类（舌状花以平瓣为主）：单瓣型、复瓣型、莲座型、翻卷型、球型、卷散型、垂带型等。管子花类（舌状花为管瓣）：管球型、管盘型、松针型、飞舞型、珠球型等。桂瓣花类（筒状花呈托桂状）：管桂型等。畸形花类：毛刺型、龙爪型等。

（五）依菊花品种对短日照的不同反应分类

1. 极敏感品种　遮光到现蕾为 15~19 d。

2. 较敏感品种　遮光到现蕾为 20~24 d。

3. 敏感品种　遮光到现蕾为 25~29 d。

4. 不敏感品种　遮光到现蕾为 30~34 d。

5. 极不敏感品种　遮光到现蕾为 34 d 以上。

三、繁殖技术

菊花繁殖分为有性繁殖和营养繁殖，生产中菊花的繁殖途径主要是营养繁殖，主要包括扦插、嫁接等。

（一）扦插繁殖

1. 选择母株　在扦插育苗之前，要选取优良品系的母株，一般要求所选母株应品种特性优良、植株健壮、无病虫害、花色鲜艳有光泽、生长发育正常。

2. 准备苗床　菊花属浅根系植物，其根系不耐水湿，因此要保证土壤排水和保水性能良好，一般采用细河沙、珍珠岩、草炭、腐叶土等无病菌基质为好，可在育苗床下铺上一层报纸避免基质与土壤直接接触而传染病菌。菊花的苗床应日光充足，便于通风。床土厚 10~15 cm。

3. 采穗　不同花期的品种其采穗时间也不同。如 10 月开花的品种应在 5 月中下旬采穗；12 月以后开花的品种应 7 月左右采穗。采穗应选晴天上午进行，应采健壮结实、营养生长状态良好的顶梢，采穗时要在母株上留 2 片叶片，使其再发枝，以便下次采摘。

4. 插穗处理　将所采新枝剪成长度在 8~10 cm 的插穗，摘除插穗下部叶片，保留先端 2 片展叶，将插穗浸入水中浸泡 1~2 h。为促进生根，可扦插前在插穗基部涂抹生根粉等物质。

5. 扦插　扦插前仔细整地，使土壤疏松，扦插深入基质 2~3 cm，扦插的株距为 3 cm，行距为 4~5 cm，温度 15~25℃，插后 10~20 d 可生根，生根后即可移栽定植。

图 5-9　菊花自动扦插设备

扦插可用全光雾扦插育苗，这样可以保证插穗在生根前水分充足，可大大增加生根率，缩短育苗时间。其基本技术要点是：可选蛭石、珍珠岩、草炭等作基质，扦插一般选阴天无风时进行，若在阳光充足时进行，要每隔几分钟用喷雾设备进行喷雾，以使插穗湿润，不萎蔫。扦插时，先利用自动喷雾设备将基质喷透水，用竹签打洞，株行距 4 cm×4 cm，保持插条直立，将孔隙填实后立即喷透水。插后晴天 8~18 时内每隔 15 min 喷雾 1 次，1 周后逐渐减少喷雾次数，促进插穗早生根。如图 5-9、图 5-10 所示。

（二）嫁接繁殖

嫁接繁殖可选择适应性和抗逆性均较强的青蒿和黄蒿作砧木。

1. 嫁接时间　菊花的最佳嫁接时间应选在阴天的高温天气，其次是无风天的 10 时以前和 14 时以后，这段时间砧木和接穗失水相对较少。

图 5-10　菊花扦插苗生根培养

2. 嫁接前准备

1）浇水　嫁接前 2~3 d 对砧木和接穗母株浇 1 次透水，增加接穗和砧木的含水量。

2）喷水　嫁接前 2 h 内（多指高温干燥的下午）对砧木和接穗进行喷水，使母株不至于在嫁接过程中因暴晒发生萎蔫，但要特别注意叶面上的水分全部蒸发后再开始嫁接。

3. 嫁接方法　嫁接采用劈接法，砧木和接穗均应生长健壮，老嫩适度，无白色髓心，且砧木粗度略大于接穗。随采随接，接穗不要一次采得过多，以免失水影响成活。

接穗选用 5~7 cm 长的菊苗顶梢，仅保留顶端 2~3 片叶。用双面刀片将接穗削成 1.5 cm 长的楔形。在砧木上选取与接穗粗度相当的茎段并短截，用刀从砧木正中劈开，深度为 1.5~2 cm，将接穗插入劈口，两者形成层要对齐，用塑料薄膜条将接口自上而下缠绕严密。操作时要小心，以防碰掉接穗，整个嫁接过程要快。

4. 嫁接后管理　嫁接后立即采取遮阴措施并在管理过程中及时喷水保湿。6~7 d 天后取消遮阴，晴天要注意喷水，每天喷 3~4 次。20 d 左右接穗开始迅速生长，应及时去掉绑在接穗上的塑料条。

菊花嫁接是一项复杂而又细致的繁殖技术，除掌握以上操作要点外，还要做到认真、细心、迅速、准确，日常管理中需做到勤看、勤动脑、勤动手。

四、栽培技术要点

（一）栽培方式

菊花的栽培方式通常有盆栽和切花栽培 2 大类。菊花虽然起源于我国，但是菊花的切花生产却在欧美国家得到了普及和发展。欧美人喜欢消费鲜切花且消费能力强，而我国则更喜欢菊花的盆栽艺菊。我国在盆栽艺菊技术以及艺菊品种培育方面在国际上享有盛誉。

（二）栽培技术

1. 盆菊栽培　盆菊主要指独本菊、立菊。二者栽培方法大体相同，

只是整枝方式各异。盆菊栽培大致有 3 种方式:

1)一段根系栽培法　直接利用扦插繁殖的菊苗栽种后形成开花植株,上盆一次填土,整枝后形成具有一层根系的菊株。该法一般在 5 月扦插,6 月上盆,8 月上旬停止摘心,9 月加强肥水管理,促其生长,10~11 月开花。

各地盆栽菊的方法不同,主要有以下 5 种:

(1)扦插后即上盆　此法优点为根部损伤少,花色正,花期长,但较费工。

(2)瓦筒地植上盆　扦插苗植于 3 片瓦围成的瓦筒中栽培,待花蕾上色时挖起上盆。此法较前者省工,但挖苗时易伤根,花期与花的品质不如前者。

(3)地植套盆法　扦插苗定植于高畦上,7 月初套上大孔盆,使苗从盆孔伸出,分次加土,现色时铲断地下根部。

(4)盆中嫁接法　3 月播种育蒿苗,5 月在蒿苗上嫁接菊花,以后管理同扦插上盆法,用此法繁殖,植株健壮,花大且开花较早,但较费工。

(5)地植嫁接套盆法　3 月将育好的青蒿苗栽于畦中,5 月嫁接,花蕾现色时移入盆中。其优点为管理方便,株植强健,花亦大。缺点是伤根较重。

2)二段根系栽培法　利用扦插苗上盆,第一次填土 1/3~1/2,经整枝摘心后形成侧枝,当侧枝伸长时根据生长势强弱分 1~2 次将侧枝盘于盆内,同时覆盖培养土促其发根。在 5~6 月扦插,幼苗成活后上盆,加土至盆深的 1/3~1/2。7 月下旬至 8 月上旬停止摘心。待侧枝长出盆沿后,用盘枝法调整植株的高度,并将枝条加以固定,使其分布均匀,上部加土覆盖,不久盘压的枝上即可生出根来。当枝条长到一定高度时,还可再盘枝调整 1 次,然后加足肥土。应用此法,盆菊各枝间生长势均匀,株矮叶茂,花姿丰满,外形整齐美观,植株较矮,叶片丰满,枝条健壮,花大,花期长。因盘枝上又生根,故称为二段根系栽培法。

3)三段根系栽培法　即冬存、春种、夏定、秋养。栽培通过 3 次填土,3 次发根。从冬季扦插至翌年 11 月开花,约需时 1 年。北京艺菊名家总结出以下 4 个阶段:①冬存,秋末冬初选健壮脚芽扦插养苗。②春种,4 月中旬分苗上盆,盆上用普通腐叶土,不加肥料。③夏定,利用摘心促进脚芽生长，至 7 月中旬出土脚芽长至 10 cm 左右时，选发育健全、芽头丰满的苗进行换盆定植。④秋养，7 月上中旬将选好的壮苗移入直径 20~24 cm 的盆中，盆土用普通培养土加 0.5% 过磷酸钙。将小盆中的菊苗连土坨倒出，以新芽为中心栽植，并剪除多余蘖芽，加土至原苗深度压实。换盆后，新株与母株同时生长，待新株已发育苗壮后，将老株齐土面剪去。剪除母本后松土，填入普通培养土，并加 20%~30% 的腐熟堆肥。这时盆中已有八成满的肥土，1 周后第三段新根生出，此时形成强大的根系。整个栽培过程，换盆 1 次，填土 2 次，植株三度发根。此法培育盆菊时间较长，但根系发达，株壮叶肥，花朵硕大，姿态优美，能充分发挥品种特色。

2. 切花菊栽培　菊花的自然花期一般在 9~11 月，要使菊花在自然开花期提前开花，在生产上达到周年供应，就需要进行一定的处理，主要包括遮光处理、温度调节、肥水管理等多方位调控。

1）遮光处理　菊花是短日照植物，短日照条件是其花芽分化的关键。最理想的日照时数为 10 h，可在棚顶用黑色塑料薄膜遮挡，一般在 18 时进行遮光处理，保持暗期连续，漏光或间断均无效，翌日 8 时可撤掉薄膜，一般停止遮阴 50~60 d 可开花。盆栽菊花可用黑布或黑色塑料薄膜做成暗罩，保持其完全不透光。

2）温度调节　菊花需要适宜的温度才可完成花芽分化，一般 15~20℃ 为宜，但不同品种的临界温度不同。夏菊低温条件有利于花芽分化，一般温度 10~15℃ 方可花芽分化；秋菊和寒菊属典型短日照植物，除需满足其短日照条件外，温度在 15~25℃ 为宜，可保证开花整齐。另外遮光处理过程中温室内温度较高，因此要注意降温，通风，可打开所有门窗，促进空气流动，夏季高温季节要依靠排气扇强制通风。

3）水肥管理　水分的供给要做到适时供水，才可保证菊花生长优良，花大色艳，尤其是现蕾期水分应供应充足，每天早、晚用细眼喷壶各浇水 1 次。但浇水量不宜过多，否则宜导致烂根、黄叶，甚至植株死亡。施肥应做到适量施肥，基肥一般应以磷、钾肥为主，现蕾后，立即施一次腐熟的有机肥料，有机肥养分全面，使开的花更有生气，此次肥料对花蕾发育有重要作用。

3. 切花菊抑制栽培　若使菊花在元旦或春节（2 月中旬）开花，需进行花期抑制栽培，对其进行长日照处理，可使其长期处于营养生长状态，进而抑制其花芽分化。具体方法如下：

1）育苗　5 月上旬从母株上采摘侧枝扦插。6 月初扦插苗成活，移植于栽培床。栽培床施足基肥，牛粪、堆肥按 100 m² 施用 5~8 kg。假植苗分别在 6 月中下旬和 7 月中旬进行 3 次摘心。每次摘心后追肥，促进侧枝生长。8 月中旬从假植母株上选健壮枝条扦插。扦插的同时用电灯照明处理，在 23 时至翌日 1 时电灯照明 2 h。

2）定植　将土壤用福尔马林 500 倍液，多菌灵 800~1 000 倍液消毒备用。牛粪、堆肥按 100 m² 施用 5~8 kg。9 月上旬将菊花苗定植于栽培床上，株行距为 20 cm×20 cm。

3）水肥管理　9 月中旬株高 5~6 cm 时摘心 1 次，每株留 2~3 个侧枝。接下来用薄膜带搭网状架以固定植株。固定之后多浇水，保持土壤湿润，但不能渍水。花芽分化期，可适当降低浇水量。期间注意薄肥勤施。成苗期饼肥液施或干施，干肥应深施。现蕾后，喷 0.1% 尿素和 0.05% 磷酸二氢钾混合液，每周 1 次，连续 3~4 次至开花。

4）光照管理　8 月上旬扦插至 9 月上旬定植，定植至 9 月底，在扦播当天的 23 时至翌日 1 时，每平方米用 25 W 白炽灯照明 2 h，灯泡离植株顶梢 1 m 高。10 月初至照明终期（即花期前 70 d），在 23 时至翌日 2 时，每平方米用 25 W 白炽灯照明 3~4 h。照明完成后 14 d 内完成花芽分化，之后再照明 5 d，促花芽发育，停止 4 d，照明 3 d，即完成光照处理，从而提高菊花质量，花大、色艳，切花品质好。

5）温度管理　正常生长适温、花芽分化适温是 15~16℃。花芽分化完成后保持 10℃ 左右至开花。

五、花期调控技术

（一）控制生长开花期

菊花从生长到开花有一定的速度和时限，开花不但与品种及本身的开花生理有关，还与不同季节的外界条件密切相关。可根据供花需要，选择合适品种，在不同季节与环境条件下，通过人为控制繁殖期、萌芽期、移植期、上盆期、翻盆期来控制花期。

（二）控制生长速度

采取摘心、修剪、摘蕾、剥芽、摘叶、环刻、嫁接等措施，调节生长速度。调节的效果依品种及摘取量的多少和季节而不同。对当年生枝条，在其生长季节内早修剪则早开花，晚修剪则晚开花。剥去侧芽、侧蕾，有利于主芽开花。摘取顶芽、顶蕾，有利于侧芽、侧蕾开花。环割使养分积聚于上部花枝，有利于开花。秋季结扎枝条，可使叶片提早变色。嫁接带花芽的接穗，可使其提前开花。

（三）调节水肥

土壤水分的多少，对菊花花芽发育和开花关系很大。可通过调节土壤湿度来调节开花期。如花蕾发育迟缓，可加大浇水量和叶面喷水。花蕾发育过早，则控制浇水，保持土壤适当干燥。施肥也是有效的促控措施，一般在现蕾前，以氮肥为主，适当增施磷、钾肥。在孕蕾和开花阶段，以施磷、钾肥为主。应薄肥勤施，菊株转向生殖生长时，可暂停施肥，以利花芽分化，待现蕾后露色前，重施追肥。秋季每周可用 0.1%~0.2% 尿素和 0.2%~0.5% 磷酸二氢钾根外追肥，可使叶色浓绿和花芽分化，花色鲜艳而有光泽。

（四）光照调控

1. 光照强度　研究显示，菊花补光抑制花芽分化的光照强度以 5~10 lx 为下限，但在生产实践中，为防止电压不稳使光照强度减弱，要用 40 lx 以上的光照进行补光，并要经常使用照度计实测光照强度。

2. 光质　秋菊在自然光质、光照强度、光周期下的始花期和花期是相对稳定的。但往往不能满足消费者的需求，可通过调节光质加以改变。研究显示，蓝光光质有利于茎叶生长和侧枝产生，形成丰满的株形，并能提前花期 12 d。

3. 光照时数　菊花是短日照花卉，大多数品种只有在短日照条件下（12 h 以内）才能进行良好的花芽分化和开花，但每天光照时数少于

6~7 h 也不能开花或延迟开花。长日照下（日照 17 h，连续暗期 7 h 以内）不会开花。自然条件下多在秋季开花。目前，冬春季供花主要通过延长光照来推迟开花。夏菊和大部分 8 月开花的菊花属于数量型短日照植物，要采取措施促进其开花。而秋菊和冬菊型品种属于质量型短日照植物，对日照时间反应敏感，如果日照短于 12 h，就能很快诱导花芽分化。

4. 补光　通过人工补充光照使光照时间延长至 14 h 以上，以延长营养生长期，抑制生殖生长，不让其过早地花芽分化。补光开始时期应在菊株摘心后 10~15 d、侧芽长至 10~12 cm、花芽尚未分化时，若花芽已分化时进行补光，会促进枝叶形成。在条件适宜的情况下，停止补光后到花芽分化需 10~15 d，从花芽分化到开花需 50~55 d，共计 60~70 d，因此补光结束期应掌握在开花前 60~70 d。停止补光时间，应根据供花时间、季节以及当时的气温高低酌情而定。如选择晚菊品种，于 10 月初出现花蕾但未透色时，除每天接受自然日照外，还要在日落后补充光照。可在花蕾上方 1 m 处装 100 W 日光灯，造成长日照环境，使其处于含苞不放的状态，在预期开花前 15~20 d 停止补光，恢复短日照条件，届时花即开放。

5. 遮光　遮光处理可促使菊花提早开放，一般正常花期在 10 月下旬至 11 月的菊花，如欲提早于国庆节开放，可利用其短日照的生理特性于立秋时开始遮光处理，从 7 月上旬开始根据不同品种，陆续放入短日照棚内。每天下午将黑布放下，使之完全断光，翌日 8 时将黑布卷起使之照光，遮光 14 h，光照 10 h。在遮光过程中，为防止温度过高，引起徒长，可在 21 时左右，将黑布卷起通风，天亮前再将黑布放下，自遮光之日起经 25 h 左右大部分花蕾形成，45 h 左右大部分开花。若现蕾后每天再将光照缩短为 8~9 h，可进一步促其提前开花。光照阶段的遮光处理应连续进行，不能间断。遮光处理的天数因品种而异。经遮光处理的植株，当花蕾吐色后，应及时将菊花移到短日照温室外接受自然光照射。

（五）温度调控

通过人为调温也可调节花芽分化期和开花期。夏菊开花需要的温度较低，10~13℃可进行花芽分化，其后在15~20℃条件下很快就能开花，但若花芽分化温度低于10~13℃，开花往往推迟。花芽分化后，如花蕾发育过快，可略降低温度，当花芽发育慢时，可适当加温来促进发育和开花。增温处理可加速新陈代谢，促进养分积累和花芽分化。在冬季通过增温促进幼苗生长，利用冬季自然短日照的特点，也能使菊花提早开花。通过光照发育阶段后，若遇28℃以上高温天气或12℃以下日平均气温，都会影响开花，高温季节要降温，冬季应加温。如要五一开花，就要在12月下旬剪除菊花的地上茎，并将盆栽菊转移到15~25℃的日光温室里，不久从根基发出许多幼芽，每盆留1~2条健壮苗，翌年3月中旬现蕾，4月下旬开花。

（六）化学调控

目前，菊花栽培在冬春季供花主要通过延长光照时间来推迟开花。由于延长光照时间需要大量电能，成本高，各国学者在生长调节剂和其他化学物质对延迟或促进开花的效应方面进行了大量研究。植物生长调节剂对植物开花的效应比较复杂，调节效果因调节剂和植物品种不同而异，也与处理的浓度、时间以及外界环境条件密切相关。据报道，在草本花卉的花蕾尚未透色时，喷洒100~200 mg·L^{-1}的萘乙酸、赤霉素、吲哚丁酸等生长调节剂（要轻喷，喷洒不均匀会出现畸形花）有提早开花的明显效果。用赤霉素200 mg·L^{-1}、500 mg·L^{-1}处理，均使杭白菊提前开花，提高霜冻前的开花量，从而减轻霜冻的损失，增产显著，而矮壮素效果却不显著。此外其他一些化学物质也能刺激草本花卉提早开放，草本花卉孕蕾后，当其土壤干燥时，在根际滴灌1%盐酸或0.5%硫黄水等（使用时尽量不使药液直接接触根部，以免腐蚀花卉植株），经1~2 d可提早开花。研究表明，萘乙酸、赤霉素等生长调节剂对菊花在短日照条件下有延缓开花的作用。叶面喷施萘乙酸和萘乙酸与吲哚丁酸混合液都可推迟秋菊在短日照条件下的开花时间，在萘乙酸50~400 mg·L^{-1}处理下的推迟时间随浓度提高而延后，萘乙酸和吲哚丁酸组合处理对花期延迟的效果比二者单用效果好。在延迟开花时间的长短上，不同品种存在较大差异，可能与不同品种对短日照时间要求不同有关。由于不同品种对短日照敏感性不同，生长调节剂使菊花停留在营养生长的时间长短也不一样，因而秋冬菊花使用化学调控时选择对日照钝感型的品种可望获得较好的效果。

六、采收与运输

菊科植物的切花不可蕾期采收，必须等花序上的小花全部开放以后采取切枝。采收后若不能及时上市，可在冷库内短期储藏。菊花的最适储藏温度为 1~2℃。如果在 4~5℃温度下只能储藏 2 周左右，但出库后切花的品质会急剧下降。一般储藏的最适空气相对湿度为 80%，如果空气相对湿度超过 90%~95%，就容易造成切花腐烂；如果使空气相对湿度降到 70%~75% 时，又容易造成花瓣干燥。即使在最适条件下，储藏的时间也有限。冬季的安全储藏期为 2 周，春季为 1 周。如冷藏时间过长，切花的质量会大幅度下降。

长距离运输时（1 d 以上）最好利用冷藏车或者冷藏集装箱。包装时通常采用纸箱，纸箱的尺寸一般长 110 cm，宽 35 cm，高 15 cm。这样的纸箱可以装 100 枝切花，每 10 枝捆成一束，底下放 5 束，其上放一个 U 形纸板隔开，然后在反方向放 5 束后，将纸箱封闭，这样有利于纸箱内通气。一般采收后应立即放在水桶中吸水 6 h 左右，花朵要放直以防在装箱时折断。装箱时每 5 束（50 枝）用薄纸将花朵包起来，防止花瓣直接接触箱壁摩擦受伤。其他规格的纸箱，一般每箱装 80 枝、100 枝、150 枝或 200 枝。独头切花菊最好不超过 200 枝。

第三节
非洲菊栽培技术

非洲菊别名扶郎花、灯盏花、波斯花等，为菊科大丁草属多年生草本花卉，是现代切花中的重要材料，为世界著名十大切花之一。原产于南非，自 19 世纪 80 年代被发现后，首先在英国邱园用作观赏植物，并培育出新品种。到 20 世纪 70 年代非洲菊一跃成为世界名花。非洲菊四季常开、供花时间长、耐长途运输，在我国的栽植量也明显增加，全国各地皆有栽培，其花朵硕大，花色丰富，切花率高，管理方便，在温暖地区能常年供应鲜切花。水插时间长，瓶插时间可达 15~20 d，也可盆栽作为厅堂、会场等装饰摆放。

一、主要生物学特性

（一）形态特征

1. 根和茎　根系较浅，株高 30~60 cm，全株具细毛。

2. 花　头状花序单生，花梗高出叶丛 20~40 cm，花径 10~12 cm。总苞盘状，钟形，舌状花瓣 1~2 轮或多轮呈重瓣状。花色丰富，有红、粉、橙、黄、白色及复色等，花芯有黑、绿、褐等色。通常四季有花，以春、秋两季最盛。如图 5-11 至图 5-12 所示。

3. 叶　基生叶多数，叶片长椭圆状匙形，羽状浅裂或深裂，叶缘具疏齿，叶背被茸毛，叶柄具粗纵棱，被毛。

4. 果实　瘦果圆柱形，长 4~5 mm，密被白色短柔毛。

（二）生物学特性

1. 温度需求　喜冬暖夏凉气候，不耐严寒，亦忌夏季高温酷暑，生长适温 18~25℃。气温低于 10℃或高于 35℃生长均停滞，可忍受短期 0℃低温，属半寒性花卉。

2. 光照需求　光照充足可使非洲菊花朵硕大，花枝挺拔，花色艳丽，但应避免暴晒，但其对日照长度无明显反应，只要温度适宜时可周年开花。

3. 土壤要求　适宜肥沃、疏松、富含腐殖质的沙质壤土。

4. 水分要求　根系较浅，忌干旱，忌渍水，宜高畦做垄栽培。

图 5-11 盆栽非洲菊

图 5-12　非洲菊个体

二、常见品种

非洲菊主要类型可分现代切花型和矮生栽培型。现代切花型又可分为单瓣型、半重瓣型、重瓣型。根据颜色可分为鲜红色系、粉色系、纯黄色系、橙黄色系、纯白色系等。主要栽培品种见表5-1。

表 5-1　部分非洲菊品种介绍

序号	品种	花径（cm）	舌状花颜色	筒状花颜色
1	卡米拉	10~12	紫红色	黄白色
2	达纳爱伦	7~9	橙色黄边	黄白色
3	黛博拉	11~12	大红色	黑色
4	艾瓦罗	10~12	金黄色	黄色
5	范思哲	11~12	外轮奶白，内轮绯红色	黑色
6	白娜迪奥	10~12	雪白色	外轮淡黄，内轮黄褐色
7	莎莎	10~11	酒红色	黑色
8	马尔马拉	12~14	粉色	黑色
9	卢尔德	10~12	白色	绿色
10	卓绝	11~12	外缘橙黄，内缘转红色	黄色
11	布里塔妮	10~12	绛红色	黑色
12	责任	11~13	金黄色	绿色
13	公寓	10~12	紫红色	绿色
14	雅娜拉	12~14	大红色	黑色
15	考拉	7~9	棕红色	黑色
16	达尼洛	7~9	奶黄色	绿色
17	凯拉	8~9	奶白色	黑色
18	珍妮特	6~8	粉红色	黑色
19	波旁酒	6~8	砖红色	绿色
20	凯茜	10~12	粉色	绿色
21	爱瑞拉	7~9	外缘白色，内缘粉紫色	黄绿色
22	酒庄	10~12	深紫色	深紫色
23	暗黑破坏神	10	紫红色	黑紫色
24	金门	10~12	深黄色	黑紫色

续表

序号	品种	花径（cm）	舌状花颜色	筒状花颜色
25	乔利光盘	12~14	白色	粉紫色
26	洛林	10~12	深黄色	绿色
27	马格南	10~12	深粉色	黑紫色
28	北极星	8~9	红色	绿色
29	奥普拉	10~12	黄色	绿色
30	越	10~12	橘红色	黑紫色

三、繁殖技术

非洲菊主要采用分株、扦插、组织培养法进行繁殖。

（一）分株

生长健壮的成年植株适宜此方法，一般每株可分出 3~5 个新株。首先把春季盛花后的母株挖出，把其地下茎带根分切成若干子株，子株需保留 3~4 片叶。然后移栽于盆中，待生根后另行定植。

（二）扦插

将优选的母株挖起洗净，剥去基部叶片，切除生长点，保留根茎部，经药物消毒后种于栽植床中，然后保持环境温度在 22~24℃、空气相对湿度 75%~80% 的条件。当逐渐长出的芽条有 4~5 片叶时切下，蘸取生根粉后即可扦插，如此可反复采取插穗 3~4 次，插后一般 25 d 左右便可生根。

（三）组织培养

采用组织培养法获取的种苗质量高、品质优良，在短期内即可生产出大量整齐、均一的健壮种苗，因而该方法已广泛用于非洲菊大面积生产中。一般选用花托作为非洲菊组织培养材料，将幼嫩花蕾的花托切成 0.5 cm × 0.3 cm 的块接入培养基中，培养基配方为 MS + 细胞分裂素（BA）1.0 mg · L^{-1} + 吲哚乙酸 0.1mg · L^{-1}。通过诱导愈伤组织分化成芽体，再进行增殖，然后进行继代培养，继代培养的培养基配方为 MS + 激动素（KT）10 mg·L^{-1}。

四、栽培技术要点

（一）栽培方式

非洲菊的栽培方式通常包括盆栽和切花栽培两大类。主要以生产切花为主。

（二）栽培技术

1. 栽植床准备　非洲菊根系发达，栽植床需要 25 cm 以上的深厚土层。但对土壤要求并不算严格，各种类型的土壤中均可生产。但为了保证产量和质量，以疏松透气、富含腐殖质的沙质壤土较为理想。在沙质过高的土壤里，可加入黑泥炭以增加其蓄肥、蓄水能力和腐殖含量；对过于板结的土壤，则应加入珍珠岩、植物秸秆、谷壳等增加其疏松度。pH 5.8~8.0 的土壤非洲菊均可正常生长，酸性过大或过碱的土壤，除多施有机肥外，还可根据需要施石灰粉和醋渣等加以调节。

2. 定植　植株定植于高畦上，株距 25~30 cm，每畦行距视情况而定。栽植时应浅植使根基部略显于土表，以免引起根基腐烂。种植当天应浇透头遍水。

3. 栽培管理

1）温度管理　日光温室内温度应控制在 15~25℃，最高不高于 30℃，最低不低于 13℃。一般生产日平均温度为 18~19℃，超过 19℃就应通风。同时，夜温不宜太高，否则会影响正常的花芽分化，理想的夜温应该在 15~18℃。生产温室要具备通风、遮阴以及加温设施。如果条件允许，还应配备苗床、地布或灌溉系统。日光温室要有密闭性，防止昆虫入内。

2）光照管理　非洲菊在生长过程中最适宜的日照长度是 11~13 h，因此在弱光照的时候可以进行人工补光。一般人工补光的要求是每平方米光照强度 3 500~4 000 lx。在生产实践中，可以用高强度光源荧光灯、高压水银灯、高压钠灯、金属卤化灯进行补光，并要经常使用照

度计实测光照强度。如功率为 70 W 的荧光灯，每平方米光照强度能达
3 500 lx。需要注意的是，补光要在植株上盆 4 周后进行。

3）水分管理　非洲菊生长期间应供应充足水分，浇水视土壤干湿
情况而定，不干不浇，浇则浇透；在花期浇水时，要特别注意不要在叶
丛中间浇水，以免引起花芽腐烂。必须保证浇水的正确时间，在早晨
或傍晚浇水，入夜时要使植株相对干燥。植株开始长根时必须从下部
浇水，可以采用底部渗透的方式；高温期间可以从植株上方浇水，但要
注意防止从植株中心部位开始产生的真菌霉变。

4）肥料管理　非洲菊要求氮：磷：钾 = 15：8：25，特别注重
钾肥的补充，每 100 m² 施用硝酸钾 0.4 kg，硝酸铵 0.2 kg。春、秋季
5~6 d 追肥 1 次，并酌情进行叶面喷施磷酸二氢钾；冬季每 10 d 追肥 1
次，并合理增加钾肥的用量，降低氮肥用量，以提高植株抗寒力和抗
病力。营养生长期要适时控制肥水，以防营养过剩；进入开花期之前应
增施肥水，在高温和低温休眠期要停止追肥。

5）剥叶和疏蕾　非洲菊除幼苗期外，整个生育期都要不断地合理
剥叶。剥叶不仅可以减少老叶对养分的消耗，促发新叶，还可以加强
植株的通风透光，减少病虫害的发生。剥叶主要清除基部枯黄残叶及
病叶，每株保留 15~20 片的功能叶；剥叶的同时还要进行疏蕾，每一分
株保留 12 个健康花蕾以保证切花的质量。此外，在幼苗未达到 5 片以
上功能叶或叶片很小时应将花蕾摘除，不让其开花，以加强营养生长。

五、花期调控技术

非洲菊花期调控比较容易，日光温室温度控制在 10~30℃ 可周年
开花。开花时期温度要降到 18℃，温度达 20℃ 的时候，生产者要通
风降温，最低不能低于 15℃。光照强度达 4 万 ~5 万 lx 时，要进行遮
阴。非洲菊周年生产整个生长期内需肥量很大。从幼苗到花芽分化时，
至少要保持 15 片叶才能开出高质量的花，如叶片达不到 15 片就开花，
这样的花品质低，商品价值不高，且影响植株的发育，所以在花芽分
化前应增施有机肥和氮肥，促使植株充分长叶。一般以 600 mg·L⁻¹ 磷

酸二氢钾和 750 mg·L^{-1} 的尿素溶液每周追施 1 次，这样定植后 2 个月即可看到小花蕾。在开花期内应经常观察叶片的生长状况，如叶小而少时，可适当增施氮肥，但施用量不可太多，否则植株生长过旺，叶片繁茂，抽花数未必增多。要注意经常摘叶，如果叶片生长过旺，植株叶片相互重叠，光照及通风不佳，易导致病虫害的发生。在 4~6 月和 9~11 月 2 次开花高峰期前应酌情进行叶面喷施磷酸二氢钾。

六、采收与采后管理

（一）采收

当非洲菊花朵一轮或两轮雄蕊吐出花粉时，才能采花，过早采花将使瓶插寿命缩短。采花时要摘下整个花梗而不能做切割，因为切割后留下的部分会腐烂并传染到敏感的根部，会抑制新花芽的萌发。采下的花整理后，将花梗底部切去 2~4 cm，切割时要斜切，这样可以避免木质部导管被挤压。

（二）采后管理

1. 采后预处理　切花采收后，要立即将花梗浸入水桶中，并运送到凉爽的地方。所用的水和水桶要洁净，每次使用之前都要清洗消毒，以防细菌滋生。预处理过程中，水的 pH 要用漂白粉调整为 3.5~4.0。漂白粉既能降低水的 pH，又能杀菌，其中的氯化钙还能起到延长切花寿命的作用。研究表明漂白粉的加入量以 50~100 mg·L^{-1} 为宜，处理时间不能超过 4 h。处理地点不能有阳光照射，否则将使漂白粉的有用成分发生分解而失效。

2. 保鲜液处理　预处理完成后，将花梗浸入保鲜液中处理6~24 h，处理过程中，较多的花梗浸入水中有利于花朵吸水，其长度以 10~15 cm 为宜。在整个采后处理过程中都要避免干燥和吹风。最好将环境的空气相对湿度提高到 70%。此外，在保鲜液处理过程中，要注意防止切花受到乙烯的危害。非洲菊的保鲜液由 3 g·L^{-1} 蔗糖、150 mg·L^{-1} 柠檬酸等组成，蔗糖不仅为非洲菊继续开放提供能量，还能促进花朵吸水。柠檬酸使保鲜液的 pH 降低，从而阻止细菌的滋生。

3. 包装运输　在运输过程中，将环境温度降到 6~9℃，这样就使花朵的生命活动延缓下来。在整个采后处理过程中都要保持清洁卫生，才能有效地延长非洲菊的瓶插寿命。

第四节
香石竹栽培技术

香石竹别名康乃馨、麝香石竹、大花石竹等，为石竹科石竹属多年生草本植物，是世界五大切花之一。香石竹原产于地中海地区，目前世界各地广为栽培。原种只在春季开花，1840 年法国人达尔梅将香石竹改良为连续开花类型。1938 年育成了威廉西姆（William Sim）系列品种，随后，迷你型香石竹和盆栽香石竹先后进入香石竹市场。我国香石竹栽植历史不长，20 世纪 30 年代，上海从国外引进种苗进行小批量的生产。20 世纪 90 年代，随着杂交育种等众多技术的成熟，上海、昆明、广州、北京、四川等地采用日光温室栽培香石竹，切花数量和质量有了很大提高，基本满足了国内市场的需要。如图 5-13 所示。

一、主要生物学特性

（一）形态特征

1. 茎　茎丛生，直立，灰绿色，多分枝，茎上有白粉和膨大的节，质坚硬，高度 50~100 cm。

2. 花　单生或 2~6 朵聚伞花序，有短柄，花径约 2.5 cm，花瓣不规则，边缘有齿，单瓣或重瓣，花色娇艳丰富，有白、粉、红、紫、黄色及杂色。花期长，一般在 4~7 月，日光温室生产可四季开花。如图 5-14 所示。

图 5-13　香石竹切花

3.叶　叶对生，披针形、质厚，先端常向背微弯。如图 5-15 所示。

4.果实　蒴果圆柱形，种子黑色，果熟期 5~7 月，但在栽培中极少结果。

（二）生物学特性

1.温度需求　喜温暖凉爽气候，有一定的耐寒力，不耐高温，最适生长温度 15~22℃，昼夜温差 5~10℃为宜，温度低于 10℃或高于 35℃，植株生长受阻。温度低于 0℃植株生长停止且易受冻害。

2.光照需求　喜光照充足，长日照条件促进花芽分化。

3.土壤要求　要求排水透气性良好、肥沃，富含腐殖质的石灰质土壤。

4.水分要求　喜干燥、空气流通的地方，忌连作和低洼水涝湿地。

图 5-14　香石竹花蕾

图 5-15　香石竹茎叶

二、常见品种

香石竹栽培品种较多，色系丰富。

（一）依据着花方式分类

1. 单花香石竹　一枝一花，花型较大，色艳，花期较长，日产量高，为香石竹的主产花型。

2. 多花型香石竹　主茎多分枝，花枝花朵散生，多花，每朵花为小型及中型花。

（二）依据花色分类

按花色分类可分为纯色香石竹和复色香石竹。纯色香石竹主要有白、绿、粉红、桃红、玫红、深红、大红、黄、橙等色。复色香石竹单一底色上有 2 种或 2 种以上颜色（表 5-2）。

表 5-2　我国主栽的香石竹品种

品种名	特　性
马斯特	红色系，其花大，色正，品质佳，产量高，多年占据香石竹销售市场第一名
考拉尔	红色系，花色鲜艳，中花型，产量高，低温宜发生花茎弯曲，是一种高产经济型品种
绿夫人	绿色系，绿色香石竹是用复杂的培植技术培育而成，极其罕见，花朵颜色独特，但易裂苞，表现中等
粉佳人	粉色系，花朵鲜艳，大型，花瓣有缺刻，切花产量较高。植株强健、花朵粉润诱人，抗病性较好、耐插性极好、表现优良
希望	玫红色系，花朵较大，玫瑰红色，艳丽夺目，花瓣数目较少，植株强健，生长较快，耐暑性强，夏季利于栽培
达拉斯	桃红色系，生长快、产量高、花苞大、颜色独特、抗病性强、品质好、表现优，市场喜爱度极高
加利福尼亚怀特	白色系，花色独特，产量较高，花朵较大，生长速度快，切花产量高
自由	黄色系，品质极好，耐插性好，抗病性强，生长速度快，表现极优异，市场喜爱度高
兰贵人	复色系，白色紫边，此品种颜色清丽，独特；生长速度快，产量较高，抗病性强，耐插性好，表现优异
濑户初霜	复色系，粉色带白色轮纹条斑，中花型，植株较低，切花产量高

三、繁殖技术

（一）组织培养

目前，香石竹生产中大量使用组织培养苗，取茎尖为外植体，获得脱毒苗，在严格可控的环境下培育成脱毒母株，从脱毒母株上采取插穗，进行扦插，获得一代苗，生产上一般作为原种。从原种上采取插穗再扦插获得二代苗，即用于规模化生产的组织培养苗。

（二）扦插

扦插繁殖除炎夏外，其他时间都可进行，香石竹每年12月至翌年2月是大量繁殖时期，扦插至生根需30 d左右，3~4月为25 d，5~7月为20 d左右。

1. 采穗母株的选择　母株健壮程度直接影响插穗能否成活，一般要求采穗母株性状优良、无发病史、生长健壮、抗病性强、抗逆性优良、可取穗部位多。因此，建立一个采穗母本园是非常必要而关键的，也是全年规模性育苗的基础。母本园应精细管理，强化土壤消毒，做好病虫害的防治，加强栽培管理，确保母株植株强健。

2. 苗床准备　苗床土应疏松、透气、保水保肥性好，施入充足肥料，包括氮、磷、钾及部分微量元素。定植前浇透水，整平准备扦插。在苗床内铺20 cm厚的珍珠岩加砻糠灰作为扦插基质，用木板刮平。冬季为满足生根温度，插床内须铺电热丝，电热丝上加10 cm厚的介质，整平后扦插。

3. 插穗选择与采摘　插穗应选择质量好、节间紧密、无病虫害、生长优良的枝条，可选择枝条中部叶腋间生出的长7~10 cm的侧枝，采插穗时要用"掰芽法"，即手拿侧枝顺主枝向下掰取，使插穗基部带有节痕，这样更易成活。采摘插穗应保留插穗顶端叶片4~5片，基部要略带主干皮层。采摘后每25~30枝扎好，并浸于清水中，避免伤口干燥，影响扦插成活率。将插穗蘸取浓度为500 mg·k^{-1}生根粉溶液处理，可提高生根率。也可用草木灰进行消毒处理。插穗也可储存起来，便于全年随时育苗及四季供花。储存插穗应用超薄塑料膜包装，储藏前稍做失水处理，温度保持12℃，变幅越小越好。

4. 扦插　扦插前，基质浇透水，保持湿润。扦插株行距以
2 cm×6 cm 为宜，插深 1 cm 左右。扦插完要喷透水，以后要控制水分，
不宜过湿，以免烂根。扦插密度以株间叶片刚接触为宜。

5. 插后管理　插床应有间歇喷雾设施，保持叶片湿润，喷水以少
量多次为好。需严格遮光，盖塑料薄膜，1 周后逐渐增加光照，室温
10~15℃，20 d 左右可生根，1 个月后可以移栽定植。出圃后要假植，
蹲苗 1~3 个月以恢复生长。

四、栽培技术要点

（一）栽培方式

产业化栽培目前以切花生产为主，如图 5-16 所示。家庭养护有盆
花种植。

图 5-16　香石竹日光温室栽培

（二）栽培技术

1.环境控制　香石竹喜空气干燥、通风良好的环境，忌高温多湿，最适生长气温为19~21℃。喜日照充足，每天保证光照6~8 h。盛夏时，香石竹处于半休眠状态，这时应注意避免烈日暴晒。要求排水良好、腐殖质丰富，保肥性能良好而微呈碱性的黏质土壤。如图5-17所示。

图5-17　香石竹幼苗栽植

2.水肥管理　香石竹既怕水涝，也不耐干旱，晴天每天浇水1次，保持土壤潮润。土壤易板结时，要注意松土排水。空气相对湿度以保持在75%左右为宜。忌积水，否则易烂根。香石竹喜肥，在栽植前施以足量的饼肥及骨粉，生长期内还要不断追施液肥，一般每隔10 d左右施1次腐熟的稀薄肥水，采花后施1次追肥。

3.植株管理

1）摘心　为促使香石竹多枝多开花，需从幼苗期开始进行多次摘心。当幼苗长出8~9对叶片时，进行第一次摘心，保留4~6对叶片。

待侧枝长出 4 对以上叶时,第二次摘心,每侧枝保留 3~4 对叶片,最后使整个植株有 12~15 个侧枝为好。孕蕾时每侧枝只留顶端 1 个花蕾,要及时摘除顶部以下叶腋萌发的小花蕾和侧枝。第一次开花后及时剪去花梗,每枝只留基部 2 个芽。经过这样反复摘心,能使株形优美,花繁色艳。

2)架设支撑网　当植株长到一定高度时,为了防止茎秆弯曲或防止倒伏,提高切花的品质及产量,在第一次摘心后着手挂第一层网,第一层网离地面 10~15 cm,以后每隔 20 cm 左右挂一层网,一般挂 3~5 层。网孔为 10 cm×10 cm,注意网一定要撑展撑紧。

3)整枝摘芽　香石竹栽培过程中分枝过多,若不进行整枝,切花品质会大幅下降。在第一次摘心以后,根据分枝的生长发育状况,留下 4~5 条健壮的分枝。最后根据侧枝的生长状况,尽早将发育不良的多余分枝摘除,留下 3 条生长整齐的分枝。2 次摘心栽培后的整枝数为 8~9 条。香石竹是容易形成侧枝和侧蕾的花卉,当花芽开始肥大时,其下部的侧芽开始生长,在顶芽附近的节间也容易形成侧花蕾。为了保证顶端花蕾的正常发育,以及侧枝的正常生长,要尽早摘除不需要的侧枝和侧蕾。大花标准型香石竹要将第七节以上的侧芽全部摘除,7 节以下可保留 2 个侧芽。多头香石竹一般将顶蕾摘除,在顶蕾直径长 1 cm 时进行,同时尽早将多余侧枝摘除。

五、花期调控技术

香石竹的花期可通过多次摘心和调整定植期来进行调控,一般在定植后 1 个月、苗高 15~20 cm、幼苗有 6~7 对叶展开时进行第一次摘心,摘除茎尖生长点,保留 4~6 对叶片。待侧枝长出 4 对以上叶时,进行第二次摘心,一般选上部的侧枝摘心,每侧枝保留 3~4 对叶片,每株香石竹可有 8~10 个开花侧枝。

香石竹切花主要用于国庆节、元旦、春节等节日作为礼品赠送或环境装饰,因此需人工调整花期使香石竹在适宜的时节供花(表 5-3)。

表 5-3　香石竹栽培月历

定植时间	摘心次数	采花时间（第一批，第二批）	上市时节
2月初	1次	6月底，12月末	元旦及春节
3月初	0次	6月底，9月底	国庆节
4~5月定植	2次	10~12月，翌年的4~5月	元旦
6月上旬	2次	12月底，翌年4月底	春节

六、采收与储藏

（一）采收时期

切花适时采收对产品的品质以及储存寿命均有较大的影响。大花标准型香石竹在花蕾露出花瓣时采收，需长期运输或储藏的切花可在蕾期采收。多头香石竹切花采收的适期是在已有 3 个花蕾着色良好，但花瓣还未裸露时。采收时间以傍晚采收为宜。蕾期采收的香石竹，耐机械伤害强，易于包装、运输，且可储藏时间较长。

（二）分级与包装

为确保采收切花整体感官良好，花形美，需做明确分级，便于储藏。香石竹切花的分级通常以长度为标准，一级切花的长度为 100 cm 左右，二级切花的长度为 90 cm 左右，三级切花的长度为 80 cm 左右。分好等级后将相同等级的切花每 30 枝一束捆绑固定，装于纸箱内。

（三）切花储藏

香石竹切花适于在 -0.5~0℃，空气相对湿度维持在 90%~95% 的较黑暗条件下储藏，有利于切花保鲜。一般蕾期采收的切花能够存放 25~30 d。当储运前先要进行预冷处理，可将采收切花放于冷库中数小时。香石竹可耐较长时间的干藏，将香石竹花用聚乙烯薄膜包装好即可抑制水分蒸发。开箱后必须尽快将其插入水中，或使用保鲜液以延长瓶插寿命。储藏地应该注意环境通风，避免乙烯积累。

第五节
石竹栽培技术

石竹别名中国石竹、洛阳花，是石竹科石竹属多年生草本花卉，常作一二年生栽培。石竹花枝坚挺，叶似竹叶，色泽青翠，花色丰富艳丽，花期长，有些具芳香味，单株和整体观赏效果均佳，是园林花坛和庭院绿化美化的好材料。

一、主要生物学特性

（一）形态特征

石竹为多年生草本植物，株高 30~50 cm，全株无毛，带粉绿色。植株基部茎由根茎生出，疏丛生，直立，上部具分枝。

1. 花　花单生枝顶或数花集成聚伞花序，花梗长 1~3 cm；苞片 4，卵形，顶端长渐尖，长达花萼 1/2 以上，边缘膜质，有缘毛。花萼圆筒形，长 15~25 mm，直径 4~5 mm，有纵条纹，萼齿披针形，长约 5 mm，直伸，顶端尖，有缘毛。花瓣长 16~18 mm，花瓣片倒卵状三角形，长 13~15 mm，紫红色、粉红色、鲜红色或白色，顶缘不整齐齿裂，喉部有斑纹，疏生髯毛。雄蕊露出喉部外，花药蓝色；子房长圆形，花柱线形。如图 5-18 至图 5-20 所示。

2. 叶　线状披针形，长 3~5 cm，宽 2~4 mm，顶端渐尖，基部稍狭，全缘或有细小齿，中脉较为明显。

3. 果实　蒴果，圆筒形，包于宿存萼片内，顶端 4 裂；种子黑色，扁圆形。花期 5~6 月，果期 7~9 月。

图 5-18　复色杂交石竹

图 5-19　粉色带白斑杂交石竹

图 5-20　亮玫红色杂交石竹

（二）生物学特性

石竹喜阳光，适宜凉爽、通风、高燥环境，性耐寒不耐酷暑，耐旱，忌水涝，好肥，喜排水良好的含石灰质的偏碱性壤土。若环境不良，常导致品种退化，忌连作。

二、常见品种

石竹属植物约有 300 种，分布于欧洲、亚洲、北非、美洲；我国原产 16 种，分布很广，东北、华北、西北地区以及长江流域均有栽培。常见的栽培种与品种繁多，生产上常做一二年生栽培的有须苞石竹、常夏石竹、瞿麦、石竹梅、少女石竹、宽叶石竹，长萼石竹、土耳其石竹等。杂交种系列有钻石系列、繁星系列、明星系列、完美系列等。

目前，国内主要栽培的石竹品种为国外进口 F1 代杂交品种，多为种间杂交种，故称为杂交石竹。现将进口品种简介如下：

1. 钻石系列（Diamond）　日本坂田种苗公司培育。早生品种，植株长势和所有花色的花期都非常整齐一致，花坛表现优秀，适宜春秋季节销售。株高 15 cm，冠幅 20 cm，花径 4 cm。有纯色和复色类型，株型紧凑，分枝能力极强，钻石浅粉色的花色非常特殊，从白色变为粉色，花期快结束时变为玫瑰红色。

2. 繁星系列（Telstar）　株高 20~25 cm，冠幅 20 cm，花径 4 cm。分枝性强，花期早，播种后 11~13 周开花，花色丰富。对疫霉属病害抗性强，耐热耐寒，直到霜降仍可开花，适宜盆栽和花坛应用。

3. 明星系列（Star）　该系列耐热且具有丰富的花色，开花比繁星系列要早，用于组合盆栽和美化装饰。株高 20~25 cm，冠幅 20 cm，花径 4 cm。

4. 完美系列（Ideal）　美国泛美种子公司培育。株高 20~25 cm，冠幅 20 cm。所有品种的习性和开花时间都非常相近，开花早，花簇顶生，带花边的花朵与鲜绿色叶片相映成趣，引人注目。适宜于盆、盒容器或小花盆高密度生产，用于春、秋季销售。

5. 特大冰糕和超级冰糕系列（Venti parfait & Super Parfait）　超大花品种，是市场上少有的大花品种之一，花色为粉色或白色带白边，还有混色。株高 15~20 cm，冠幅 20~25 cm，植株长势旺盛，整个生长季节都表现很好。

6. 王朝系列（Dynasty）　株高 40~50 cm，冠幅 25 cm，最低可耐 -23℃低温，是当年开花的多年生品种。为独特的重瓣石竹系列，花朵极像微型康乃馨。被视为优异的庭院切花品种。该系列适宜在早春和秋季销售，耐寒性与完美系列相似，适宜于日光温室、大田和花园切花生产。

7. 甜美系列（Sweet）　美国泛美种子公司培育。株高 45~90 cm，冠幅 25~30 cm。株茎品质好，株高整齐，开花时间一致。花大，花期长，花色纯正。

8. 花束系列（Bouquet）　株高 45~60 cm，冠幅 25~30 cm。分枝性佳，

花茎强健不需支柱。耐热性好，整个生长期开花不断。

9. 亚马孙系列（Amazon）　株高 45~90 cm，冠幅 25~30 cm。叶片墨绿色而富有光泽，花色亮丽。花坛栽培，株高 45~60 cm，冬季温室切花生产可达 45~90 cm。

10. 小威利系列（Wee Willie）　美国泛美公司培育。株高 15 cm，冠幅 15 cm。早花，为自由授粉混合色品种。花色丰富，花单瓣，株型紧凑。

11. 锦团石竹　株高 20~30 cm，株冠整齐，茎叶具白粉。花径 6~8 cm，花色有白红、紫红、粉等色，常具有不同色的斑纹或环纹。有重瓣与单瓣之分，花期较长。

12. 须苞石竹　别名丰花石竹、五彩石竹、美国石竹。单株花可同时开放几百朵，香气浓烈。花色丰富，有白、粉、红、紫红色及斑纹和环纹的复色，花期 5 月上中旬。常见栽品种有公园巷的骄傲系列、小威廉系列。

13. 常夏石竹　又称羽裂石竹，株高 30 cm，茎蔓状簇生，上部分枝，光滑被白粉，叶厚，灰绿色，长线形，花 2~3 朵，顶生，有紫色、粉红色、白色，具芳香，花期 5~10 月。

三、繁殖技术

石竹的繁殖方式主要有种子繁殖和扦插繁殖 2 种。

1. 种子繁殖　多在冬季温室穴盘育苗，育苗时先将穴盘装满基质，轻微镇压，浇透水，沥去多余水分，然后在穴内点播种子，每穴播 1 粒，覆土厚约 0.2 cm。播种后将穴盘移入发芽室，温度调控在 21℃，空气相对湿度控制在 80%，在 40%~50% 出苗时移入温室。幼苗长到叶片与叶片相接时分苗，也可降温、降湿，等幼苗健壮后直接定植。苗床播种时，要求床长 6 m、宽 1 m，铺 10 cm 厚育苗基质，耙平后浇透水，播种量为每平方米 2 500 粒，播种后覆土并淋水，最后覆盖地膜保湿。

2. 扦插繁殖　一般在 6~8 月进行。扦插时应选择当年生嫩枝，枝长 15~20 cm，插于蛭石或细河沙中，扦插时随插随架拱棚，插后盖上塑料薄膜保湿，棚顶盖一层遮阳网防晒、降温，晚上、阴天和雨天撤除，苗床早、晚各喷 1 次清水，15~20 d 生根。

四、栽培技术要点

（一）育苗

石竹苗期管理：第一，控制温度。在苗期生长的适温为 10~20℃，高温下生长不良，温度最高不能超过 30℃。开春后日光温室温度逐渐增高，幼苗生长加快，可采用加盖遮阳网、人工喷雾、地面洒水和通风等方法降温。第二，及时分苗，在育苗穴盘中石竹苗长到叶和叶相接时分苗，苗床育苗在 4~5 片真叶时分苗，若不及时分苗会造成幼苗生长瘦弱，容易染病，影响育苗质量。第三，增加光照强度、合理控制湿度。幼苗出土后，要逐渐增加光照强度和日照长度。冬季温室育苗可接受全光照，浇水采用细雾喷头淋水，因石竹抗旱性较强，浇水量要少，严禁基质积水，一般保持基质湿润即可。在定植或出售前，应适当控水，保持基质干燥，有利于幼苗运输和成活。幼苗在光照弱、湿度大时引起徒长，使植株细嫩、抗性降低。第四，合理施肥，幼苗长出真叶后，根据叶色喷施液体全效复合肥，并逐渐增加磷、钾肥的施用比例。

（二）定植或上盆

石竹苗床育苗要经过 1~2 次分苗后方可定植。分苗或定植前精细整地，清除枯枝落叶，浇透水，待土壤见干见湿时，即可分苗或定植。一般第一次分苗株行距为 10 cm×10 cm，第二次分苗株行距为 15 cm×20 cm，栽后浇透水。栽植后的前 5 d 左右为缓苗期，应注意防风或在中午略加遮阴降温。在旺盛生长期可追施无机肥，每隔 10~14 d 追施 1 次，浇水应见干再浇，使土壤始终保持湿润，湿度大植株易烂根或徒长，且易染病虫害。植株开花前定植或上盆，盆土可用经高温消毒过的泥炭加一定比例的蛭石、松针或珍珠岩，也可用园土：堆肥：沙土为 7：1：2 比例混配的培养土，上盆后浇透水，遮阴 4~5 d，然后逐渐见光。盆栽每隔 2 d 浇水 1 次，浇水 4~5 次后再施 100~150 g·kg^{-1}复合肥。

（三）栽培期管理

石竹为阳性植物，生长期间宜放在向阳、通风良好处养护，并且保持盆土湿润，约每隔3周施1次追肥。开花后花繁色艳，为达到更高的观赏效果，开花后一般不采用喷淋，可直接在根部浇水，施肥采用液体肥料，并加大磷、钾肥施用量，如喷施过磷酸钙150 g·kg^{-1}。苗长至15 cm高时摘除顶芽，促其分枝，以后注意适当摘除腋芽，使养分集中，可促使花大而色艳。杂交种分枝多而密，应疏除基部低矮弱枝。开花前应及时去掉一些叶腋花蕾，保证顶花蕾开花。花后应及时清理残花，并追肥，促进再次开花，保持和提高观赏性。夏季雨水过多，注意排水、松土。冬季宜少浇水，如温度保持在5~8℃条件下，则冬、春季可不断开花。栽培的土壤中pH < 6.5时应施用石灰，用量为每立方米250 g。

五、花期调控技术

延长石竹花期的关键在于温度控制及品种选择。选择长花期品种于8月下旬播种，经移植2次后于10月中旬栽植于冷床。栽植前冷床应施腐熟的有机肥作底肥，栽后充分浇水，11月下旬再追施1次有机液肥，每次浇水施肥后均应中耕。在室内充分见阳光，注意空气流通。冬季加强防寒保温，可在温室内加扣塑料拱棚，确保植株生长健壮、促进花芽分化。

第六节
君子兰栽培技术

君子兰别名大花君子兰、大叶石蒜、剑叶石蒜等，为石蒜科君子兰属多年生草本花卉。君子兰原产于南部非洲亚热带山地森林中，现在世界各地广为栽培。君子兰花期长达30~50 d，以冬、春季节为主，元旦至春节前后也可开放。具有一季观花、三季观果、四季观叶，花、叶、果并美，观叶胜过观花的观赏特性。宜盆栽室内摆设，并有净化空气的作用。如图5-21所示。

图5-21　君子兰开花植株

一、主要生物学特性

（一）形态特征

1. 根　粗壮肉质根，乳白色，不分枝，根系可深入土壤40 cm。如图5-22所示。

2. 茎　短缩的根茎，根茎上部可见呈鳞茎状的假鳞茎，但它不是真正的茎。假鳞茎的大小，整齐度等指标是衡量君子兰品质的重要标准。

3. 花　聚伞形花序顶生，每个花序有小花7~30朵，多的可达40朵以上，两性花，雌蕊1枚，雄蕊6枚，由花药和花丝2部分组成。花蕾轮番开放，可持续2~3个月，开花以春、夏季为主。小花有柄，花漏斗状，直立，颜色有橙黄、淡黄、橘红、浅红、深红色等。如图5-23所示。

图5-22　君子兰肉质根

图 5-23　君子兰的伞形花序

4.叶　叶形似剑，长 30~50 cm，互生排列，全缘，叶脉平滑、平行，叶面革质有光泽。如图 5-24 所示。

图 5-24　君子兰两列叠生叶扇形排列

5.果实　红色浆果，不规则球形，每个果实中含种子 1 粒至多粒，种子通常白色或灰白色，果实成熟期在 10 月左右。如图 5-25 所示。

图 5-25　君子兰成熟果实

（二）鉴赏标准

君子兰鉴赏评定标准主要以叶为主，一般从亮度、细腻度、厚度、色泽、刚度、叶脉、长宽比、座形、株形和头形等指标来评定君子兰的优良品质。

1. 亮度　指叶片的光泽度，亮度的优劣依次为：蜡亮、油亮、光亮、微亮、不亮。

2. 细腻度　是指叶片表面的光滑、致密程度，细腻度的优劣依次为：细腻、比较细腻、一般细腻、比较粗糙、粗糙。

3. 厚度　指叶片从尖端到基部薄厚差距，叶面有厚实感，富有弹性为佳品。厚度的优劣依次为：1.6mm、1.4 mm、1.2 mm、1 mm、1 mm以下。

4. 色泽　单色兰叶面颜色以浅为佳，稀有的绿色、金黄色等复色品种较好。叶面深浅颜色的比例为1:1，叶面与叶脉有明显反差为好。

5. 刚度　指叶片抗弯曲能力，即柔韧度，叶片刚度越强越好，依次为：强、较强、较弱、弱。

6. 叶脉　以叶脉凸起粗壮、横竖脉纹协调比例分布于整个叶面、叶片脉纹差距较小为佳。脉纹的优劣依次为：粗凸、中粗凸、细凸、平。

7. 长宽比　长宽比是叶片长度和宽度的比例，协调的比例为3:1。

8. 座形　座形的优劣取决于叶鞘边缘在纵向上的间距大小和两相对叶片叶鞘边缘夹角的大小，间距越小，夹角越大，座形就越好。座形的优劣依次为：元宝形、塔形、低柱形、高柱形、低楔形、高楔形。

9. 株形　指整体植株的形态，君子兰较好株形应是正看像是一把扇子，叶片舒展、排列致密而有序，侧面看如一条线，叶片不歪斜，不杂乱。株形的优劣依次为：立、垂弓、平伸、下垂立（斜立）形、平伸形、弓形、下垂形。如图5-26所示。

10. 头形　指叶片顶部的形状。叶片顶端越圆滑越好，钝尖比锐尖好。鉴赏头形优劣时应以叶片半数以上的形状综合考虑。头形的优劣依次为：半圆形、椭圆形（平头形）、急尖形、渐尖形、锐尖形。

图 5-26　缟艺君子兰（即彩兰）

（三）生物学特性

1. 对温度的要求　喜凉爽，忌高温。适宜生长温度为 15~25℃，温度低于 10℃时，植株生长缓慢，当降至 5℃以下时易受冷害、冻害，温度高于 30℃，营养生长受抑制。

2. 对光照的要求　为半阴性植物，忌强光直射，适当遮阴，有利于叶片生长。

3. 对土壤的要求　栽培土壤宜选择土质疏松，透气，排水良好，有机质含量高，微酸性的营养土较好，尽可能选用与其原产地土壤较为相近的松针土、阔叶腐殖土作为营养土，注意阔叶土应充分腐熟，切忌用生土。

4. 对水分的要求　喜湿润气候，忌干燥环境，又耐阴，对水的 pH 要求为中性，pH 6.5~7 可正常生长。

二、常见品种

（一）大花君子兰

1828 年在南非纳塔尔境内被发现，19 世纪中叶由日本传入中国。大花君子兰品种丰富，如早期品种大胜利、染厂、和尚、青岛大叶（老德），以及后期培育品种圆头、黄技师、油匠、短叶、横兰等均属大花君子兰范畴。主要品种包括：

1. 大胜利　原为宫廷养殖花卉，后逐渐流入民间。中华人民共和国成立后因流入长春胜利公园而得名，为我国早期培育佳品。大胜利叶片柳叶形，叶长一般为叶宽的 4~6 倍，叶端下弯，叶片挺拔，叶质较厚，有光泽，叶脉隆起，纹理清晰，横纹间距不等，两侧有分布不均匀的斜纹；花莛直立，一般高于叶面，较粗，莛茎横断面为半圆形，花冠鲜红，花被片尖端呈微圆形，花柄长为 6.5~7 cm，果实为圆球形。大胜利生命力强，成活率高，加之其亮度、细腻度较佳，因而适宜作改良品种母本。但是，大胜利存在头形差（为锐尖形）、座形差等缺点，因而现今已很少栽植。

2. 和尚　和尚最初由长春护国般若寺的和尚栽培选育而成，故名和尚。叶片颜色深绿，叶片较宽，一般可达 10 cm 以上，叶片宽度从基部到端部均匀近似，叶片长宽比为 5 : 1，叶端卵圆，斜立，略为向下弯曲，光泽较差，脉纹明显但不隆起，呈泡沙纹，又有人叫龟背纹；花朵较大，橙红色，果实为卵圆或长圆形。和尚表现出稳定的遗传性和较强的亲和性，适宜作为亲本进行杂交，后代与亲本一般形状一致。和尚在我国君子兰发展史上起了关键的作用，是培育当代短叶、圆头、圆头短叶和尚体、腊膜花脸、横兰等新品种的基础。

3. 短叶　短叶是用小胜利作母本，和尚作父本，杂交育成。其主要特征：叶短，叶端无急尖，俗称抹子头，富有光泽，叶厚有刚性，硬立，叶脉凸起，头纹密集，花色浅红，端庄，秀丽。体形别致，是培育短叶型的工具兰。圆头短叶是短叶与圆头和尚杂交的子代小圆头作母本，再与短叶回交所产生的后代统称为圆头短叶，叶片短而宽，叶色浅绿，光泽明亮，花色艳丽，株形整齐，是优良的工具兰和目前受欢迎的品种之一。

4. 黄技师　最初黄技师品种是由君子兰爱好者长春生物制品研究所黄永年技师培育而成，故得名"黄技师"。该品种叶片革质，光亮，润泽，叶缘渐尖，呈浅黄绿色，脉纹隆起；花色金红如有金粉，光彩夺目，花朵大而紧凑；黄技师是培养腊膜花脸等提高兰质的主要亲本，为君子兰的上乘佳品。

5. 油匠　由一位姓姜的油匠师傅所培育，故此得名。该品种的特点是株形挺拔，花大色艳。其剑叶较长，一般 30~50 cm，叶的长、宽比为 5∶1 或 4∶1，叶色墨绿，叶端有双曲急尖，叶基较平展，纵横脉纹均隆起，呈田字格，叶背有龟背纹形，叶面光亮；花莛直立，莛茎的横切面为扁圆形，花大、花瓣长 6 cm，冠幅 6 cm。花橙红色，基部橘黄色，果实圆球形。可用油匠作亲本，培育具横纹高凸、双曲急尖的新品种。

6. 横兰　横兰是用日本兰作母本，与国兰短叶和尚作父本进行杂交组合培育出的一个新品种，其叶片长宽相当，故此得名。该品种株形娇小，小巧玲珑，目前已被收入吉尼斯大全——世界最小君子兰。遗传性状稳定，后代一般具亲本优良性状。属微型兰系列，其杂交后代有长横、中横、短横之分，其中中横不易抹头，夹箭较少，具有较高的实用价值和观赏性。

（二）垂笑君子兰

与大花君子兰相比主要特点是：叶片狭长，呈条带状，叶质较硬、粗糙，叶端钝，叶色浓绿。分枝少。花茎稍短于叶，每个花序上一般有 20~60 朵小花，花呈桶状，开放时下垂，故名谓"垂笑君子兰"。花多为暗橘色，花瓣尖端为绿色，花朵比大花君子兰小。红果中一般有 1~2 个种子，果实 9 个月成熟。

（三）细叶君子兰

该种产于南非纳塔尔省的赫勒尼。细叶君子兰叶片非常狭长，呈拱状下垂，叶端尖，深绿色。花期冬季，花朵呈弧状下垂，在红色花朵的顶端具橙色或黄色的边。浆果，每个果实中有籽 1~2 个。南方栽植较多。

三、繁殖技术

君子兰通常用 2 种繁殖方法：一种是播种繁殖法；另一种是分株繁殖法。

（一）播种繁殖

君子兰普遍采用种子繁殖，此法可进行君子兰的大量繁殖，操作简便。播种繁殖之前要进行人工授粉，最好是进行异株授粉，因为异株授粉结籽率高，健壮的植株经异株繁殖后一般可结籽 10 粒，同株授粉只能结籽几粒。

授粉方法：当花被开裂后 2~3 d，花苞成熟、柱头有黏液分泌时，即为授粉时机。授粉时，用新毛笔蘸取雄蕊的花粉，轻轻地振落在雌蕊的柱头上。为了提高结籽率，可 9~10 时、14~15 时各授粉 1 次。在 8~9 个月后种子才成熟。当种皮由绿色逐渐变红色或黑紫色，种子基本成熟，此时可将果穗剪下，保存于温度低于 20℃ 条件下。注意种子生活率较低，温度高于 40℃，大部分种子即失去发芽力。一般 10~20 d 后把种子剥出。

为促进种子迅速萌发，播种前可进行浸种处理，将种子在 35℃ 的温水中浸泡 20~30 min，或用 10% 磷酸钠液浸泡 20~30 min，取出洗净后再在清水中浸泡 10~15 h，即可播入培养土，培养土可选用从树林表层取来的带有充分腐殖质的疏松土，掺入 1/3 的干净细沙土。播种的花盆放置在室温 20~25℃ 环境中，使空气相对湿度保持在 90% 左右，1~2 周即可萌发出胚根。

君子兰喜欢略带酸性的土质，其适宜 pH 6~6.5。播种繁殖君子兰的时间要求并不严格，春、秋、冬三季都可播种，但气温是一个重要条件，最宜在 20~25℃ 的气温条件下播种，才能适应萌发胚芽的温度要求。

（二）分株繁殖

1. 准备工作

1）容器选择　选择透气性较好的瓦盆作为花器。

2）准备营养土并消毒处理　如用腐殖土混合细沙的，腐殖土要用高锰酸钾 1 000~2 000 倍水溶液喷洒消毒。细河沙也要用滚开的开水烫洗消毒，避免幼苗受病菌感染腐烂。

3）准备木炭粉　用少许木炭粉涂抹伤口作吸潮防腐之用。

4）磨刀　将切割用的刀磨锋利，并最后在磨石上快速干磨（不加水）数十下，使刀身高度发热，以杀灭病菌。

2. 植株选择　选择生长 4 年以上的君子兰，一般可在假鳞茎和根部连接处发出 2~3 个脚芽，在脚芽长出 5~6 片叶时，即可分株，上盆。分株时，先将君子兰母株从盆中取出，去掉宿土，找出可以分株的脚芽。如果子株生在母株外沿，株体较小，可以一手握住鳞茎部分，另一手捏住子株基部，轻轻掰一下，就能把子株掰离母体；有些腋芽与母株结合较结实，较粗壮，不易手掰取得，用准备好的锋利小刀把它割下来，刀具应先进行消毒且没有刀锈，以免引起伤口腐烂。如图 5-27 所示。

图 5-27　君子兰幼苗

3. 子株处理　分离子株后，子株伤口处应涂抹草木灰、硫黄粉等，以吸干流液，防止伤口组织感染细菌，再栽植于无细菌的营养土中。

4. 种植　种植深度以埋住子株的基部假鳞茎为度，靠苗株的部位要使其略高一些，并盖上经过消毒的沙土。种好后随即浇 1 次透水，待到 2 周后伤口愈合时，再加盖一层培养土。一般须经 1~2 个月生出新根，1~2 年开花。分株繁殖的君子兰，遗传性状稳定，可保持母本原有性状，生长发育快，成活率高。

四、栽培技术要点

（一）日光温室栽培

可根据不同生产地区选用日光温室进行生产，但应满足君子兰生长所需的光照、温度和水分等要求。如图 5-28、图 5-29 所示。

图 5-28　君子兰日光温室栽培

图 5-29　君子兰半地下式日光温室栽培

（二）栽培方式

多进行盆栽，要求花盆透水、透气性好，生产上以瓦盆（素烧泥盆）为宜，注意花盆大小和植株大小比例应适当。

（三）栽培技术

1.基质配置　君子兰的根为肉质根，适合在疏松、肥沃、渗水、透气性良好的土壤中生长，所以栽培土的选择应严格考虑这 4 种因素。一般选用腐殖土，柞树叶、橡树叶、榛叶、松针等腐叶土较好；梨树、苹果树等的叶子要注意农药因素；核桃树叶子有毒，不能选用。可用如下混合基质：

●腐叶土：落叶松土：炉灰渣：河沙 = 5：3：1：1。

●榛树、柞树叶：马粪：落叶松：河沙 = 4：2：3：1。

●腐稻壳：炉渣：落叶松：河沙 = 5：2：2：1。

2.温度管理　君子兰喜温暖而凉爽的气候。夏季 25℃以上应采取通风、遮阴等方法降温，超过 30℃且湿度低会使叶片光泽减退，高温、高湿会使叶片长得过长，高温甚至会出现日灼病，导致整株烂掉。低于 10℃则会生长发育缓慢，低于 5℃生长会受到抑制，低于 0℃则会叶片冻坏或死掉。

3.湿度管理　君子兰喜欢温暖潮湿的环境，对生长环境的湿度要求比较高，环境湿度低会影响叶片的光泽，环境中的空气相对湿度在70%~80%最适宜，在这样环境中生长的君子兰，叶片嫩绿，叶脉清晰，叶片短、宽、整齐，观赏价值高。

4. 光照管理　君子兰不耐强光，喜弱光，夏季需做遮光处理，以防灼伤叶片。冬、春季短日照更有利于开花。良好的光照是保证君子兰花大色艳的重要条件。君子兰的叶子有趋光性，如果将它长期放在室内一个地方，叶子必定朝太阳的方向偏转，就其株形来说，就很难达到"正视如开扇，侧视一条线"的观赏效果。日常养护应有规律地调整向光角度，使株形整齐，使叶片的伸展方向与南北方向一致。叶片应保持清洁，经常用柔软的湿布擦去叶片上的灰尘，有利于光合作用。

5. 水分管理　君子兰喜欢中性或微酸性的水。河水、湖水等清洁且富含矿物质的水最宜；自来水经过人工添加化学物质的处理，通常应存放几天，再用来浇花。浇水的原则是"不干不浇，浇则浇透"。经常养兰的人用手指弹弹花盆，通过弹击发出的声音就能判断土中含水量的多少。弹击发出的声音沉闷，表示土中的含水量较多，不必浇水；反之声音清脆，则表示土中的含水量较少，应及时浇水。另外，浇水还应注意水温与土温应接近，两者温差不应过大。浇水时间以早、晚为宜，夏季中午，气温很高，不宜浇水。浇水应避开花心，尤其是上箭开花期间，以防水不清洁造成烂心。

6. 营养管理　君子兰应以"薄肥勤施"为原则，以有机肥为主，适当结合无机肥。有机肥常用腐熟豆饼、麻籽饼、花生饼及油渣、动物蹄角、骨粉、鱼粉等。新上盆的幼苗不需要施肥，通常长2片叶后，种子储藏的养分耗尽时，开始施稀释的动、植物腐熟肥水。2年后施肥量增加，除每10 d施1次稀释动、植物液肥外，可每15~30 d施1次经过充分腐熟发酵的动、植物固体肥，如骨粉、鱼粉、饼粉等。三至四年生君子兰除上述施肥外，在换盆时还可混合固体肥作基肥。施肥时注意不要让固体肥直接接触肉质根上，以免烧伤根系。冬、夏季少施肥，春、秋两季君子兰生长旺盛，应施用液体肥提供充足的养分。液体肥的施用应防止滴到叶片或生长点上，以免烂叶或烂心。每次施肥后，要用喷壶喷清水冲洗植株。液体肥可结合着浇水，1年内多次施用。君子兰生长讲究营养平衡，不仅需要我们熟知的氮、磷、钾，而且也需要各种微量元素。任何一种元素的严重缺乏都会对君子兰的正常生长造成不良的影响，这也是人们长期以来大多施用有机肥的原因。

7.换盆　换土时间最好选择在春、秋两季，因为这时君子兰生长旺盛，不会因换土影响植株的生长。君子兰从播种到开花视生长情况共需换6~7次盆，第一年要换2~3次，在2~3片叶时上直径约10 cm盆，在5~8片叶时上直径约17 cm盆；第二年要换2次，分别在8~10片叶和10~15片叶时，宜栽在直径23~24 cm盆中；第三年换1次盆，在15~20片叶时定植于约直径27 cm盆。成龄植株可隔1~2年更换1次。从盆内取出君子兰，剪除烂根和没有吸收能力的老根，除去废土。换土时在花盆底部的排口上放一些碎瓦片或石砾，以利于排水。换盆后浇透水，放在阴凉处养护7 d，即可恢复正常管理。

8.预防夹箭　君子兰在出箭时容易产生夹箭的现象，花茎发育不良，无法伸出叶片之外就开花，这种现象称为夹箭，严重影响君子兰的观赏效果。如图5-30所示。

出现夹箭的原因有：

图5-30　君子兰夹箭

1）温度不适　君子兰在温度低于 15℃时，便生长不良。尤其是出莛前，如达不到 15℃以上，花莛就难以抽出。当君子兰开花前，应经常观察盆株鳞茎有无凸起痕迹，一旦发现说明有射箭的可能，要及时调节温度，以利花莛抽出。

2）温差不够　君子兰的生长习性喜昼夜温差大。若温差小，则抽莛困难。在花芽分化后与审箭前，温差应控制在 10℃左右，射箭就较易，否则会出现夹箭现象。

3）营养失调　秋季植株处于生殖生长期，需肥量越来越大，这时肥力不足，很可能影响抽莛。君子兰养 3 年后，一到秋季就需增加施肥次数。最好施含磷量较多的液肥，并以氮、磷、钾交替施用为佳，必要时可增施 0.2%磷酸二氢钾叶面肥，促使花芽形成，提早开花。

4）浇水不当　君子兰出箭时，如缺水也会使花莛生长受阻而导致夹箭。一般抽箭时加大浇水量，保持盆土湿润，而不能干透再浇，否则，鳞茎和叶片会因缺水而使植株的生理活动受阻，以致夹箭影响开花。

五、花期调控技术

温度调控是促使君子兰开花的主要方式，可采取降温、通风等措施，变休眠期为生长期，当植株体内储存一定营养物质后，便可转为生殖生长，达到提前开花的效果。具体实施方法是：可在夏季将君子兰移至低温地区进行越夏降温的反季节处理，一般将温度降至 15~20℃，昼夜温差 8℃左右，可促进花芽分化；光照要做到"夏季避日光，春季透日光，冬季见日光"。在炎夏要注意遮阴通风，秋季 10 月开始就要逐渐增加透光时数。冬季温室内须把君子兰放置在向阳透光处。施肥应合理搭配碳、氮肥，可多施磷肥，加速碳水化合物在植株体内的转换，促使君子兰提前孕蕾开花。

君子兰的正常花期在 45 d 以上，若想延迟花期，可采取以下措施：秋季低温时把君子兰移至室外，停肥少浇水，使其经过一个低温处理，再将其移至室内，遮光处理 10~20 d，以后置于向阳处正常管理，这样可使在春季开花的君子兰延迟到冬季开花。

在有条件的地方可将温度降至20℃以下，结合通风，控制光照在4 h以下，以此达到延长花期的目的。

六、储存与运输

将出圃的盆栽君子兰置于空气相对湿度为80%~90%、环境温度10~12℃的条件下，每天接受散射日光不少于2 h。保持环境适当通风，在保证产品质量的前提下储存时间不宜超过3周，于运输前的第二至第三天停止浇水。可装入专用瓦棱纸箱运输，但要先将植株用纸包好，箱内应该衬以塑料泡沫进行保护。

第七节
火鹤栽培技术

火鹤别名红掌、红鹤芋、火烛等，为天南星科花烛属多年生常绿草本植物。原产于南美洲的热带雨林地区，现在欧洲、亚洲、非洲皆有广泛栽培。其花朵独特，佛焰苞片亮丽鲜艳，色彩丰富，翠叶欲滴，观赏期长，在适宜条件下可周年生产，是国际花卉市场上新兴的切花之一，也可盆栽摆设在客厅、会场、案头。如图5-31所示。

一、主要生物学特性

（一）形态特征

1. 根　典型的半肉质须根系，并具气生根。

图 5-31　火鹤

2. 茎　株高一般为 50~80 cm，茎极短，近无茎，节间短。但随着栽培年限的延长，主茎明显，生长点上移。如图 5-32、图 5-33 所示。

3. 花　花自叶腋抽出，高于叶面，佛焰苞阔心形，蜡质，表面波状，直立开展，肉穗花序无柄，花形呈正圆形或卵圆形。两性花，花被具 4 裂片，雄蕊 4，子房 2 室，每室具 1~2 胚珠。颜色丰富，有橙红、粉、大红、白色及绿色等。火鹤花期 2~7 月，温、湿度适宜则可四季开花，是现今较为名贵的切花品种之一。此花有毒，所以要避免误食。可常年开花，一般植株长到一定时期，每个叶腋处都能抽生花蕾并开花。如图 5-34 至图 5-37 所示。

图 5-32　火鹤的茎、叶

图 5-33　多年生火鹤植株的明显主茎

图 5-34　红掌

图 5-36　粉掌

图 5-37　白掌

图 5-35　绿掌

　　4.叶　叶自根茎抽出，革质单生，有光泽，厚实坚韧，椭圆状心形，深绿色，叶脉凹陷，具长柄。

　　5.果实　浆果，内有种子2~4粒，密集于肉穗花序上。

　　（二）生物学特性

　　1.对温度的要求　喜高温，22℃以上才能生长良好，温度低于13℃出现冻害，因此适宜有保护措施的温室栽培，冬季应有加温设施，以满足其对温度的要求。

2. 对光照的要求　喜半阴的环境，但不耐阴，忌阳光直射，最适光照强度为 1.5 万 ~2 万 lx，一般光照的同时结合遮阴处理，尤其夏季需遮光 70%。

3. 对土壤的要求　选择排水好、透气性强，保水性好、肥沃疏松的壤土为好，可用泥炭、珍珠岩、腐叶土等作混合基质，火鹤喜肥，生长季节每个月应施 1 次液肥。

4. 对水分的要求　火鹤对栽培环境的空气相对湿度要求较高，以空气相对湿度 80% ~90% 最为适宜，全年栽培都应进行叶面喷水，并保持栽培土壤干湿相间。

二、常见品种

常见火鹤品种及特性见表 5-4。

表 5-4　常见火鹤品种及特性

品种	特性
阿拉巴马	株高 45~50 cm，佛焰苞深红色
粉冠军	株高 30~45 cm，佛焰苞粉红色
热情	株高中型，佛焰苞鲜红，肉质花穗顶端绿色，基部淡粉色
大哥大	叶较薄，翠绿，佛焰苞橙红色，卵圆形
火焰	株高 50~60 cm，佛焰苞艳红色，肉质花穗乳黄色
亚利桑那	叶色浓绿，佛焰苞鲜红色，花序黄色，该品种适应性强
小调	小花型，佛焰苞肉质花穗均较小、红色，叶片为深绿色
瓦伦天奴	佛焰苞粉红，肉质花序玫瑰红色
卫城	佛焰苞片白色，肉质花序淡玫瑰红色，上端颜色稍重
新亚马孙	植株粗壮，深红色
阿提卡	佛焰苞宽卵形，白绿色，花穗橙红色
格菲提	佛焰苞白色，散生许多深红色斑点，花穗橙红色
喜庆	植株中等大，佛焰苞粉红色，花多

续表

品种	特性
阿图斯	佛焰苞宽阔，深红色，肉质花序红色
水晶花烛	叶阔心脏形，暗绿色，中肋和叶脉为银白色，佛焰苞带褐色

三、繁殖技术

火鹤的繁殖方式有播种繁殖、分株繁殖、组织培养繁殖等方式，但播种繁殖杂交种后代有广泛的性状分离，变异很大。因此，一般采用分株和组织培养等无性繁殖方法来进行繁殖。

（一）播种繁殖

通过播种繁殖，从后代变异植株中筛选优良变异是获得火鹤新品种的主要途径。待种子充分成熟以后，将果实的果皮及果肉除去，避免发生霉烂影响种子发芽率。须随采随播，取出芝麻粒大小的种子，充分浸泡使其吸足水分。播种可采用纯沙催芽法，将种子点播在干净的河沙中，播种深度为 0.5~0.8 cm，保持一定的湿度，一般 15 d 左右就可发芽，待长出 5~6 片叶时，就可移栽至纯珍珠岩与泥炭土或椰糠混合的基质中进行假植栽培。

（二）分株繁殖

火鹤分蘗能力较强，可将成龄植株上的小侧芽从母株上连茎带根分取下来，单独分栽，形成新植株。一般在凉爽高湿的春季进行，选取的子株应较容易与母株分离、生长强健且有 3~4 片叶，将侧芽用适度的力度掰下，靠母株太紧的侧芽可用消过毒的锋利刀片在芽眼处将其切开，注意不可伤到母株。待伤口稍干即可进行分栽，种植时须使根系平展，植株直立，种后不可立即浇水，以后每天应叶面喷雾保持一定湿度同时配施稀薄肥，不可喷雾或浇水过多，以免烂根影响成活。分株繁殖操作简单，其缺点是生长较慢、栽培时间长。

（三）组织培养

组织培养是快速繁育无毒健壮火鹤苗的主要途径，可满足市场的大量需求。火鹤的组培材料是幼嫩叶片及叶柄，繁育材料必须严格消毒并经过脱毒培养。培养基的组成是基本培养基 MS 加蔗糖 $30\,g\cdot L^{-1}$、琼脂 $6\,g\cdot L^{-1}$，pH 5.8。在不同培养阶段添加不同种类和浓度的植物生长调节剂，培养温度 $25℃\pm1℃$，光照强度 $2\,000\sim3\,000\,lx$，每天光照 14 h。组培苗的瓶苗阶段是在人为提供最适生长条件下经历一个过渡的健化炼苗过程，可使瓶苗顺利适应外界的环境条件。

四、栽培技术要点

（一）栽培方式

盆栽要求花盆透水、透气性好，生产上以瓦盆（素烧泥盆）为宜，注意花盆大小和植株大小比例适当。作为切花，适合大面积无土栽培。如图 5-38 至图 5-40 所示。

（二）栽培技术

1. 基质选择　由于火鹤在自然条件下为营附生或半附生生长，其气生根可从湿润的空气中吸收水分，因而栽培基质必须与其自然生长附着基质相似，即有较好的保水、疏水和透气性能，否则易引起烂根。火鹤对栽培基质要求保水性好，能及时排除多余的水分，不易腐烂，能长期保持疏松透气状态，不包含或释放有毒物质。常用基质为进口泥炭。除了可使用泥炭以外，现在越来越多的种植者开始使用椰糠。经过网筛的椰糠可以用来替代泥炭，它具有良好的毛吸作用和相对较高的空气含量。使用 40% 椰糠在栽培中不会带来任何问题。花泥也是现今大量使用的无土栽培的基质之一。如图 5-41 所示。

2. 温度管理　火鹤生长对温度较敏感，白天温度为 $21\sim25℃$、夜间在 $19℃$ 左右最适宜火鹤的生长。在这样的温度条件下，有利于火鹤养分的吸收和积累，对火鹤生长、开花极为有利。如果温度长时间低于 $13℃$ 左右，植株虽不会死亡，但很长时间难以恢复生长；当温度高

图 5-38　盆栽火鹤

图 5-39　火鹤基质栽培

图 5-40　火鹤切花基质栽培

图 5-41　火鹤无土栽培（以花泥为基质）

于 35℃，且光照较足，叶面易出现灼伤，因受害叶片不会逆转，将直接影响火鹤的整体品质。在高温季节，通过开启湿帘及通风设备来降低室内温度，以避免因高温而造成花芽败育或畸变。注意傍晚不要对叶面喷雾，以保证火鹤叶面夜间没有水珠。避免高温灼伤叶片，使火鹤出现焦叶、花苞致畸、褪色现象。在寒冷的冬季，当室内昼夜气温低于 18℃时，要进行加温保暖，防止冻害发生。

　　3. 光照管理　影响产量一个很重要的因素就是光照，光照过强会抑制植株生长，并导致叶片及花的佛焰苞变色或灼伤，对花的产量和质量影响很大。反之，光照强度太低时，由于植株同化产物不足，易引起花朵变小、花茎变软及产量降低。火鹤适宜生长的光照强度为 1.5 万～2.0 万 lx。日光温室内火鹤光照的控制可通过活动遮阳网来调控。早晨、傍晚或阳雨天不用遮光。火鹤在不同生长阶段对光照要求各有差异：如营养生长阶段对光照要求较高，可适当增加光照，促使其生长；开花期间对光照要求低，可用活动遮阳网将光照调至 1 万 ~1.5 万 lx，以防止花苞变色，影响观赏。

4. 水分管理　天然雨水是火鹤栽培中最好的水源。如用自来水时，控制水的 pH 5.2~6.1。盆栽火鹤在不同生长发育阶段对水分要求不同。幼苗期由于植株根系弱小，在基质中分布较浅，不耐干旱，应一次性浇透水，经常保持基质湿润，促使其早发多抽新根，并注意盆面基质的干湿度；中大苗期植株生长快，需水量较多，水分供应必须充足；开花期应适当减少浇水，并增施磷、钾肥，以促开花。在浇水过程中一定要干湿交替进行，切莫在植株发生严重缺水的情况下浇水，这样会影响其正常生长发育。

5. 湿度管理　火鹤对空气相对湿度的要求相对较高。湿度过低，植株会长得老化，叶片和花较小；湿度过高，植株将长得很脆弱，真菌容易侵入。火鹤工厂化生产，关键是保持相对高的空气相对湿度，一定的空气相对湿度有利于火鹤生长。当气温在 20~28℃ 时，空气相对湿度应在 60%~70%；当气温达 28℃ 以上时，空气相对湿度应在 70%~80%。尤其在高温季节，可通过喷淋系统、雾化系统来增加温室内的空气相对湿度，以营造高湿的生长环境。但在冬季即使温室的气温较高也不宜过多保湿，因为植株叶片过湿反而会降低其御寒能力，易使其冻伤，不利于安全越冬。

6. 施肥管理　以"薄肥勤施"为准。一般视盆内基质干湿程度可 2~3 d 浇肥水 1 次；夏季可 2 d 浇肥水 1 次，气温高时可多浇一次水；秋季一般 5~7 d 浇肥水 1 次。每次施肥必须由专人操作，并严格把好液肥（母液）的稀释浓度和施用量。此外，在液肥施用 2 h 后，用喷淋系统向植株叶面喷水，冲洗残留在叶片上的肥料，以保持叶面清洁。应定期对植株的营养状况进行抽样检查，以便及时改善其对肥液的吸收效果。

7. 换盆　换盆时基质要疏松。换盆根据种苗肉质根系生长情况而定，如果根系已长得饱满、粗壮，它会沿花盆内壁缠绕住介质表面，此时需换盆。换盆时首先要在盆底垫一层介质，厚度根据介质高度和花盆深度而定，将火鹤种苗从小盆中连同介质取出，放在花盆中央，覆土到根、茎交界处，然后轻轻拍实即可。换盆操作方法与栽植基本相同，换盆后需立即浇透清水。

五、花期调控技术

火鹤株形优美，叶花兼具观赏价值。但火鹤属生长较慢，成花时间较长的花卉，一般定植后 9~12 个月才可开花，因此除加强栽培管理以外，还须采取一些催花措施，以使火鹤周年开花。

●火鹤受其原产地气候的影响，喜弱光条件，对其适当遮光，可使火鹤株形和叶面积显著增大，以遮光率 30% 为宜。

●可用 100 mg·L^{-1} 赤霉素处理，可使火鹤的花期提早 1 个月左右。

●调整植株生长方向，将有新芽萌发，生长较弱的一面定期转向向阳面，使植株整体长势一致，进而提高花产量，延长花朵寿命。

●及时摘除开败的残花，如植株长出的花蕾过多，应适当剪除，以促进植株的营养生长，使新萌发的花蕾得到充足的养分，使其尽快抽出新叶、新花。

●及时给植株补充基质，使植株营养充足，增加植株自行复壮的能力，提高花的质量。

六、采收、分级、包装与储运

（一）采收

火鹤大部分品种当花序 3/4 着色时即可采收。但并非所有的品种如此，也可根据花茎是否挺直坚硬作为判断依据，还可通过花瓶期测试最佳收获时期。同时结合市场情况，适当调整采切时间和采切量以创造良好的经济效益。采收时要小心，尽量将花茎切至最长，保留 3 cm 的花茎，以防烂茎。剪切后花枝应尽快放入盛有净水的水桶中。

（二）分级与包装

分级通常以花茎的长度和佛焰苞的大小作为标准。一级花的花形较大，佛焰苞直径在 13 cm 以上。二级花的花形中等，佛焰苞直径 9~19 cm。三级花的花形较小，佛焰苞直径在 9 cm 以下。

火鹤按等级进行包装。不同的等级每盒包装不同数量的花朵。在花茎下端套有 10~20 mL 新鲜水的小塑料瓶；在花的下面铺设聚苯乙烯泡沫片；包装箱四周垫上潮湿的碎纸；用塑料胶带将花茎固定在包装盒中。如果运输距离比较短，也可直接将包好的花置于盒中。还可 5~10 枝扎成一束并用绿叶陪衬，整束销售。如图 5-42、图 5-43 所示。

（三）储运

火鹤的最适储藏温度为 18~20℃，低于 15℃ 容易发生冷害。近距离运输可以采用湿运，即将切花的茎基用湿棉球包扎或直接浸入盛有水或保鲜液的桶内；远距离运输可以采用薄膜保湿包装。

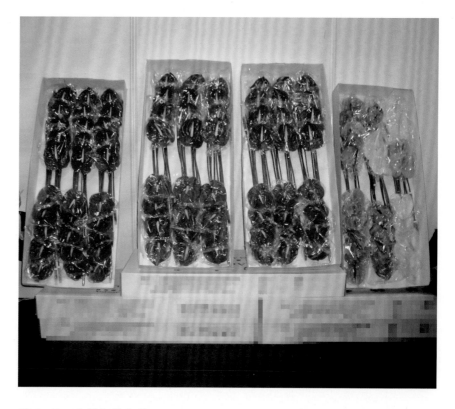

图 5-42　火鹤切花包装

图 5-43 火鹤水培

第六章
日光温室球根花卉生产

　　本章在简要介绍球根花卉的定义及特点的基础上，介绍了百合、郁金香、仙客来、朱顶红和马蹄莲等主要球根花卉的生物学特性、常见品种、繁殖与栽培技术要点、花期调控技术及采收等。

第一节
球根花卉的定义及特点

一、球根花卉的概念

球根花卉属于多年生草本花卉，在不良环境条件下，于地上部茎叶枯死之前，植株地下部的茎或者根发生变态，膨大形成球状物或块状物，大量储藏养分，并度过其休眠期，至环境适宜时再度生长并开花。

球根花卉以地下变态器官的无性繁殖为主。种类繁多，品种极为丰富，栽培管理简便，适应性强，是商品切花和盆花的优良材料，并广泛应用于花坛、花境、岩石园、基础栽植、地被、美化水面（水生球根花卉）和点缀草坪等。

根据球根的形态起源，通常将球根花卉分为 5 大类。

（一）鳞茎类

肥厚多肉的叶变形体即鳞片抱合而成鳞茎，地下茎短缩形成鳞茎盘，鳞片着生在鳞茎盘上整体呈球形。鳞茎盘的顶端为生长点（顶芽），成年鳞茎的顶芽可分化花芽，幼年鳞茎的顶芽为营养芽。茎盘上鳞片的腋内分生组织形成腋芽，腋芽成长肥大便成为新的鳞茎。

鳞茎又可以分为有皮鳞茎和无皮鳞茎 2 类。有皮鳞茎又称层状鳞茎，鳞片呈同心圆层状排列，外具褐色膜质鳞皮，以保护鳞茎，此类花卉有水仙、郁金香、朱顶红、风信子、文殊兰、石蒜、百子莲等。无皮鳞茎又称片状鳞茎，鳞片沿鳞茎的中轴呈覆瓦状叠生，无皮膜包被，此类花卉以百合、贝母为代表。

依鳞茎的寿命可分为一年生鳞茎和多年生鳞茎，前者每年更新，母鳞茎的鳞片在生育期间由于储藏营养耗尽而自行解体，由顶芽或腋芽形成的子鳞茎代替，如郁金香等；后者的鳞片可连续存活多年，生长点每年形成新的鳞片，使球体逐年增大，早年形成的鳞片被推挤到球体外围，并依次先后衰亡，如百合、水仙、石蒜、风信子等。

（二）球茎类

地下茎短缩膨大呈实心球状或扁球形，其上有明显的环状茎节，节上着生膜质鳞叶和侧芽；顶芽发达，顶芽和侧芽萌发生长形成新的花茎和叶，茎基则膨大形成下一代新球，母球由于营养耗尽而萎缩，新球茎发育的同时，其茎基部常分生多数小球茎，可用于繁殖，如唐菖蒲、小苍兰、番红花、荷兰鸢尾、秋水仙、观音兰等。

球茎有两种根，一是母球基部发生的细根，其主要功能是吸收营养和水分；另一种根是开花前后、新球茎形成初期，于新球茎基部发生的粗大牵引根称收缩根，除支持地上部外，还能牵引母球上着生的新球不露出地面。

（三）块茎类

地下茎膨大呈不规则实心块状或球状，上面具螺旋状排列的芽眼，无干膜质鳞叶。部分花卉可在块茎上方形成小块茎，常用于繁殖，如花叶芋、马蹄莲等；而仙客来、大岩桐、球根秋海棠等的块茎能连续多年生长并膨大，但不能分生小块茎，需要用人工方法繁殖或种子繁殖。

（四）根茎类

地下茎肥大呈根状，具有明显的节和节间，根茎往往横向生长，在地下分布较浅。节上有芽并产生不定根，其顶芽能发育形成花芽开花，而侧芽形成分枝。这类球根花卉有美人蕉、荷花、姜花、红花酢浆草、铃兰、睡莲等。

（五）块根类

地下主根肥大呈块状，其中储藏大量养分，块根不能萌生不定芽。休眠芽着生在根颈附近，由此萌发新梢，繁殖时须带有能发芽的根颈部。新根伸长后下部又生成多数新块根。这类球根花卉有大丽花和欧洲银莲花等。

此外，还有过渡类型，如晚香玉，其地下膨大部分既有鳞茎部分，又有块茎部分。

二、球根花卉的特点

球根花卉原产地区主要有两个：一是以地中海沿岸为代表的冬雨地区，包括小亚细亚、好望角和美国加利福尼亚等地。这些地区夏季干旱，从秋至春是生长季，是秋植球根花卉的主要原产地。秋天栽植，秋冬生长，春季开花，夏季休眠。这类球根花卉较耐寒、喜凉爽气候而不耐炎热，如郁金香、水仙、百合、风信子等。另一个是以南非（好望角除外）为代表的夏雨地区，包括中南美洲和北半球温带，夏季雨量充沛，冬季干旱或寒冷，由春至秋为生长季。春季栽植，夏季开花，冬季休眠。此类球根花卉生长期不耐寒。春植球根花卉一般在生长期（夏季）完成花芽分化；秋植球根花卉多在休眠期（夏季）进行花芽分化，此时提供适宜的环境条件，是提高开花数量和品质的重要措施。球根花卉多要求日照充足、不耐水湿（水生和湿生者除外），喜疏松肥沃、排水良好的沙质壤土。

绝大多数的球根花卉具有开花鲜艳、植株健壮的特点，加之栽培管理简便、植株端正，因此用途十分广泛，是当今世界重要的切花材料之一，也非常适合盆栽和水养。有些具有香气的球根花卉，还可以作为提取香料的原料植物栽培。

三、球根花卉的生物学特性

（一）对环境条件的要求

1. 对温度的要求　不同气候条件下原产的球根花卉，对温度条件的要求不同。

1）地中海气候型地区　冬春季节温暖湿润，夏季干燥，所以这个地区的球根花卉有一定耐寒能力，但怕高温，夏季高温期进入休眠。生长期内要求暖—冷—暖这样一个温度变化周期来满足生长发育需要。即秋植球根花卉生长发育要求暖—冷—暖的温度变化。

2）草原或热带高原气候型地区　冬季冷，夏天湿热，所以原产花卉生长发育期间喜温、不耐寒，要求冷—暖—冷的温度变化，与地中海气候型相反。

2. 对光照的要求　绝大多数球根花卉为喜光植物，要求光照充足，但也有一些要求适当遮阴，属于半耐阴类型，如郁金香。还有一些相当耐阴，如铃兰、石蒜。相反，一些球根花卉是要求强光照的，如唐菖蒲。

3. 对土壤条件的要求　要求疏松透气、排水良好、深厚肥沃、中性偏酸的沙性壤土。

4. 对水分的要求　球根花卉生长发育期间要求水分充足，但不同生长发育阶段对水分要求不同。发芽—开花阶段，是植株的快速生长阶段，要求水分充足；而起球之前 1~2 周要控水，防止种球内水分过多引起腐烂。

5. 对环境气体的要求　种球在储藏和生长期间，空气中气体的成分对其影响较大，尤其是乙烯，对不同种类及不同生长时期的球根花卉作用不同，应格外引起关注。

1）乙烯的有利方面　荷兰鸢尾、法国水仙、虎眼万年青等球根花卉的开花促进剂；可以打破小苍兰、唐菖蒲种球的休眠。

2）乙烯的有害方面　可引起许多球根花卉的生理失调，如风信子、郁金香鳞茎的流胶病；郁金香种球储藏期间遇到浓度大的乙烯会造成开花球坏死、成花脱落和花的败育。

四、球根花卉的花芽分化

（一）花芽分化的阶段

球根花卉的花芽分化时期，可以分为诱导阶段、开始分化阶段、花各部分器官的分化阶段、花器官的成熟和生长阶段以及开花阶段。

（二）花芽分化的类型

秋植球根花卉，入夏后，地上部分全部枯死，进入休眠状态，花芽分化在休眠期进行。又可分为几种类型：花芽分化发生在起球之前，如西洋水仙；花芽分化发生在起球后储藏期间，如郁金香和风信子等；

花芽分化发生在秋栽后和早春低温期间，如球根鸢尾等。

春植球根花卉，在生长期进行花芽分化，在主茎的生长点上完成花芽分化。

（三）影响花芽分化的主要环境因素

光照是光合作用的主要条件，对常绿球根花卉和在主茎的生长点上完成花芽分化的球根花卉，光照影响其花芽分化的质量。相对于光照而言，温度是影响球根花卉花芽分化的更为重要的因素。各种球根花卉花芽分化的最适温度见表6-1。生产中应根据其花芽分化的内在类型和要求的温度，在不同发育时期予以调控，保证花芽分化的质量，才能最终提高开花的质量。

表 6-1　球根花卉花芽分化的温度需求

名称	最低温度（℃）	最高温度（℃）	生长最适温度（℃）	花芽分化最适温度（℃）	类型
郁金香	5	35	15~18	17~20	耐寒
风信子	5	35	15~18	25	耐寒
花贝母	0	35	15~25	20~22	喜凉，耐寒
球根鸢尾	0	35	20~25	13~18	喜凉，耐寒
百合	5	30	15~20	20~23	多数喜冷凉
番红花	5	30	10~20	27	喜温凉，稍耐寒
唐菖蒲	5	35	12~25	20~23	喜温，稍耐寒
美人蕉	5	35	25~30	25~28	喜温，稍耐寒
朱顶红	5	35	18~25	18~23	喜温，稍耐寒
小苍兰	5~8	30	18~23	12~15	冬喜温，夏喜凉
大岩桐	5	35	18~23	—	冬喜温，夏喜凉
花毛茛	5	30	13~18	18~20	喜凉
马蹄莲	5	25	15~18	18~20	喜凉
铃兰	3	35	18~20	20~25	喜凉
大丽花	5	35	10~25	20~22	喜凉
仙客来	10	30	15~25	13~18	喜凉爽，不耐寒
水仙	5	35	18~22	18~20	喜温
晚香玉	5	35	25~30	18~22	喜温
球根秋海棠	10	32	18~22	18~25	喜温

第二节
百合栽培技术

百合别名强仇、强瞿、中庭、中逢花等，为百合科百合属多年生草本花卉。百合属有 90 余个原生种，主要分布在北纬 10°～65° 的亚热带山地到亚寒带地区，热带高海拔山区也有分布，而南半球几乎没有野生种。百合花茎刚直挺秀，叶色翠绿，花形奇特，色泽高雅。我国是世界百合属植物的起源和分布中心，约有 47 个种和 18 个变种，其中 36 个种、15 个变种为我国特有种。百合分布于我国 27 个省、区，以四川西部、云南西北部和西藏自治区东南部分布种类最多。19 世纪我国百合原种传入欧洲，在 20 世纪中叶育成了许多重要的观赏品种。目前世界百合种球生产占主导的国家是荷兰，年产百合种球约 20 亿粒，用于切花栽培的商品百合品种已达 300 多个，且每年不断有新品种问世。

一、主要生物学特性

（一）形态特征（图 6-1）

1. 鳞茎　百合为多年生草本花卉，地下变态器官为无皮鳞茎，阔卵状球形或扁球形，由多数肥厚的肉质鳞片抱合而成，鳞茎大小、形状、鳞片松紧度因种而异。百合鳞茎包含鳞茎盘和鳞片，其顶端分生组织发育为地上茎和叶。初期分化的叶为基生叶，当地上茎达到一定长度时顶端分化花芽，不同种类品种分化花芽的早晚有所不同。不开花的幼年鳞茎只形成基生叶。鳞片的腋内生长点分化的鳞片群形成子鳞茎。当母鳞茎形成的植株开花以后，子鳞茎迅速发育膨大。如图 6-2、图 6-3 所示。

2. 根　百合的根由鳞茎基部的基生根（也称为下根）和鳞茎上部土壤中的茎上长出的茎生根（也称为上根）组成。种植初期，基生根起到

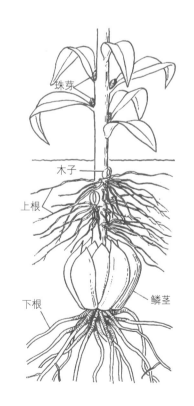

图 6-1　百合植株

图 6-2　亚洲百合鳞茎

图 6-3　东方百合鳞茎

吸收土壤水分以及营养的作用，供鳞茎萌发使用；随着出苗和地上部分的生长，茎生根代替基生根起到主要的吸收以及固定支撑功能。待地上植株枯萎时，茎生根同时枯死，基生根的功能恢复。因此，在百合生长过程中，培育健壮的基生根以及促进基生根的发生尤为重要。

3.茎叶　多数种地上茎直立，不分枝或少数上部有分枝，少数为匍匐茎。植株高度 50~150 cm。茎为圆柱形，表面无毛，少数种类茎上有毛或具棱。叶片多互生或轮生，线形、披针形或卵形，具平行脉，叶无柄或具短柄，全缘。如图 6-4、图 6-5 所示。

图 6-4　温室内栽培的切花百合

图 6-5　百合的茎叶

　　4. 花　花单生、簇生或呈总状花序，有明显花梗。花大型，呈漏斗状、喇叭状或杯状，下垂、平直或向上着生。花被片 6 枚，内、外两轮离生，平伸或反卷，由 3 枚萼片和 3 枚花瓣组成，颜色相同，但萼片比花瓣略窄，花瓣基部有蜜腺，常具芳香。花色丰富，有白、粉、淡绿、橙、橘红、洋红及紫等多种颜色。雄蕊 6 枚，花丝长，花药呈"丁"字形着生，不同品种花药颜色不同。花丝基部与花被片相连，随被片的脱落而脱落。雌蕊位于花中央，花柱较长，柱头膨大，3 裂，通常分泌黏液。如图 6-6、图 6-7 所示。

　　5. 果实　蒴果，种子扁平，每果有种子多数。

　　6. 特殊器官　百合土表以下的茎节上可形成茎生小鳞茎，也称为"木子"，部分种类地上部叶腋内可形成气生小鳞茎，称为"珠芽"，木子与珠芽都是无性繁殖器官。

图 6-6　东方百合

图 6-7　铁炮百合

（二）生物学特性

1. 对温度的基本要求　百合大多耐寒性强，耐热性差，喜冷凉气候。生长适温白天为 20~25℃，夜间 10~15℃，5℃以下或 28℃以上植株生长受到影响。百合花芽分化的温度为 13~23℃，最适宜的温度为 20℃左右。

2. 对光照的基本要求　百合为长日照植物，光照时间过短会影响开花。多数种类品种喜阴，夏季生长要求光照强度为自然光照的 50%~70%。

3. 对土壤和营养的基本要求　要求富含腐殖质、疏松、通透性强、排水良好的微酸性壤土，适宜 pH 5.5~7.5，忌土壤盐分过高，EC 值（电导率）不能超过 1.5 mS·cm^{-1}。生长前期需水较多，花期应适当减少浇水，防止鳞茎腐烂或落花落蕾。

4. 对空气相对湿度的要求　适宜的空气相对湿度为 80%~85%，要求相对恒定，环境湿度的骤然变化极易引起百合的生理病害——叶烧病。

二、常见品种

百合的原种和变种很多，其中不少原种也具有较高的观赏价值，被广泛栽培应用，现代栽培的园艺品种是由多个种反复杂交选育而获得的。1982 年，国际百合协会在 1963 年英国皇家园艺学会百合委员会提出的百合系统分类的基础上，依亲本的产地、亲缘关系、花色和花姿等特点，将百合园艺品种划分为 9 个种系，即亚洲百合杂种系、星叶百合杂种系、白花百合杂种系、美洲百合杂种系、麝香百合杂种系、喇叭百合杂种系、东方百合杂种系、其他类型和原种（包括所有种类、变种及变型）。这个分类系统已被全世界普遍认可。

目前国内常见栽培的主要有以下 3 个种系：

（一）亚洲百合杂种系

杂交亲本包括中国的卷丹、川百合、山丹、毛百合等。花色丰富，多数无香气。花直立向上，瓣缘光滑，花瓣不反卷。主要商业品种有多安娜、普瑞头、新中心等。该杂种系对弱光的敏感性较强。如图 6-8、

图 6-9 所示。

（二）麝香百合杂种系

该品种又称为铁炮百合、复活节百合。花横生，花被筒长，成喇叭状，花有香气。该种系主要是麝香百合与台湾百合衍生的杂种或杂交品种。多数品种花色洁白，主要商业品种有雪皇后、雪山、白色雅典、白欧洲、白狐（图 6-10）等。也有紫色、粉色和黄色品种。新铁炮百合是麝香百合与台湾百合的种间杂交种，花直立向上，可播种繁殖。目前应用最多的是日本培育的雷山系列。

图 6-8　多安娜　　　　　　　　图 6-9　普瑞头　　　　　　　　图 6-10　白狐

（三）东方百合杂种系

包括鹿子百合、天香百合、日本百合、红花百合及其与湖北百合的杂种，花期一般比亚洲杂种晚，花色丰富，具浓郁香味。花序松散，单花斜上或横生，花瓣反卷或瓣缘呈波浪状，花被片上往往有彩色斑点。东方百合对光的敏感性不强，但对温度的要求比亚洲百合高。主要商业品种有卡萨布兰卡、西伯利亚、索蚌、提拔等。如图 6-11 至图 6-14所示。

目前，百合的种间杂交取得了丰硕的成果，除了原有的常见种系外，

图 6-11 卡萨布兰卡

图 6-12 西伯利亚

图 6-13 索蚌

图 6-14 提拔

育成了一些新类型的品种，由于它们结合了种间的优点，因此市场潜力巨大，如 LA 杂交型（铁炮百合 × 亚洲百合），LO 杂交型（铁炮百合 × 东方百合），OT 杂交型东方百合（东方百合 × 喇叭百合），OA 杂交型（东方百合 × 亚洲百合）。

三、繁殖技术

百合的繁殖方法较多，包括自然分球、鳞片扦插、组培繁殖和种子繁殖等。

（一）自然分球

百合分生的子鳞茎和茎生小鳞茎是主要的分球繁殖材料。但子鳞茎的分生能力与品种性状有关，如东方百合和麝香百合分球率较低。用此方法繁殖的种球易带病菌与病毒，栽植后植株病害与退化现象较重。茎生小鳞茎的萌生率也因种而异，适当深栽可促使茎生小鳞茎发生。采集到的小鳞茎应保湿储藏，秋季播种后翌年发叶生长，部分植株还会开花，应摘除花蕾加强营养管理，以利鳞茎发育。1~2 个生育周期后可形成商品种球。

卷丹、鳞茎百合等形成珠芽的能力较强，商品百合的少数品种亦有珠芽产生，可以用珠芽播种，经 2~3 年后形成商品种球。用此方法繁殖可促使百合复壮。

（二）鳞片扦插

鳞片扦插是目前百合生产中普遍使用的繁殖方法。鳞片扦插的基质要求疏松、透气、透水，可使用沙质壤土、泥炭、蛭石、珍珠岩以及他们的混合物，不同种类或品种的百合鳞片所要求的适宜基质组分和配比不同。取成熟大鳞茎，剖取中外层充实饱满的健壮鳞片，稍晾干后斜插于基质中，若扦插之前，将鳞片在 2~4℃低温下处理 1 个月，鳞片成球数即繁殖系数将显著提高。扦插后保持 20℃左右的温度和 80% 以上的空气相对湿度，经 10~30 d 在鳞片基部可形成小鳞茎，经过 3 年培育可成开花种球。埋片法是传统鳞片扦插法的改进，即将鳞片埋在湿润的基质中，使之产生小子球。此法是目前百合种球工厂化生产的主要方法，具有省时、省力、减少鳞片水分损失、有利于形成子球等优点。鳞片气培法也是采用鳞片繁殖的一种方法，培养过程中不需要任何培养基质和营养液，在温、湿度可控的环境中，利用百合鳞片剥伤处维管束薄壁细胞的分生能力，形成小鳞茎，然后将其移至田间栽培，可获得大量优质种球。用此法进行小鳞茎繁殖具有生长周期短的特点，是目前国外商品鳞茎工厂化、规模化生产的重要途径之一。如图 6-15 所示。

图 6-15　扦插繁殖的百合小鳞茎

（三）组培繁殖

国内外进行了大量关于百合的组织培养研究，技术较为成熟。百合的各个组织和器官都可作为外植体培养分化成苗，如鳞片、鳞茎盘、根尖、小鳞茎、珠芽、叶片、子房、种子、花瓣、花梗、花柱、花丝、花药、胚等，但是外植体不同，所需的培养体系也不同，诱导率各不相同。不同品种、不同部位分化小鳞茎的能力有较大差异，不同培养基及激素组合对诱导分化小鳞茎也有较大影响。对鳞片而言，多认为鳞片的中下部形成小鳞茎能力最强。如图 6-16 所示。

图 6-16　百合组织培养苗炼苗移栽

（四）种子繁殖

　　百合多数种具有较高的自花结实率，但长期营养繁殖的后代有自花不亲和现象，采用异花授粉可提高结实率。百合种子的发芽力可保持 2~3 年。种子繁殖简便易行、繁殖系数大、植株生长健壮，但从播种到开花需 3~4 年，且后代常常发生变异而不能完全保持原品种的优良性状，因此在实际生产中，应用种子繁殖的只限于某些特殊杂交种，如新铁炮百合。新铁炮百合种子的发芽适温为 15~20℃，25℃以上高温抑制发芽。种子发芽后，子叶开始生长，一段时间后基部逐渐形成小鳞茎。

四、栽培技术要点

（一）栽培方式

切花百合经济效益较高的时期在 10 月至翌年四五月，欲使百合在此期间开花，可采用促成栽培技术。抑制栽培是将种球长时间冷藏，按照预计的采花时期，推算出定植时间，提供满足其生长的环境条件，从而达到调节花期的目的。

1. 切花日光温室内土壤栽培　日光温室内生产，根据品种、温度以及季节不同，可周年供花。夏季需要遮阴保护。在光照少的季节，为防止落蕾，日光温室内需补光。如图 6-17 所示。

图 6-17　日光温室内栽培的切花百合

2.切花日光温室内箱式栽培　栽培方法与土壤栽培类似，只是将种球种植在专用的栽培箱内。为促进根系发育，缩短占用温室的时间，种植后先将栽植箱放入冷室，待苗长到一定程度后移入日光温室。这种方法经常用于东方百合的周年生产，以及其他类型百合在高温不利于发根的季节生产。

3.盆栽　对于盆栽的百合，一般使用基因型矮化的品种。种球种植在盆中并放入日光温室，理想的温度为 14~16℃。根据品种、温度和季节的不同，栽培期需要 9~16 周，可周年生产。

（二）栽培技术

1.土壤准备　百合的栽培要求轮作，若不能实现轮作，则提倡土壤消毒，以杀灭土壤中存在的病、虫和杂草等有害生物。以 70~80℃蒸汽维持 1~2 h 进行土壤消毒最为有效。目前，我国许多地区的百合切花生产常利用薄膜覆盖、密闭设施、灌水等方法进行太阳能消毒和水淹法消毒，效果良好且成本极低。水淹法消毒指在准备阶段，对种植地块进行大水灌溉，再进行 2~3 次的旋耕，尽可能使土壤温度升高，不仅可以杀菌消毒，而且可以降低土壤盐分。

百合虽为浅根性作物，但由于透气和排水方面的需要，种植之前土壤至少深翻 30 cm，并提倡测土施肥，避免由于盲目施肥造成土壤离子浓度过高。如果土壤肥力较充足，可以暂不施基肥，当植株长到 10~15 cm 时再开始追肥。

2.种球选择　百合的栽培品种众多，性状差异很大，应根据各地的气候地理条件、消费习惯、栽培模式等选择品种。种球自身的质量应为生长健壮、无病虫害和机械损伤，且应选择通过小鳞茎复壮的一至二年生新球。一般适合的种球大小：亚洲百合周径 12~14 cm，有花 5~9 朵；东方百合 14~16 cm，有花 4~7 朵；麝香百合为 12~14 cm 或 14~16 cm，有花 2~5 朵。

促成栽培所用种球在定植之前必须进行充足的冷处理。从国外购进的种球若已经过低温处理，可根据品种的生长周期和预计的采花时间推算出定植期，即可种植。若为自繁种球，一般取周径 12~14 cm 的大鳞茎，在 13~15℃条件下预冷处理 2~5 周，然后在 2~5℃下储藏 5~8

周，不同品系和品种的种球所需的冷藏温度和储藏时间不同，亚洲系的一些品种甚至可以在12℃下冷藏，种植后其切花保持良好的商品性。铁炮百合的休眠受30℃左右的高温诱导，打破休眠也需要一定的高温条件。若球根收获前没有充分接受高温而直接进行冷藏，大多数种球不能萌发，而且要受到生理伤害。因此，铁炮百合的促成栽培，应先将收获的种球在30℃下处理1个月，然后在5~13℃条件下冷藏5~7周。冷藏时用潮湿的新鲜木屑或泥炭等包埋种球置于塑料箱内，基质含水量以60%~70%为宜，并用薄膜包裹保湿。冷藏期间种球可充分发根，随着冷藏时间的延长顶芽逐渐伸长，若发现鳞茎已发芽，应尽早种植。用于抑制栽培的种球，亚洲系品种可在-2℃储藏1年以上，而东方系和麝香百合长期储藏的温度为-1.5℃，且储藏期为6~8个月，不能长期储藏。

3. 定植　百合定植时期，依所需花期而定，原则上一年中任何时期均可种植。但最好是避开夏季炎热季节。

1）定植深度　根据栽培季节和环境温度的不同，百合种球的定植深度有所变化。但总体原则是在种球之上覆土6~10 cm，不可种植过浅，防止茎生根发育太差影响植株的吸收能力，同时造成植株倒伏。当环境温度较高时，可适当深栽，而环境温度较低时应适当浅植。如图6-18所示。

2）定植密度　种植密度主要由品种特性、种球大小以及设施内的光照和土壤等条件来决定。如我国北方地区冬季日光温室栽培，由于日照时间短、阴雪天等原因，常常导致设施内光照不足，因此应适当降低种植密度，防止百合落叶和黄化以保证品质，一般采用每亩1.4万~1.5万头的栽培密度。

3）定植技术　定植时，尽量保护种球的老根和老根上萌发的须根以及新生的基生根不受损伤。高温季节种植，要防止种球和根系干燥脱水，以免影响新芽和根系的生长。将茎轴调整到垂直，适当深栽。

4. 环境控制　定植后，对于日光温室百合，需要注意光、温、湿环境条件的控制，土壤水分的调节以及病虫害的防治。

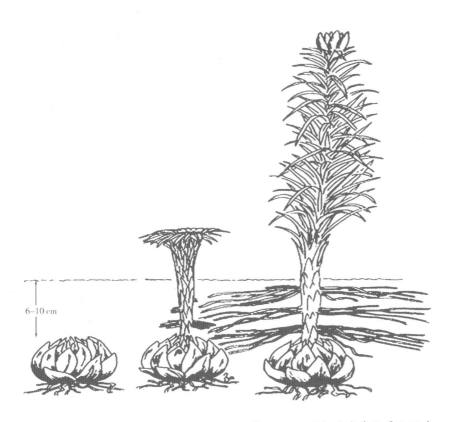

6~10 cm

图 6-18　百合种球栽培覆土深度

　　1）水肥管理　定植时应保持土壤湿润，以适宜种球生根、发芽。百合生长期喜湿润，在种植后要保持土壤一定的含水量，特别是花芽分化期与现蕾期不可缺水。开花期和鳞茎膨大期适当减少浇水，防止落蕾和鳞茎腐烂。空气相对湿度保持在 80%~85%，空气相对湿度变化过大容易导致叶灼现象。关于百合的施肥和营养问题，迄今未见系统报道，但除各种大量元素不可缺少外，及时补充硼、铁等元素是十分重要的。定植初期，百合的萌发主要消耗球根本身的养分，不必施肥。当出苗以后应根据土壤的肥力状况及时追肥。也可用 0.1% 尿素 +0.1% 磷酸二氢钾 +0.05% 硼砂水溶液叶面喷施。水肥管理不仅直接影响百合的生长，同时还决定了土壤 pH 和 EC 值，除定植之前应检测土壤理化性质和肥力水平外，生产过程中还应定期进行土壤检测，一般土壤 EC 值应小于 1.5，对于亚洲系和铁炮系百合而言，土壤 pH 6.5~7.2，而对于东方百合，应保持 pH 5.5~6.5。另外，二氧化碳对百合的生长和开花都有积极的影响，在栽培所有类型的百合时，尽量使温室中的二氧化碳浓度达 800~1 000 mg·kg^{-1}。

2）温度管理　　亚洲百合生长前期适宜的温度白天为 18~20℃，夜间 10℃左右，保持土壤温度 12~15℃；生长中后期要求白天 23~25℃，夜间为 12℃左右。夜温过高不仅降低切花质量，还会使某些品种产生盲花、消蕾以及茎秆变软等现象，但如果夜温低于 8℃，百合生长延迟，还会消蕾、落蕾。东方百合生长前期，适宜温度为白天 20~22℃，夜间为 14~15℃，保持土壤温度 15℃左右；生长中后期，白天 22~25℃，夜间为 15℃左右。如果温度低于 12℃，东方百合的生长和开花就要受到影响。如果温度波动幅度较大，会导致东方百合的叶灼现象。我国北方地区普遍使用的日光温室，由于环境调控能力较差，保持温度稳定较困难，夜间温度过低是冬季生产中的普遍问题。实践证明，铁炮系百合比较适宜我国各地的环境条件，对于温度的反应不同品种有所差异，一般来说，适宜的温度白天为 25~28℃，夜间 18~20℃，低于 12℃时其生长变差。

3）光照管理　　在夏季光照强的月份中，即使进行通风日光温室中的温度也会急剧上升。在这种情况下，有必要使用遮阳网来调节设施内的光照、温度和空气相对湿度。一般对亚洲杂交型百合进行 50% 的遮阴，对东方杂交型百合进行 70% 的遮阴（图 6-19）。

4）防倒伏　　为了防止百合倒伏，常采用网式支撑。如图 6-20 所示。

5. 百合基质栽培　　与土壤栽培相比较，基质栽培能显著提高百合切花质量，有效地使用日光温室，并且操作更加灵活，更容易进行病虫害防治。因此，基质栽培在百合，尤其是东方百合生产上的应用越来越广泛。

1）基质选择　　百合的基质栽培要求保水、疏松透气、pH 5.5~6.5 的基质。一般可以使用 40%~60% 的黑泥炭、30%~50% 的白泥炭，以及 10% 左右的沙或无氟珍珠岩混合。

图 6-19　百合遮阴栽培

图 6-20　百合支撑网

2）栽培方式　主要有箱式栽培和苗床栽培 2 种。箱式栽培通常使用百合栽培专用箱，其内径长、宽、高为 56 cm × 36 cm × 22 cm，先在箱底部铺上至少 1~2 cm 厚的基质，将球种植于上面，一般每箱种植 9~12 个，之后再盖上基质，使种球上部基质厚度为 8~10 cm。浇足水，放入冷室中生根。冷室温度在 -0.5~13℃。温度低，生根慢，12~13℃是最佳的生根温度。当百合幼芽生出 8~10 cm 后，即可移至日光温室栽培。之后需尽快铺设滴管、支撑网等，日常的环境控制管理可以参照土壤栽培方式。

苗床栽培，先将百合种球用较湿的混合基质密植于百合专用种植箱内，基质刚好覆盖住百合种球即可，一般每箱可种植 80~100 个球。与箱式栽培相同，放于 10~13℃ 的冷藏室中生根，在 2~4 周后当百合幼芽达 8~10 cm 时移到日光温室，将球从箱中小心取出，移植于已准备好的苗床内。事先搭砌好的苗床需要有较好的排水能力，混合基质厚度为 20~25 cm。种植以后种球顶部以上需覆盖基质 8~10 cm，之后进行温室栽培管理。

五、花期调控技术

开花期适当降低温度，可延长百合观赏期。另外，室内栽培植株长期生长在弱光条件下，加之植株发育以及花蕾成熟过程中乙烯的作用，很容易使花芽脱落，用浓度为 0.5~1 mmol · L^{-1} 的硫代硫酸银溶液喷植株或栽种时蘸鳞茎，可以防止花芽脱落，延长开花时间。

六、采收

（一）切花采收

适时采收对保证切花品质至关重要。通常，对于有 10 个或者以上花苞的花茎，必须至少有 3 个花苞开始着色才能采收；对于有 5~10 个花苞的花茎，必须至少有 2 个花苞开始着色才能采收；对于 5 个以下花苞的花茎，必须至少有 1 个花苞开始着色才能采收。如图 6-21 所示。采收过早，会导致将来花的颜色变浅，有些花苞不能开放。采收过迟，会导致采后处理以及运输上的问题，如造成花粉对花瓣的污染、花瓣损伤以及开放的花苞释放出乙烯气体等，必要时，可将已经开放的花苞剪掉。切花采收最好在上午进行，以减少植株的失水，并且在采收后的 30 min 内将切枝转移到 2~3℃ 的冷库。当切枝的温度也降到 2~3℃ 时，根据花苞的数量、茎长度、坚硬程度以及花苞和叶片是否有损伤来进行分级。分级以后进行包装，将茎基部 10 cm 的叶片除去，扎束、套袋，装入四周有孔的纸箱内运输。

图 6-21　适时采收的百合

（二）种球采收

一般在秋季地上部分枯萎时，应及时采挖种球。对于绝大多数品种而言，采收种球的时间非常关键。采收过早，导致其后 0℃ 以下的储藏过程中易发生冻害；采收过晚，在秋、冬季节降水较多的地区，容易导致种球在过湿的土壤中腐烂甚至受到冻害。百合种球采挖应选择在晴天进行。注意不要损伤鳞片，以减少伤口感染，防止腐烂。挖出的种球应仔细清洗，并去除枯萎的茎轴。按照种球大小分级以后，将同一品种相同规格的种球放在一起进行消毒。通常可用 80 倍福尔马林水溶液浸泡 30 min，取出用清水冲洗干净后阴干，包装储藏。一般用潮湿的新鲜碎木屑或泥炭等作为填充物，并进行消毒处理，含水量在 60%~70%，使种球始终保持在湿润的环境中而不致脱水。包装时，先把塑料薄膜放入箱内，然后箱底放一层厚度为 3 cm 左右的填充物，放一层种球后再撒一层湿填充物，如此摆放直到放满为止，然后再用塑料薄膜包起来，塑料薄膜按每平方米打孔 14~18 个，以便通气。箱上挂标签，写清品种、数量、鳞茎规格及存放日期等。

第三节
郁金香栽培技术

郁金香别名洋荷花、草麝香，为百合科郁金香属多年生草本花卉，原产于地中海沿岸、中亚细亚、土耳其等地，中亚为分布中心。我国原产 14 种，主要分布在新疆地区，如伊犁郁金香、准葛尔郁金香等。欧洲最早从土耳其引入郁金香后进行人工栽培，17 世纪中叶在荷兰、比利时、英国十分盛行。之后荷兰经过许多原种及品种间的杂交，育成了许多园艺杂交新种。郁金香外形典雅，色彩纯正，花色繁多，深受世人喜爱，被誉为"花中皇后"，是世界上有名的切花及花坛、花境素材，如今世界各国都有栽培，主产国包括荷兰、英国、丹麦、日本等，其中荷兰是世界上最大的郁金香种球和切花生产国。我国从 20 世纪 80 年代初引种郁金香，目前在各地均有栽培，同时，在西北、云南等地形成了种球复壮与繁育基地。如图 6-22 所示。

图 6-22　美丽的郁金香花

一、主要生物学特性

（一）形态特征

1.鳞茎　郁金香为多年生草本花卉，地下变态器官为扁圆锥形鳞茎，具棕褐色皮膜。郁金香的根系属于肉质根，再生能力较弱，折断后难以继续生长。如图 6-23 所示。

2.茎叶　地上植株具叶片 3~5 枚，长椭圆状披针形或卵状披针形，全缘并呈波状，茎叶光滑具白粉。

3.花　花着生在茎顶端，1 朵或多朵。花冠杯状或盘状，花被内侧基部常有黑紫或黄色色斑。花被片 6 枚，花色丰富，有白、粉、红、紫、褐、黄、橙、黑、绿色和复色。雄蕊6枚，花药基部着生，紫色、黑色或黄色。子房3室，柱头短。如图6-24所示。

图 6-23　郁金香鳞茎

图 6-24　郁金香的花

4.果实　蒴果背裂，种子扁平。

（二）生物学特性

1.对温度的基本要求　郁金香生长要求温暖湿润的气候环境，有一定的耐寒能力，但不耐高温。生长的最适温度为15~18℃。地下鳞茎属于一年生鳞茎，每年更新。鳞茎的耐寒能力较强，部分品种可耐-34℃的低温。鳞茎生根的适宜温度为9~10℃。

2.对光照的基本要求　郁金香喜光但耐半阴，可以种在相对荫蔽的环境下，生长发育对光周期没有明显的要求。

3.对土壤和营养的基本要求　要求排水良好、深厚肥沃的沙质壤土，适宜的土壤pH 6.5~7.5。

4.花芽分化特点　郁金香的花芽分化在鳞茎储藏期内完成，花芽分化的温度为9~25℃，最适温度为17~20℃，当储藏温度超过35℃，郁金香的花芽分化受到抑制，出现畸形花、花被片部分叶化或盲花等现象。花芽分化即鳞茎储藏期间，还要求通风条件较好，防止环境乙烯积累造成郁金香鳞茎的流胶病和其他生理失调现象。郁金香属于秋植球根花卉，自然花期为 3~5 月。

二、常见品种

郁金香的园艺栽培品种达 8 000 多个，包括栽培变种、种间杂种以及芽变，亲缘关系极为复杂。通常按照花期可分为早、中、晚等类型；按花形分有高脚杯形、杯形、碗形、百合花形、流苏花形、芍药形、鹦鹉形及星形等。

1981 年，在荷兰举行的世界品种登录大会郁金香分会上，重新修订并编写成的郁金香国际分类鉴定名录中，根据花期、花形、花色等性状，将郁金香品种分为 4 类 15 系。

（一）早花类
1. 早花单瓣系　花单瓣，杯状，花期早，花色丰富，株高 20~25 cm。
2. 早花重瓣系　花重瓣，大多来源于共同亲本，色彩较和谐，高度与早花单瓣类相近，花期比单瓣种稍早。

（二）中花类
1. 凯旋系　花大，单瓣，花瓣平滑有光泽。由单瓣早花种与晚花种杂交而来，株高 45~55 cm，粗壮，花色丰富。
2. 达尔文杂种系　由晚花达尔文郁金香与极早花的佛氏郁金香及其他种杂交而成。植株健壮，株高 50~70 cm，花大，杯状，花色鲜明。

（三）晚花类
1. 晚花单瓣系　包括原分类中的达尔文系和考特吉系。株高 65~80 cm，茎粗壮，花杯状，花色多样，品种极多。
2. 晚花重瓣系　也称为牡丹花系，花大，花梗粗壮，花色多种。
3. 百合花形系　花瓣先端尖，平展开放，形似百合花。植株健壮，高约 60 cm，花期长，花色多种。

4.流苏花系　花瓣边缘有晶状流苏。

5.绿斑系　花被的一部分呈与茎叶颜色相似的绿色条斑。

6.伦布朗系　有异色条斑的芽变种,如在红、白、黄等色的花冠上有棕色、黑色、红色、粉色或紫色条斑。

7.鹦鹉系　花瓣扭曲,具锯齿状花边,花大。

（四）变种及杂种

1.考夫曼系　原种为考夫曼郁金香,花冠钟状,野生种金黄色,外侧有红色条纹。栽培变种有多种花色,花期早。叶宽,常有条纹。植株矮,通常10~20 cm。易结实,播种易发生芽变。

2.佛氏系　有高型（25~30 cm）和矮型（15~18 cm）2种,叶宽,绿色,有明显紫红色条纹。花被片长,花冠杯状,花绯红色,变种与杂种有多种花色,花期有早晚。

3.格里氏系　原种株高20~40 cm,叶有紫褐色条纹。花冠钟状,洋红色。与达尔文郁金香的杂交种花朵极大,花茎粗壮,花期长,被广泛应用。

4.各种混杂系　这些种及杂种不在上述各系中。

常见的切花或盆栽品种（包括促成栽培品种）主要属于中花类的凯旋系、达尔文杂种系和晚花类的晚花单瓣系等。

三、繁殖技术

郁金香常用的繁殖技术有分球、播种和组织培养。

（一）分球繁殖

郁金香以自然分球繁殖为主,将子鳞茎按大小进行分级,周径8~9 cm、10~11 cm的栽植种球经过1年栽培可培育成周径为11~12 cm或以上的开花种球（商品球）,小子球经过2~3年的栽培可形成开花种球。花芽分化期间将种球在35℃条件下处理1周,则其花芽分化和开花受到抑制,有利于栽培以后植株光合产物集中向鳞茎供应。

国内引种郁金香以后，更新球极易发生退化现象，表现为鳞茎变小、开花率降低、花色浅、花小等。为有效地保存良种，种球繁育基地应重视轮作，可与豆科植物等进行轮作，避免连作。另外，可选择气候冷凉地或海拔 800~1 000 m 的山地进行种球的复壮栽培，进行合理密植、测土施肥，掌握适宜的种植深度并加强管理，适时摘花和收球，可取得良好的复壮效果。

（二）播种繁殖

郁金香种子发芽适温为 0~10℃，并保持基质湿润，超过 10℃ 发芽迟缓，25℃ 以上种子不能萌发。种子萌发形成的实生苗当年只有 1 片真叶，地下部形成圆球形小鳞茎，需要经过 3~5 年的培育才能发育成开花球。

（三）组织培养繁殖

郁金香的自然繁殖系数较低，但其植株的所有组织均可作为外植体进行组织培养繁殖，如鳞片、子鳞茎、鳞茎盘、叶片、花茎以及花器官等。试验证明，虽然郁金香的所有组织都可发生芽及愈伤组织，但并非都可发生再生茎和再生根，用花茎诱导芽最为成功，需 8 周，而子鳞茎诱导芽则需 6 个月。

四、栽培技术要点

（一）栽培方式

1. 促成栽培　使郁金香比自然环境下提前开花的处理技术称为促成栽培，可使其提早到 12 月开花。鳞茎首先需要不同时间的过渡温度处理，再进行冷处理。郁金香种球的采收通常在地上部茎叶基本枯黄后进行，按鳞茎大小进行分级，置阴凉处充分风干，不能在阳光下晒干。然后将鳞茎放在通风良好、17~20℃ 的黑暗条件下储藏越夏，鳞茎完成花芽分化后进行低温处理。通常将种球储藏于 5℃ 或 9℃ 的低温环境一定时间后，在日光温室内进行栽培，种植一季为 50 d 左右，从 10 月中旬到翌年 3 月底均可种植，产花期则从 11 月下旬至翌年 5 月底。一般于 8 月 10 日左右置于 13~15℃ 条件下预冷处理 2~3 周，再以 5℃ 冷藏 8 周，转入日光温室催花。

郁金香有些品种可采用 9℃ 冷藏处理技术，其方法是在 9℃ 条件下冷藏 12~16 周，后 6 周需将种球栽植在栽培箱内，浇水保湿，使其在冷库内生根、发芽。5℃ 促成栽培时，从栽植种球到开花 50~60 d，而 9℃ 箱式栽培移入日光温室催花的时间仅为 25 d 左右。

2. 抑制栽培　使郁金香比自然环境下延迟开花的处理技术称为抑制栽培，其种球采收之后的处理技术与 5℃ 球的促成栽培相同，在经过 5℃ 低温处理后，将种球置于 0℃ 条件下储藏，按照预计的采花时间将种球提前取出栽种。

（二）栽培技术

1. 整地　种植前，将设施内土壤翻匀、耙平，通过遮阴、浇水等措施，尽可能使土壤温度降至 9℃ 左右，在栽种后的 2 周内，种球处的最佳土温为 13~16℃，以利良好发根。保持土壤和灌溉水的低盐水平，若土壤盐分含量过高，种植前应充分淋洗，使土壤 EC 值 < $1.5\ mS \cdot cm^{-1}$。郁金香严禁连作，必须轮作，提倡对土壤进行消毒。蒸汽消毒是较为有效的方法，用 70~80℃ 的蒸汽处理 20~30 cm 深的土壤，至少维持 1 h，可解决除腐霉菌以外大部分的土壤病菌问题。

2. 种球处理　种植之前去除鳞茎基部的褐色外皮，这种做法可防止种植前鳞茎消毒的残余物与根接触而引起的根伤害，并且可以进行浅植，避免丝核菌属病菌对茎的侵害。同时，促进根系均一生长，保证植株生长和开花的一致性，并缩短在日光温室内的栽培时间 3~4 d。但应仔细操作，勿伤及鳞茎盘。栽种时将种球轻压，不可用力过大，种植在微湿的土壤中。

3. 种植密度　种植密度取决于品种、种球大小和收获时间等，可达每平方米 230~280 头，5℃ 处理的种球，对于去皮鳞茎，可适当浅植，使鳞茎略露出土壤，种植后立即灌水以防止干燥脱水。而未去皮鳞茎，种植深度为 2~4 cm，将鳞茎顶部覆盖，可促进生根。9℃ 处理的种球一般采用箱式栽培，浅植至露肩，采用高密度栽培，大约每平方米 400 头。

4.种植后的管理　郁金香栽培期间尽量保持土壤的持续潮湿，以鳞茎下的土壤可以捏成团状为宜。植株缺水时一般在上午前浇水，浇水后通过通风可降低植株间的空气相对湿度，保持空气相对湿度不高于80%。若温室中空气相对湿度过高，鳞茎的蒸腾作用受抑制，植株生长紊乱，导致花、茎、叶猝倒，茎出现水浸状，甚至发生花的凋萎现象。湿度高还会加重灰霉病的发生，出现病弱苗。栽植后温室温度应分段管理，见表6-2。郁金香对光需求不是很严格，温室各个角落均能生长。在生长期间发现植株长势较弱，可适当地随水喷施浓度为0.2%的磷酸二氢钾溶液。当植株根系发育良好后，可施用硝酸钙肥，用量为每平方米20 g，分3次施用，每2次间隔1周。当郁金香植株长到5~10 cm时，应剔除未出苗的种球和感染病虫害的植株，防止这些病株对周围植株产生影响。

表6-2　切花郁金香各生育期三基点温度

生　育　期		最低温度（℃）	最适温度（℃）	最高温度（℃）
生根期		4	8~11	25
萌芽期	白天	4	9~13	25
	夜间	4	6~10	25
展叶期	白天	4	15~18	25
	夜间	4	12~15	25
现蕾期	白天	4	17~20	25
	夜间	4	14~17	25
采收期	白天	4	17~20	25
	夜间	4	14~17	25

五、花期调控技术

郁金香种球必须经过一定的低温才能开花，在原产地，冬季一般有充足的低温时间，郁金香种球能够获得足够的低温处理，可以在春天自然开花。一般来说，在生产上使用的郁金香商品种球均已经过了低温处理，处理后的种植方法主要是日光温室栽培和箱内促成栽培。

郁金香对温度敏感，为保证郁金香准时开花，在生长期中应尽量保持日间温度 17~20℃，夜间温度 10~12℃，温度高时可通过遮光、通风降低温度，温度过低时可通过加温、增加光照促进生长。用控水来抑制生长，会出现"干花"现象。如持续高温，箱栽的可将箱移入冷库，注意保持冷库温度应在 8~10℃，而且最好在花茎抽长时移入，否则易造成花蕾发育不良。

郁金香的花期控制还可以通过植物生长激素来调节，如用 100 mg·kg⁻¹ 左右的赤霉素溶液浸泡郁金香鳞茎，可促使其在日光温室中提早开花，并且可加大花的直径。

六、采收与储藏

郁金香切花采收应在花苞显色但花朵尚未开放时进行。采收时间一般在 7~8 时或 17 时左右进行。通常是采收植株，整株收获后切除鳞茎部分，立即将切枝放入 5℃冷水中 30~60 min，然后尽快将切花放置通风、避光的 2~5℃冷库中，空气相对湿度不低于 90%。捆束时避免伤害叶片。

郁金香叶片枯黄后，选择晴天采收种球。挖掘时应适当远离植株，避免碰伤鳞茎，否则易感染腐烂。清除种球上的枯叶、泥土及杂物，按鳞茎规格大小分级存放于阴凉、干燥、通风处，晾干表面，避免阳光直晒。装箱以后在通风良好、17~20℃条件下越夏储藏，定期检查并清除腐烂种球。

第四节
仙客来栽培技术

仙客来别名萝卜海棠、兔耳花、翻瓣莲、一品冠等，为报春花科仙客来属多年生草本花卉。仙客来原产于欧洲南部，集中分布于希腊、地中海一带，先在欧洲而后在日本栽培，历史悠久，在我国主要分布于温带地区。其娇艳夺目、株态翩翩、花形别致、烂漫多姿，是冬、春季优美的名贵盆花。如图 6-25 所示。

图 6-25　仙客来

目前，仙客来需求量在日本市场上是仅次于兰花的第二大盆花，在荷兰的花卉市场上，仙客来被列为十大盆花之一。在我国盆花生产中多做一年生栽培，因其品种繁多，花多色艳，花形奇特，高矮适中，极具观赏性，株形美观、别致，还具有香味，开花期长又正值元旦、春节，所以深受人们喜爱，市场销售前景看好。在重大节日期间以及城市活动中，仙客来都可作为盆花和装点城市的优质花木品种，提高城市品位和美化人居环境。它适宜于盆栽观赏，可置于室内，尤其适宜放在室内有阳光的地方。

一、主要生物学特性

（一）形态特征

1.块茎　仙客来属多年生草本花卉，具肉质块茎，呈扁球形，表层稍木栓化，呈深褐色，肉质似小红萝卜，故又名萝卜海棠。在仙客来块茎顶部有生长点，生长点上着生叶和花。幼苗期生长点只有一个，随着生长发育，生长点也变多，一般普通常规种的生长点较少，多为2~3个，F1代杂交种较多，一般4~7个。

在仙客来块茎的下部长有粗、细2种根。粗根为功能根，起固定支撑作用。在干旱条件下，粗根可收缩，将块茎下拉，使块茎得到保护。底部密生许多细长须根。细根为营养根，起吸收水分养分作用。根据种的不同，根系从球茎上生出的方式也不一样，根群可以在基部形成，也可以在侧面和顶部形成。仙客来虽然属于球根花卉，但其块茎与其他球根花卉不同，它不会产生子球。其块茎表面的生长点为短缩的茎轴。如图6-26所示。

2.叶　叶丛生于块茎上方，心脏状卵形，有长柄，叶柄肉质，红褐色，叶面深绿色，叶背紫红色，边缘有锯齿。

仙客来胚中只有一个子叶，因此为单子叶植物，第一真叶长在子叶对面，与子叶相似。因此人们也称其为假单子叶植物。叶片均直接从球茎顶部短缩茎上长出。叶片刚出现时是向内对折的，随叶片的长大而逐渐张开，变平展，随叶柄的伸长使叶片伸向外层空间。成熟的叶通常多肉而厚，摸上去有肉质感。其叶形、叶色斑纹变化无穷，具

图 6-26 仙客来块茎

有较高的观赏价值。如图 6-27 所示。

图 6-27 仙客来的叶

3. 花 新芽集中在块茎中央，花与叶由块茎抽出。花单生，下垂，合瓣花冠，花瓣扭曲向上反卷。花梗细长，红褐色，顶生1朵花，均伸于叶上部。每朵花有5瓣，花有各种淡淡的香味，花色有粉红、浅红、朱红、大红、紫红、雪青、栗色、白色，有红边白心、深红斑点、花边、皱边和重瓣状等品种。花期一般为11月至第二年的3月。自蕾期开始即下垂，盛开时花瓣向上直立翻起，酷似兔耳，故又名兔子花。有的花瓣突出似僧帽，又称一品冠；最珍贵的是复色和重瓣花。花大、色艳有香味者为佳品。如图6-28所示。

图6-28　仙客来的花

4.果实　仙客来的果实为蒴果，呈球形，如图6-29所示。发育需几周或几个月。果实内含多个种子，成熟后裂开，种子褐色，形状不规则。

（二）生态习性

仙客来喜疏松、肥沃、排水良好富含腐殖质的微酸性沙质壤土，喜阳光充足和凉爽、湿润的半阴环境。忌炎热和雨淋，较耐寒，生长适温为12~20℃，气温超过30℃植株将停止生长进入休眠。35℃以上植

图 6-29　仙客来的果实

株易腐烂、死亡。冬季可耐低温，但 5℃ 以下则生长缓慢，叶卷曲，花不舒展，花色暗淡，开花较少。生长期喜阳光充足，若光线不足，则叶子易徒长，花色不纯正，但忌强光直射，在温度升高的中午前后仍需遮阴，以降低温度。空气相对湿度应控制在 70%~75%，要经常保持盆土适度湿润，不可过分干燥，保持基质的 pH 6~7。花期最适于 15℃ 的温度和较大的空气相对湿度。花期很长，从秋冬起开花可延续到翌年 3 月。

（三）生物学特性

1. 种子萌发及幼苗发育特性

1）萌发条件　种子萌芽对外界环境条件要求十分严格，光照、温度、湿度、氧气、储藏条件等都对萌发有影响。其萌发的温度范围很窄，最适温度因品种而异，一般为 15~18℃，低于 5℃ 或超过 20℃ 不能萌发。

仙客来种子为光抑制种子，即使是弱光也有抑制作用，需要在黑暗条件下才能萌发。

2）萌发过程　发育的子叶因叶柄伸长而出土，属吸收兼同化型；胚轴不伸长，下胚轴膨大形成块茎。主根不发达，于块茎下端产生不定根，形成须根系，每条根均由表皮、皮层、中柱 3 部分组成。在块茎上端可产生 1 至数个不定芽形成短缩茎，其上生叶与花。

　　3）幼苗发育特性　幼苗发育的适温为 15~18℃。块茎形成后，在播种后的 80~90 d，开始长出第一片叶子，到花芽分化以前的这一阶段都属于营养生长阶段。

　　2. 花芽分化特性　仙客来花芽分化一般在长出第四、第五片叶以后进行。因品种和环境条件不同有时也在第七、第八片叶以后。叶片的数量和不定芽数量决定花芽的数量，叶片和不定芽数多，花数也多。通过合理的栽培措施增加叶片和不定芽的数量是提高花产量和品质的关键。

　　3. 光合特性　叶片是光合作用的器官，叶片数量和叶面积总量会影响光合速率。在生长发育过程中，随叶片数量的增加和叶面积的增大，光合速率迅速提高。所以在栽培过程中，尤其是在营养生长阶段，要采取合理的栽培措施增加叶片数量和叶面积总量，以利于有机物质的积累和向生殖阶段的转化。

　　4. 休眠特性　仙客来在冬季室温 10℃ 以上生长良好，15~20℃ 为生长的最适宜温度。仙客来因夏季高温不宜生长，当温度达 30℃ 左右时进入强迫休眠。这是对不良环境的适应表现，休眠期间体内仍进行缓慢的细胞分裂和花芽分化。若提供适宜条件，可打破休眠，恢复生长。休眠期注意控水，放于阴凉通风处，防止过干引起块茎干瘪，亦要避免过湿造成块茎腐烂。

二、常见品种

　　仙客来的品种较多，分类方法也很多，一般根据其外观特征来加以区分。仙客来原有 40 多个种，但因种间杂交十分困难，现在的栽培种均由种内杂交获得。仙客来园艺品种类型繁多，可满足不同欣赏者的要求，栽培者应按照市场消费特点、消费群的不同、设施条件选择品种。选用优良品种是培育优质花苗，增加经济效益的有效途径。品种选择原则：花色纯正，鲜艳；花梗硬挺直立，从叶层到花瓣下部的花梗长 6~7 cm；花瓣上翘，花多，开花期一致，花期长；可开多批花。

（一）仙客来的分类

1.仙客来园艺品种的分类　根据花的大小分为巨大花、大花、小花芳香性和普通品种，根据花瓣的多少分为单瓣、重瓣、半重瓣品种等。如图 6-30 至图 6-32 所示。

图 6-30　单瓣仙客来

图 6-31　重瓣仙客来

图 6-32　半重瓣仙客来

2. 根据叶片的特点分类　①银边。叶片为绿色，叶缘周边为银色，常常沿叶脉延伸到叶片中央。②花叶。叶片有清晰的银色戟形图案，有绿边，中央为绿色。③银叶。叶片主要为银色，中央为绿色。④斑叶。叶绿，有银色或灰色图案，常为斑点，远离叶边，斑点沿叶脉分布。如图 6-33 至图 6-36 所示。

图 6-33　银边仙客来

图 6-34　花叶仙客来

图 6-35　银叶仙客来

图 6-36　斑叶仙客来

　　3．根据仙客来的花瓣形状分类　　①平展。大多数仙客来系列和品种的花瓣阔而平展。②皱边。花瓣有明显的皱边，又可分为普通皱边、波状皱边和双色皱边。普通皱边花瓣平展，边缘皱褶；波状皱边的花瓣为波状，边缘皱褶；双色皱边的花瓣平展或有皱边，但皱边颜色与其他部位颜色反差大。③花边。花瓣有反差大的淡色或深色花边。④波状。花瓣波状，无皱边。⑤脊突。花瓣中央有明显的脊突。⑥齿状。花瓣边缘有深浅不一的齿。如图 6-37 至图 6-41 所示。

图 6-37　平展花瓣

图 6-38　皱边花瓣

图 6-39　花边花瓣

图 6-40　波状花瓣

图 6-41　齿状花瓣

（二）仙客来的品种

法国莫莱尔公司是世界上唯一一家在仙客来原产地从事仙客来育种的专业化公司，有 50 多年历史。胖龙园艺技术有限公司 1996 年将其杂交一代仙客来品种引入中国，占据国内杂交一代种子的大部分市场，中国市场上主打为三大系列百余个品种。

1. 美蒂斯（Metis）系列　属于杂交一代种，是市场上花色最齐全的小花型品种，共有 30 种单色，4 种混色。

1）特点　植株成花能力强，花期早，花色鲜艳，自播种到上市25~28 周，花期 9 月到第二年 3 月。抗灰霉病能力强。

2）花色　4021 密实鲜橙红色、4050 橙红玫瑰色、4080 水彩海棠红色、4085 波斯玫瑰红色、4107 深品红色、4120 纯白色、4126 红喉白色、4210 银饰叶鲜红色、4220 银饰叶品红色、4221 银饰叶深品红色、4225 银饰叶纯白色、4320 梦幻鲜橙红色、4385 梦幻深品红色、4395 梦幻深紫色、4701 维多利亚、4590 蕾丝贝贝（混色）等。如图 6-42~ 图 6-57 所示。

图 6-42　4021 密实鲜橙红色　　　图 6-43　4050 橙红玫瑰色　　　图 6-44　4080 水彩海棠红色

图 6-45　4085 波斯玫瑰红色　　　图 6-46　4107 深品红色　　　图 6-47　4120 纯白色

图 6-48　4126 红喉白色　　　图 6-49　4210 银饰叶鲜红色　　　图 6-50　4220 银饰叶品红色

图 6-51　4221 银饰叶深品红色　　　图 6-52　4225 银饰叶纯白色　　　图 6-53　4320 梦幻鲜橙红色

图 6-54　4385 梦幻深品红色　　　图 6-55　4395 梦幻深紫色　　　图 6-56　4701 维多利亚

图 6-57 4590 蕾丝贝贝（混色）

2. 拉蒂尼亚系列（Latinia） 拉蒂尼亚系列属杂交一代种，密实大花型仙客来，共有 21 种单色，1 种混色。

1）特点 植株长势均匀一致，生长期 28~31 周（播种到开花），易栽培，耐高温，抗强光照射，单位面积种植经济效益高，其中有一个品种带有香味。成花一致性好，成花能力强，株型紧凑，花簇大，生产效益高。

2）花色 如 1010 鲜红色、1060 红喉玫瑰色、1063 紫喉玫瑰色、1071 鲜海棠红色、1095 深紫色、1109 卡特莱亚紫色、1128 白色、1910 火焰纹（混色）、1309 梦幻卡特莱亚紫色、1310 梦幻红色、1385 梦幻深品红色、1395 梦幻深紫色、1850 火炬品红色、1107 永利深品红色、1121 永利纯白色、1700 维多利亚 50 等。如图 6-58 至图 6-73 所示。

3. 哈里奥系列（Halios） 杂交一代种，为标准的大花型仙客来。该系列共有 51 种单色和 6 种混色。

图 6-58　1010 鲜红色

图 6-59　1060 红喉玫瑰色

图 6-60　1063 紫喉玫瑰色

图 6-61　1071 鲜海棠红色

图 6-62　1095 深紫色

图 6-63　1109 卡特莱亚紫色

图 6-64　1128 白色　　　　　　　　　　　　　　　　图 6-65　1910 火焰纹（混色）

图 6-66　1309 梦幻卡特莱亚紫色　　图 6-67　1310 梦幻红色　　图 6-68　1385 梦幻深品红色

图 6-69　1395 梦幻深紫色　　　图 6-70　1850 火炬品红色　　　图 6-71　1107 永利深品红色

图 6-72　1121 永利纯白色　　　　　图 6-73　1700 维多利亚 50

1）特点　对逆境生长条件，如高温、强光等有惊人的承受能力，容易生长。

2）花色　2811 腮云（混色）、2812 浓重腮云（混色）、2420 瑰丽皱边鲜橙红色、2461 瑰丽皱边红喉浅粉红色、2470 瑰丽皱边海棠红色、2495 瑰丽皱边深紫色、2525 瑰丽皱边白色、2565 瑰丽皱边浅海棠红色、2595 瑰丽皱边镶边紫色、2075-HD 印度红色、2077-HD 霓虹海棠红色、2081-HD 浅海棠红色、2101-HD 卡特莱亚紫色、2107-HD 深品红色、2123-HD 白色、2124-HD 纯白色、2690-HD 迪娃紫色、2051 橙红玫瑰色、2062 红喉玫瑰色、2730 维多利亚 50 橙红色。如图 6-74 至图 6-93。

图 6-74　2811 腮云（混色）　　　图 6-75　2812 浓重腮云（混色）　　　图 6-76　2420 瑰丽皱边鲜橙红色

图 6-77　2461 瑰丽皱边红喉浅粉红色　　图 6-78　2470 瑰丽皱边海棠红色　　图 6-79　2495 瑰丽皱边深紫色

图 6-80　2525 瑰丽皱边白色　　图 6-81　2565 瑰丽皱边浅海棠红色　　图 6-82　2595 瑰丽皱边镶边紫色

图 6-83　2075-HD 印度红色　　　图 6-84　2077-HD 霓虹海棠红色　　　图 6-85　2081-HD 浅海棠红色

图 6-86　2101-HD 卡特莱亚紫色　　图 6-87　2107-HD 深品红色　　　图 6-88　2123-HD 白色

图 6-89　2124-HD 纯白色　　　图 6-90　2690-HD 迪娃紫色　　　图 6-91　2051 橙红玫瑰色

图 6-92　2062 红喉玫瑰色　　　图 6-93　2730 维多利亚 50 橙红色

三、繁殖技术

（一）块茎繁殖

块茎分割繁殖仙客来有 2 种方法，一种方法是 9~10 月，当休眠的块茎萌发新芽时，按芽丛数将块茎切开，使每一份切块都有芽和块茎，切口处涂上草木灰或硫黄粉，放在阴凉处晾干，然后分别作新株栽培即可。另一种方法是在春季 4~5 月，选肥大、充实的球，将球顶削平，以 0.8~1 cm 的距离（因该大小的切块繁殖系数最高，故被称为仙客来的黄金分割）划成棋盘或格子，沿格子线条由块茎顶部向下切，深达球的 1/3~1/2，然后把花盆放荫蔽处栽植，严格控制浇水，只保持盆土潮湿。秋凉后每一小格子上长出小芽，这时要把原来的切口加深，待芽长大时，把块茎倒出盆，去除泥土，彻底分开，每盆栽一块使其成为新株。分割初期，块茎切口不圆，但经栽培后，会逐渐恢复为圆球形。

（二）播种繁殖

通常在 9~10 月播种，先把种子在 30℃的温水里浸泡 3 h，再经清水冲洗后点播于浅底盆或箱中，覆细沙土 0.5 cm 厚，以喷壶浇透水，置于温度为 16~18℃的室内，20 d 左右可出芽。

1. 种子处理　选择大小均等、纯净饱满的种子，放入 40~50℃的水中浸泡 24 h，再用 0.02%的高锰酸钾溶液浸泡 0.5 h 消毒，然后用清水浸泡冲洗 1 h，包在干净的湿纱布内催芽，温度保持在 25℃，待种子稍萌动即可取出播种；或用 0.02%的高锰酸钾溶液浸泡种子 1 h，再用清水浸泡 1 h，然后用清水反复冲洗干净，把种子捞出摊在纸上，晾去水分就可以播种了，这样会达到较好的灭菌效果，可明显提高育苗成活率。播种前为了使种子充分吸水提早萌动出芽，可用 24℃清水浸泡种子 12~24 h 进行催芽，将种皮搓洗干净。

2. 播种时间　仙客来可以全年播种，最佳时间为 10 月中下旬。播种时间应根据品种特性和播种后气温条件确定。生育期长的品种应适当早播，生育期短的可适当迟播。

3. 播种材料　为节省空间，建议用穴苗盘进行育苗。可用播种机或人工进行播种，一般选用直径为 2 cm 的 128 孔的穴苗盘。也可选用 288 孔穴苗盘。

4. 播种方法　采取点播法，将装好基质的穴盘压实，在每穴中间压一个小坑，把种子播在中心位置。覆土厚约 5 mm，轻轻压实后，保湿遮光，40～50 d 即发芽。喷透水，盖黑塑料膜防止土壤干燥。仙客来种子发芽需要黑暗条件，光照对种子发芽有较大的抑制作用，遮光覆盖并置暗处促其发芽等措施极为重要。最好覆盖住种子以保持水分，种子需要吸收丰富的水和氧来呼吸。

5. 催芽　最好在发芽室中进行催芽，室内保持全黑状态，最佳温度为 18℃，空气相对湿度为 90%。为保持湿度可用塑料薄膜将穴盘包裹住，20 d 左右便可发芽，35 d 出苗。这样平均发芽率可达 80%，最高可达 95%。发芽后便可将穴盘移至温室，此阶段要维持 90% 的空气相对湿度，温度控制在 18～20℃，出催芽室的穴盘要马上浇水，但浇水不要过量。

6. 分苗处理　仙客来在播种后 8～9 周便可进行分苗，分苗工作不能过迟，否则会影响仙客来以后的生长和发育。在分苗之前要确认穴盘基质不能太潮湿。在分苗过程中，将根和根部的基质一同从穴中取出以保证根系完整无损，然后将小苗栽到打好孔的穴盘中。如图 6-94 所示。

图 6-94　仙客来育苗

四、栽培技术要点

（一）栽培方式

1.盆栽　仙客来适宜于盆栽观赏，可置于室内布置，尤其适宜在家庭中点缀于有阳光的几架、书桌上。因其株形美观、别致，花盛色艳，有的品种还有香味，深受人们青睐。仙客来还可用无土栽培的方法进行盆栽，清洁迷人，更适合家庭装饰。如图 6-95。

2.水培　仙客来水培既干净又美观，不需要传统的花盆和基质，可以赋予盛开的仙客来植株以多种栽培、应用形式，仙客来水培在欧洲也是最近几年才开始出现。

首先，将选好的仙客来植株脱盆，用 20℃温水洗净根系黏附的基质，注意不要伤根。然后直接放入事先准备好的水培容器中，水的深度与根际齐平，最深不能超过球茎的 1/3，漂亮的水培仙客来就做成了。摆放在室内阳光充足的桌面或窗台上，但不要直接放在暖气片上。定期加水，加营养液。水养两三个月花败后，将植株取出栽到栽培基质中度夏。如图 6-96 所示。

图 6-95　仙客来基质盆栽　　　　图 6-96　仙客来水培

栽培仙客来的水中不需要加任何肥料。仙客来球根中的养分可以让仙客来植株维持4~6周的正常生长开花。同时，水面高度要保持在球根以下。一般可根据水的蒸发情况，每周向容器中加1~2次水，保持水面的高度。

（二）栽培技术

1.盆土配制　仙客来喜疏松肥沃、排水良好而含腐殖质的沙质壤土。采用育苗盘育苗，播前应将播种基质和用具进行彻底消毒。栽培基质要具备质地疏松透气、容量轻、肥效长、保湿性能好、营养全面、稳定等优点。播种用土可用腐叶土5份、园土5份，或腐叶土4份、园土4份、河沙2份。也可采用泥炭、蛭石、珍珠岩和椰康按比例充分配合，但由于蛭石、珍珠岩过于疏松，不利于保水、保肥，需与其他材料配合使用。

2.土壤消毒　土壤中往往含有许多有害的病菌、害虫以及杂草种子等，对仙客来的生长发育极为不利。干热消毒：用铁锅将基质在80℃以上干炒10~20 min。

3.上盆方法　首先将花盆装满基质，把装好基质的花盆紧密摆放在苗床上。在花盆的中心挖3.5 cm左右大小的穴，植入仙客来球，球应露出1/3，特别要露出生长点，用手轻压基质表面，保持平整苗正。随着气温的下降，仙客来再度进入旺长时期，叶数迅速增加。此时，应定植于大一号的盆。一般选用盆口直径为15 cm、高度12 cm、底部网状的塑料盆。最好选用进口双色盆。定植以后1周内应使基质适当落干，以利于根系生长。定植以后，凡是高于25℃以上的天气，仍然要在中午覆盖遮阳网，其余时间要充分见光。

4.上盆后的管理

1）温、光管理　子叶出土后，除去覆盖物逐渐见光，防止阳光直射，喷水保持湿润。白天温度控制在18~20℃，夜间10℃左右，以利于生长和积累营养，温度过高会使生长停止，进入休眠。

仙客来为日中性植物，喜阳光充足，生长期需保持充足光照，延长光照时间，可促进其提前开花，因此，应将仙客来放置在阳光充足的地方养护。冬季温室内光照不足时，需用白炽灯补充光照，距植株 80~150 cm 为宜。

在管理过程中，春季在 14~15 时，夏季不能在阳光下晒，遮阴 50%
用遮阳网，避免阳光直射，注意通风、降温。秋季对强光进行遮光，但
要给予一定的光照。冬季给予充足光照，拉开外围叶片，使内部见光，
促进花蕾生长发育。根据生长情况，及时拉开盆距，避免因阳光不足而
徒长。要经常转动盆的方向，使植株受光均匀，株形美观、端正。

2）水肥管理　仙客来属喜湿怕涝植物，水分不要过多，否则会引
起病害。要用顶部上喷浇水方式进行灌溉，每天保持土壤湿润即可。
这样，基质的表面不至于干化；如果基质表面出现干化，底根便很难扎
下，植株便失去了平衡。喷水要将水洒到叶上，不要洒到花上，如过
分干燥，就出现萎蔫，此时再浇水已不能恢复生机。

春季仙客来植株发叶增多，生长渐旺，要加强水肥管理，可增加
花蕾的数量。

仙客来生长发育期每月施肥 2 次，并逐步增加见光次数，抑制叶
柄生长过长，影响美观。当花柄抽出至快盛开时，应增施 1 次速效肥
料，以磷、钾肥为主。营养液的氮：磷：钾比为 15：15：30，EC 值为
$0.8 mS \cdot cm^{-1}$。苗越小，肥水浓度就应越小。开花期间停止施用氮肥，
并控制浇水，忌室外淋雨（水直接浇在花芽和嫩叶上会造成腐烂，影响
正常开花）。

3）整叶　是培育高品质仙客来不可缺少的一项工作，保持株形优
美。仙客来喜光，没有充分的光照不能正常开花，花朵显色不足，叶
片生长慢。整叶的具体做法是，将叶柄长的叶片轻拉到植株的最外侧，
把叶片压平展，叶柄短的在内侧，尽量使叶片向外拉压，使植株中心
球根露出接受阳光。结合整叶，用消毒过的镊子摘除病叶弱叶、早出
现的花蕾，并喷雾消毒。叶片整叶时很容易恢复原状，可用 10 cm 大
小的环，套在球根上部来防止移动。

4）花期养护　仙客来属中性光周期植物，自然条件下花开一段时
间后逐渐开始衰败，花败后生长周期结束，此后叶片也开始衰老。欲
使花蕾繁茂，在现蕾期要给以充足的阳光，放置室内向阳处，并每隔
1 周施 1 次磷肥。加强肥水管理，使盆土湿润，掌握盆土见干才浇水，
防止干旱和积水。

5. 栽培周期　随着国际上仙客来新品种的不断开发和改良，我国仙客来栽培技术水平也有了较大改善，主要表现在生产周期的缩短和成花品质的提高。仙客来的栽培周期已经由过去的 2~3 年缩短到了 8~12 个月，成花品质也已接近国外先进水平。仙客来在一年中的任何季节随时都可以播种，但是播种时间取决于成品花上市时间、生产设施条件以及品种的栽培周期长短。见表 6-3。

表 6-3　仙客来不同时期栽培技术要点

时间		主要技术要点
12月至翌年3月	播种	播种后1~3周，保持恒温18℃，空气相对湿度90%和黑暗的条件，保证出苗快速整齐 播种后4~7周，将刚刚出芽的小苗搬出育苗室，放入温室，要求温度18~20℃，空气相对湿度90%左右和5 000 lx左右的光照 播种后8~9周，进行随水施肥，及时进行分苗，否则影响仙客来的生长和发育 播种后10~16周，夜间的温度保持在17~19℃，白天23~25℃，最大的光照强度不要超过20 000 lx，空气相对湿度保持在75%左右
4~6月	上盆	可以用15~17cm的花盆，基质要求疏松透气。刚上盆后，注意仙客来黄萎病的发生，可用甲基硫菌灵、农用链霉素等浇灌预防。此外要注意加强温室内的空气流通
7月至9月上旬	上盆后管理	温度保持在30℃以下 调整施肥比例，降低氮肥，同时增加磷、钾肥，减少叶片生长和水分蒸发量，使植株能够安全越夏 及时防治虫害。主要的虫害有螨类、蓟马、蚜虫等。最好用残留低的药剂，防止叶片残留物太多降低仙客来成花品质
9月上旬至11月		保持白天温度在23~25℃，夜间在17~18℃ 增加氮肥的比例，促进植株快速生长 着重预防病害的发生。在9月底左右用杀菌药对仙客来进行浇灌。及时清理带病植株，杜绝病源
12月至上市		注意控制花期，使盛花期刚好赶到上市期。保持白天温度在15~20℃，夜间5~10℃

五、花期调控技术

调节播种期使植株在幼苗期越夏，避开休眠，可提早开花。

（一）精选种子并进行种子处理

选择饱满有光泽的褐色种子，将种子放在30℃左右的水中浸泡 3~4 h，然后播种，比未浸种的种子提前开花 10 d 左右。

（二）合理浇水

仙客来属喜湿怕涝植物，水分过多不利于其生长发育，甚至引起烂根、死亡现象。因此，每天保持土壤湿润即可，且水量不宜过大。

（三）增施肥料

仙客来也属喜肥植物，首先应从土壤入手，花盆内的土取腐殖质较多的肥沃沙壤土，一年更换一次盆土，并在每年春季和秋季追施 0.2% 磷酸二氢钾各 1 次，切忌施用高氮肥料，可提前开花 15~20 d。

（四）创造适宜的温度条件

仙客来不耐高温。温度过高会使其进入休眠状态。一般情况下，仙客来适宜生长在白天 20℃ 左右、夜晚 10℃ 左右的环境条件下，幼苗期温度可稍低一些。此外，花芽分化和花莛伸长时温度稍低一些，有利于开花。仙客来在夏季因气温高而进入休眠阶段，如果创造低温条件，可以不休眠，有利于开花。

（五）延长光照条件

仙客来喜阳光，延长光照时间，可促进其提前开花。因此，应将仙客来放置在阳光充足的地方养护。

（六）激素处理

在仙客来的幼蕾出现时，用 1 mg·kg^{-1} 的赤霉素轻轻喷洒到幼蕾上，每天喷 1~3 次即可，可提早开花 15 d 以上。

六、采收与储运

仙客来采收时，花莛应均匀分布于圆整的叶幕中央，高低一致，叶片应鲜亮保持完好，银纹清晰，植株无病虫害。

仙客来盆花在温度为 10~12℃、空气相对湿度为 90%~95% 的条件下，储运时间不应超过 2 周。运输前 1~2 d 应停止浇水。

第五节
朱顶红栽培技术

朱顶红别名孤挺花、朱顶兰、百枝莲，为石蒜科朱顶红属多年生草本植物。朱顶红亭亭玉立，喇叭形花朵着生顶端，艳丽悦目。因其植株形似君子兰，也有"君子红"的美称。巴西、荷兰、南非和美国等在商品种球培育及新品种选育方面都取得了很大的成就，近年来世界各地广泛栽培。朱顶红叶厚有光泽，花朵硕大肥厚，品种繁多，花色多样，以红色、粉色和复色为主，花形奇特，花叶兼赏，适于盆栽陈设于客厅、书房和窗台，是家庭盆花中的名品，又是高档切花，也可培植露地庭院形成群落景观，增添园林景色。目前，在欧洲生产量较大，荷兰、比利时、德国、法国、西班牙均有一定产量。我国20世纪70年代开始在南方露地栽植于庭院周围，作为景观欣赏。近年来，全国各地从国外引进不少优良品种，不少是适合盆栽观赏的矮生品种，为开发利用朱顶红创造了条件。如图 6-97 所示。

一、主要生物学特性

（一）形态特征

多年生常绿草本花卉，地下鳞茎肥大，近球形，直径 5~10 cm，外皮淡绿色或黄褐色。革质叶片两侧对生，带状 4~8 片，先端渐尖，微下垂。叶长可达 40 cm，宽 3~6 cm，多叶脉纵向不明显。有些品种的叶片主叶脉呈白色条纹，于花后生出。花莛从休眠后鳞茎的一侧或两侧抽生出来，花莛中空，直径可达 2.5 cm，高 20~40 cm。伞形花序顶生，朱顶红的花色有深红、粉红、水红、橙红、白色、黄色等。花形有喇叭花形、蜘蛛花形、长筒花形。雄蕊着生花于冠筒头部。蒴果球形，种子稍扁。如图 6-98 至图 6-100 所示。

图 6-97　盆栽朱顶红

图 6-98　朱顶红的鳞茎

图 6-99　朱顶红的花

图 6-100　朱顶红的种子

（二）生物学特性

朱顶红喜温暖、湿润和阳光充足的环境，夏季喜凉爽，忌烈日暴晒，适宜生长温度为18~25℃，冬季休眠温度应保持在5~10℃，生育期间要求较高的空气相对湿度。种植时需光较少，开花前需大量光。土壤要求排水良好，富含有机质的沙质壤土。生长期需给予充分的水肥。

朱顶红植株存在休眠现象，其休眠分自然休眠和强制休眠2种情况。一般情况下，每年的10月以后，当环境温度持续低于10℃左右时，朱顶红生长停滞、叶子枯黄，进入自然休眠期；由于所处地域不同，有的地区终年温度较高，朱顶红无法进入自然休眠，这时可以进行强制休眠，即通过停水、停肥的方式迫使朱顶红休眠。无论哪种方式休眠，都不宜强行剪除叶子，等叶子基本枯黄后沿球茎上方1~2 cm处剪掉。剪掉枯叶后，可以采用带盆或脱盆2种休眠方式，放置在干燥、黑暗的环境里。实践证明，采用不同温度段储藏比衡定温度储藏有利于早开花。具体做法是，首先将种球在20℃左右的室温环境中放置2周，然后再将其转入5~10℃的环境中放置6周左右，即可提早开花。

二、常见品种

（一）具观赏价值的种

朱顶红属植物有70~75个种，具有观赏价值的有以下几种。

1.矮筒孤挺花　又名王百枝连，原产墨西哥、西印度群岛。鳞茎大，直径5~8 cm，株高30~50 cm。花莛有花2~4朵，鲜红色，喉部有白色星状条纹的副冠。花被裂片倒卵形，有重瓣品种。冬春开花。

2.网纹孤挺花　原产巴西南部。鳞茎球形，中等大小。叶倒披针形，4~6枚。花莛圆筒形，长约30 cm，有花3~6朵，花径10 cm。花被鲜红紫色，有暗红条纹，浓香，有大花变种。花期5~6月。

3.杂种朱顶红　是现代改良园艺杂种的总称，参与杂交的亲本有朱顶红、美丽孤挺花、王百枝连、网纹百枝连等。栽培品种有许多无性系。

（二）商业品种

目前商业上栽培的园艺品种有 50 多个种。主要分为：

1. 大花型品种　花径都在 32~34 cm，平均株高可达 50 cm，花期 6~8 周。是朱顶红家族中最受欢迎和最流行的栽培品种，室内外均可栽培。

2. 重瓣花品种　在大花朱顶红的基础上培育而成，鳞茎大小在 26~28 cm，每球可开花 4~6 朵，株高可以达 50 cm，花期长达 6~8 周。

3. 矮化品种　每球可开花 18 朵，株高在 40~50 cm，花期 6~8 周。

三、繁殖技术

朱顶红传统繁殖方式为分球繁殖，但繁殖速度很慢，繁殖系数较低。近年来，国外已广泛采用种子繁殖、鳞片扦插、组织培养等繁殖方式。

（一）种子繁殖

朱顶红播种繁殖，种子发芽率在 87.3% 以上。储藏期易丧失活力，发芽率变低，因此通常选用采后即播方式。朱顶红花后具有雌蕊追雄蕊授粉的习性，结实率偏低，在日光温室中需进行人工辅助授粉。

播种基质应具有较好的保温透水性，通常选用蛭石、腐殖土和粗沙，播前进行消毒处理。朱顶红种子个体比较大，一般采用点播。先在播种穴上按 0.5 cm 深的穴，每穴播 1 粒种子，播后覆 0.2 cm 左右的蛭石，用细喷壶喷透水后用塑料膜覆盖，置于有散射光的半阴处，注意保温、保湿。

播后要经常喷水保持湿润，空气相对湿度保持在 90% 左右，温度控制在 15~18℃。为加快幼苗健壮生长，每天打开塑料膜 10 min，出苗后撤去。喷施 0.3% 的尿素或其他叶肥，若温度达 18~20℃，10 d 左右即可发芽，1 个月后长出第一片真叶。幼苗长出第二片真叶，苗高 5 cm 左右时进行移栽。栽后置于半阴处，加强肥水管理。

（二）鳞片扦插

鳞片储藏着大量养分和水分，在湿润基质中，鳞片基部维管束表面形成愈伤组织，并由此形成不定根、不定芽和小鳞茎。

　　朱顶红采用双鳞片形式进行扦插。首先去除鳞茎外层皮膜，切去鳞茎顶端 1/3 部分及根，剥去外层 1~2 层鳞片，将整个鳞茎纵向均匀切割成小块，以两层鳞片为一个繁殖体，其操作步骤如图 6-101 至图 6-108 所示；处理后的鳞茎用 50% 多菌灵可湿性粉剂 500 倍溶液浸泡后，包埋于扦插基质内。基质的选择以锯木屑最为理想，其次为草炭（图 6-109）。外植体的双鳞片类型有内薄外厚型和内厚外薄型 2 种，研究发现内薄外厚型的小鳞茎繁殖效果好于内厚外薄型。种球不同层次的鳞片繁殖率有所不同，外层最高，内层最低。

图 6-101　切去鳞茎顶端 1/3 部分

图 6-102　切去根

图 6-103　将整个鳞茎 4 等分

图 6-104　将 4 等分的鳞茎分别分割成两部分

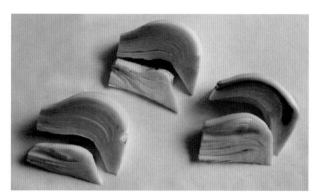

图 6-105　去除内层 1/3 不饱满的鳞片

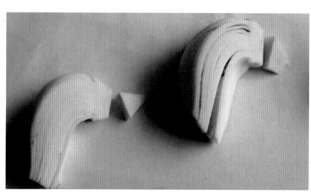

图 6-106　去除部分鳞茎盘

图 6-107　将 8 等分的鳞茎块进一步切分
（即将整个鳞茎 16 等分）

图 6-108　由外向内每两层鳞片作为一个繁殖体

图 6-109　不同扦插基质培养朱顶红小鳞茎的效果
（由左至右依次为锯木屑、草炭、蛭石和珍珠岩）

朱顶红双鳞片扦插的最适温度为 25℃。扦插过程中要注意基质保湿，湿度过大鳞片腐烂现象严重。插后 50 d 左右两鳞片中间有小鳞茎产生，100 d 后鳞片养分基本耗尽，此时将小鳞茎栽于盆内，15 d 左右有叶片长出（图 110 至图 113）。

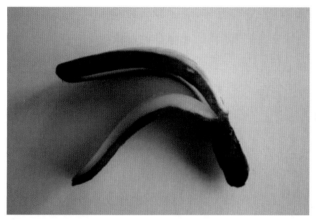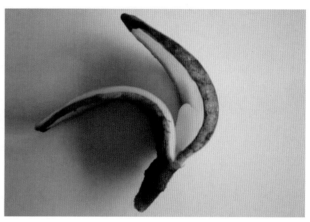

图 6-110　扦插培养 25 d　　　　　　　　　　图 6-111　扦插培养 50 d

图 6-112　扦插培养 75 d　　　　　　　　　　图 6-113　扦插培养 100 d

（三）组织培养

朱顶红组织培养通常选用鳞片、鳞茎盘、小鳞茎等作外植体。

1. 鳞片　朱顶红不同部位中，鳞茎是组织培养繁殖中首选外植体，鳞茎不同部位诱导条件不同，MS 培养基对鳞茎中部诱导效果最好，LS 培养基对鳞茎下部诱导效果最佳。以鳞片为外植体，生长素类萘乙酸的诱导效果较好，细胞分裂素类优于激动素，利于愈伤组织和不定芽的分化。MS + NAA 1.0 mg·L^{-1} + BA 2.0 mg·L^{-1} 愈伤组织的诱导频率达 93%，愈伤组织上可以直接生芽。愈伤组织继代培养 4 次后有胚状体产生。不定芽不经生根培养直接栽植于消毒蛭石中也可成活。普通朱顶红品种诱导频率高于杂交朱顶红品种。

2.鳞茎盘　选取露地栽培生长健壮的朱顶红幼龄小球为材料，取鳞茎盘作外植体，适宜不定芽诱导培养基为 MS + KT 0.5 mg·L^{-1} + 6-BA mg·L^{-1}，可诱导出小鳞茎。不定芽增殖率最高为 MS + KT 1.5 mg·L^{-1} + NAA 0.5 mg·L^{-1}。选取朱顶红母鳞茎盘作外植体，6 d 后鳞茎盘开始膨大，变绿。最适愈伤组织诱导培养基为 MS + NAA 1.0 mg·L^{-1} + BA 2.0 mg·L^{-1} + 腺苷酸化酶（AC）1.0 mg·L^{-1}。

3.小鳞茎　以小鳞茎为材料进行切割诱导用 1/2MS 培养基添加 6-BA、NAA 可诱导出芽。糖浓度对再切割诱导的影响最大，激素影响较小。小鳞茎 4 分切的繁殖系数高于 2 分切。磷、钾浓度以及三碘苯甲酸（TIBA）能控制幼苗叶片的生长，TIBA 0.5 mg·L^{-1} 可以加快小鳞茎的生长和发育。

4.无菌苗下胚轴　以朱顶红成熟种子长成的无菌苗下胚轴作为外植体，最适不定芽诱导培养基为 MS + 6-BA 0.5 mg·L^{-1} + NAA 0.5mg·L^{-1} 与 MS + 6-BA 0.5 mg·L^{-1} + IAA 1.0 mg·L^{-1}。

四、栽培技术要点

（一）栽培方式

1.常规栽培　朱顶红的常规栽培通常分为地栽和盆栽。

1）地栽　修去老根枯叶，栽于耕深为 30 cm 左右、pH 7.5~8 的沙壤土中，栽前浇透水，沟底施少许基肥。鳞茎按叶片的生长方向摆放一致。土覆至鳞茎 2/3 处，最适株距、行距分别为 20 cm、35 cm。栽后要注意水肥管理，有新根叶长出后开始浇水施肥，湿度不宜过大，防止鳞茎腐烂。每半月施液肥 1 次。花后减施氮肥，增施磷、钾肥，减少浇水。10 月下旬,停止浇水施肥使其逐步休眠。霜冻前,将鳞茎挖起,剪去叶片和残根，干燥后室内储藏，待第二年栽种。

2）盆栽　朱顶红盆栽时应选用大而充实的鳞茎，栽于直径为20~25 cm的花盆。选用疏松、肥沃的微酸性腐叶土或泥炭土，并加一些骨粉或过磷酸钙作基肥。去掉残根，剥离子球，覆土至鳞茎2/3处。栽后浇透水，放半阴处，避免阳光直射。待叶片长出后，移至阳光充足处，保持盆土湿润即可。叶片长至4~6 cm时，开始施肥。生长期每2周施液肥1次，待花茎抽出后，每日浇水1次，加施磷、钾肥。花蕾将开时，移至阴凉处，可增加花朵开放时间。花后20 d左右，施腐熟饼肥水1次，促使鳞茎增大健壮充实及产生新的小鳞茎。花后及时剪除花茎，减少浇水量，盆土以稍干燥为好。如图6-114所示。

图6-114　朱顶红盆栽

2. 促成栽培

1）地栽　朱顶红在气温较低的地区需要休眠越冬，但在气候温暖的热带、亚热带，通过调整栽培时间可四季开花。因此，进行暖温处理是朱顶红促成栽培的必要措施。将外形饱满的成花鳞茎，按常规方法栽植，室温控制在22~25℃，空气相对湿度保持在70%~80%，栽后

55 d 后即能开花。若无加温设施，可将鳞茎先置于 25℃ 温箱内，待花茎抽出后栽于温室内，加盖地膜提高土壤温度。生长期的肥水管理同常规栽培。

2）盆栽　按常规方法栽种，在预定开花前 65 d 左右种植。温度控制在 25℃ 左右，芽长至 5~6 cm 时施 1 次氮肥，开花前 10 d 停施氮肥。开花时适当降低温度和遮阴，可延长花期。若为自产种球，可采用低温 5℃ 预处理种球 50 d，在土壤温度 21℃、室温 17~19℃ 的条件下栽植，6 周后开花。如图 6-115 所示。

图 6-115　朱顶红日光温室催花

3. 无土栽培　10 月初将休眠鳞茎消毒处理后，植于装有清水和素沙的浅碟中，待新根长至 0.5 cm 左右，放入装满清水的玻璃器具中，鳞茎不要歪斜。10 d 左右换 1 次水，若温度保持在 10~20℃，春节前后即可开花。朱顶红的无土栽培近似水仙的培养。可在其花后，移入土中培养，增加水肥，复壮鳞茎后可连续水培。如图 6-116 所示。

图 6-116　朱顶红水培

（二）栽培技术

为促进朱顶红开花应及早加强管理。从发芽情况看，朱顶红有3种常见的类型。第一种是先花后叶型，花箭先出来，长一段时间后再出叶芽。开花时，叶子很短甚至不见叶子。第二种花叶齐发型，花箭和叶芽基本上同时出现（两者前后仅相差数天）。开花时，叶子尚在生长中，并不是很长。第三种先叶后花型，叶芽先萌发，生长一段时间后再长花芽。开花时，叶子基本生长完毕，比较长。

1.种球处理　首先对种球进行清理。把种球基部已经腐朽、干枯的根剪掉，保留健康根系。如果种球由于储藏期较长失水较多，可把种球放在比环境温度稍高些的清水中浸泡中下部1~2 h，达到给种球补水的目的。种球消毒也是种植前的关键步骤，一般采用多菌灵、百菌清、甲基硫菌灵等消毒剂，按说明书进行施用即可，用于种球消毒的溶液可在种植好后用于浇灌土壤，达到土壤消毒的目的。

2.栽培基质的选择　朱顶红种植以疏松、透水、中性偏酸的基质为宜。可用泥炭：蛭石：珍珠岩=2：1：1的混合基质，也可用一般腐殖土替代泥炭、河沙替代珍珠岩。基质中最好拌入10%的骨粉、过磷酸钙等基肥。

3.种植深度　朱顶红适宜浅栽。刚刚栽植的朱顶红，至少露出2/3球体，并经常检查种球的状态，因为这个时段种球非常容易发生溃烂。等叶片长出后，再覆土种到球的1/2或2/3。

4.种植后的管理　朱顶红适宜的生长温度为20~25℃，可以此来决定种植时机。种植后浇1次透水，等盆土基本干透后再浇水。种球出叶前除基肥外，不要另外施肥。种植后先放置在10~15℃的阴凉处以利生根，2周后再移到20~25℃较高温度处以便花葶抽出。

5.换盆　朱顶红生长快，经1年生长，应换上适宜的花盆。朱顶红经1年或2年种植盆土养分缺乏，为促进新一年生长和开花，应换上新土。

6.分株　朱顶红生长快，经1年或2年生长，头部生长小鳞茎很多，因此可在换盆、换土的同时进行分株，把大株的合种为一盆，中株的合种为一盆，小株的合种为一盆。

7.施肥　朱顶红在换盆、换土、种植的同时要施基肥，上盆后每月施磷、钾肥 1 次。施肥原则是薄施勤施，以促进花芽分化和开花。

8.修剪　朱顶红生长快，叶长又密，应在换盆、换土的同时把败叶、枯根、病虫害根叶剪去，留下旺盛叶片。

9.防治病虫害　为使朱顶红生长旺盛，及早开花，应进行病虫害防治，每月喷洒花药 1 次，喷花药要在晴天 9 时前和 16 时左右进行，中午烈日不宜喷洒，防止药害。

（三）朱顶红越冬期管理

朱顶红越冬期间，只要温度稳定在 0℃ 以上，不成问题（落叶休眠状态下的朱顶红种球能忍受的极限低温为 0℃）。气温最低在 8℃ 左右，即使有比较大的昼夜温差，对越冬影响也不大。

盆栽的朱顶红，如不起球，放室内温暖向阳处，照常管理（可以不用断水，除了越冬期间不用施肥外，浇水仍要看表土干湿情况），粗放对待，叶子让其自然凋落（0~15℃ 会出现叶子全部落光的落叶休眠现象；15℃ 以上，叶子凋落较少，能保持一段时间的常绿休眠），顺其自然生长。

朱顶红在冬季，除了温度，休眠还受短日照影响，但并不一定表现为落叶。越冬期间，温度低，叶子可全部落光，进入落叶休眠状态。如果温度高，叶子凋落较少，仅表现为生长停止，即常绿休眠。

如果朱顶红在 11 月提前挖出种球，可提前让它进入休眠状态；这样经过 1 个多月的休眠期后，在 12 月中旬前后盆栽，就可提前发芽开花。

朱顶红在自然状态下，每年的春节前后会自然苏醒，当发现种球有发芽的迹象时，即可以种植。大多数种类的朱顶红，自然花期在 2~6 月。

五、花期调控技术

延长朱顶红花期可采取以下措施：

（一）浇灌阿司匹林水

给正在开花的盆花浇灌 1 次阿司匹林药物透水，可以延缓盆花的凋谢时间。水和药的比例为 1 kg 水加 1 片压成粉状的阿司匹林为宜。每浇灌 1 次阿司匹林药物透水，可使盆花延长花期 3~5 d，一般浇灌 2 次为宜。这是因为阿司匹林可使盆花叶和花的气孔闭合，从而大大减少了水分蒸发。

（二）喷硫代硫酸银溶液

用硫代硫酸银 100 倍液喷洒过的盆花，可使其落蕾率降低 50%，花期可延长 20% 左右。原因是花蕾发育过程中产生乙烯，乙烯可促进衰老，而硫代硫酸银溶液则是乙烯的克星。

（三）适当降低温度

已开花的盆栽植株，通过适当降温，为其创造一个相对凉爽的环境，是延长花期的最有效途径之一。可将已开花的植株移放到比较凉快的场所，尽量能避开直射光照的窗前。可根据不同品种对开花环境温度的具体要求，夜间将室温维持在 10~18℃，室温比白天低 3~5℃，能有效延长单朵花及整株的花期。

（四）适当减弱光强

对已达开花临界状态的盆花，在强烈的光照条件下，会导致其在短时间内快速开放，且不能充分展示该品种的花色特征。当花蕾充分透色时，宜将其移入无强光直射的荫棚下；家庭少量盆花，可将其移放到有充足散射光的位置。在这样的环境下，可有效延长花期，并能充分展示一些特殊品种的花色。

（五）暂停喷水

盆栽花卉开花期间，植株对水分的需求相对于营养生长阶段要少一些，因此在其整个开花过程中，一般只要维持盆土湿润并有较高的空气相对湿度即可。如果盆土中水分过多，且又处在无直射阳光和气温偏低的环境中，植株对水分的消耗较少，这样不仅不利于其开花，花期较长的种类甚至很有可能引起根部腐烂，造成不可挽回的损失。

（六）通风透气

将处于开花状态的盆花置于通风透气良好的场所，其花期可明显延长。经常开启门窗更换新鲜空气，避免植株落叶、落蕾。

六、采收

切花采收时需要控制好采收期，在花蕾含苞待放前 1~2 d 采收。采收时，平剪花茎基部，放置时要注意不要损伤花苞，否则会影响正常开放。因朱顶红花茎中空，颈端切口处容易像大葱一样反卷，影响花的整体品质，因此采收切花时一定要用胶带、橡皮筋等扎好花茎末端。

第六节
马蹄莲栽培技术

马蹄莲别名慈姑花、水芋、观音莲，为天南星科马蹄莲属多年生草本花卉。马蹄莲原产于南非和埃及，现世界各地广泛栽培。由于马蹄莲叶片翠绿，花苞片洁白硕大，宛如马蹄，形状奇特，是重要的切花和盆栽花卉，以其特有的形状和亮丽的色调，赢得了众多消费者的青睐，在国内外市场供不应求。彩色马蹄莲有黄、深黄、红、粉红、黄红复色等多种颜色，因其花形奇特、花色艳丽、花姿高雅，被喻为 21 世纪的"彩色百合"。荷兰拍卖市场彩色马蹄莲的销售量以每年 50% 的速度上升，近年来新西兰、荷兰、肯尼亚等国的种植均有增加。我国通过引种筛选出一些适宜的生产品种，并通过对繁殖和开花习性的研究，在栽培和种球生产技术上已取得可喜的进展。

一、主要生物学特性

（一）形态特征

马蹄莲株高 60~70 cm，地下块茎肥厚肉质。叶基生，叶片翠绿，有光泽，戟形或卵状箭形，全缘。叶柄一般为叶长的 2 倍，下部呈鞘状抱茎。花莛从叶旁抽生，高出叶片。肉穗花序黄色圆柱状，直立于佛焰苞中央，上部为雄花，下部雌花。佛焰苞常见为白色，也有粉、黄等色，基部包旋成筒状，上部开展，先端长尖反卷，状如马蹄，故名马蹄莲。花略有香气，浆果，子房 1~3 室，每室含种子 4 粒。如图 6-117、图 6-118 所示。

图 6-117　彩色马蹄莲块茎

图 6-118　马蹄莲佛焰苞

（二）生物学特性

马蹄莲性强健，喜好潮湿土壤，较耐水湿，不耐干旱，要求富含腐殖质、疏松、肥沃、pH 5.5~7 的沙质壤土。生育适温为 20℃ 左右，不耐寒，越冬应在 5℃ 以上。冬季温度过低或夏季高温期间，植株进入休眠状态。生长期间喜水喜肥，空气相对湿度也宜大。花期从 10 月至翌年 5 月，自然盛花期 4~5 月，花期需要阳光，否则佛焰苞带绿色，若气温适合，可四季开花。冬季保持夜温在 10℃ 以上能够正常生长开花。

红花种和黄花种的生长温度不低于16℃，越冬应在5℃以上。

通常在主茎上，每展开4片叶就可分化2个花芽，夏季遇25℃以上高温会出现盲花或花枯萎现象。因此，从理论上讲，具有一个主茎的块茎可在一年内分化6~8个花芽，然而在实际栽培中，每株只能采3~4枝花。

二、常见品种

马蹄莲属约有8个种，园艺栽培的有4~5种，其中著名的有黄花马蹄莲、红花马蹄莲等彩色种，其佛焰苞分别呈深黄色和桃红色，均原产于南非。

（一）主要园艺栽培种

1. 银星马蹄莲　又称斑叶马蹄莲，株高60 cm左右，叶片大，上有白色斑点，佛焰苞黄色或乳白色。自然花期7~8月。

2. 黄花马蹄莲　株高90 cm左右，叶片呈广卵状心脏形，鲜绿色，上有白色半透明斑点，佛焰苞大型，深黄色，肉穗花序不外露。自然花期7~8月。

3. 红花马蹄莲　植株较矮小，高约30 cm，叶呈披针形，佛焰苞较小，粉红或红色。自然花期7~8月。

（二）国内栽培类型

目前国内用作切花的马蹄莲，其主要栽培类型有：

1. 青梗种　地下块茎肥大，植株生长势旺盛，高大健壮。花梗粗而长，花呈白色略带黄，佛焰苞长大于宽，即喇叭口大、平展，且基部有较明显的皱褶。开花较迟，产量较低。

2. 白梗种　地下块茎较小，1~2 cm的小块茎即可开花。生长缓慢，植株较矮小。花纯白色，佛焰苞较宽而圆，但喇叭口往往抱紧，展开度小。开花期早，抽生花枝多，产量较高。

3. 红梗种　植株高大健壮，叶柄基部稍带紫红晕。佛焰苞较大，圆形，花色洁白，花期略晚于白梗种。

三、繁殖技术

马蹄莲以分球繁殖为主。在花后或夏季休眠期，取多年生块茎进行剥离分栽即可，注意每丛需带有花芽。一般种植 2 年后的马蹄莲可按 1∶2 或 1∶3 分栽。分栽的大块茎经 1 年培育即可成为开花球，较小的块茎需经 2~3 年才能成为开花球。马蹄莲也可播种繁殖，于花后采种，随采随播，经培养 2~3 年后开花。彩色马蹄莲现多采用组织培养繁殖。如图 6-119、图 6-120 所示。

图 6-119　彩色马蹄莲组培块茎的培育

图 6-120　马蹄莲育苗

四、栽培技术要点

（一）栽培方式

1. 切花栽培　马蹄莲的主要栽培方式。马蹄莲用作切花，经久不凋，在国际花卉市场上已成为重要的切花种类之一。除了国内常见的品种外，切花生产中偶见栽培的还有：银花马蹄莲，叶面上有白色斑点，佛焰苞黄色或乳白色；黄花马蹄莲，叶片卵状心脏形，鲜绿色，有白色半透明斑点，佛焰苞深黄色；红花马蹄莲，叶片披针形，佛焰苞瘦小，粉红色。

2. 盆花栽培　马蹄莲单花期长，是装饰客厅、书房等室内环境的良好盆栽花卉。上盆时应施足基肥，在大种球旁适当留几个侧芽以增加花叶的密度和观赏性。适当控制浇水，增加通风，保持株距以使其株形美观。

3. 无土栽培　马蹄莲无土栽培形式主要有盆栽和槽培。盆栽一般选用植株矮小、株形紧凑的白柄种、红花马蹄莲和银花马蹄莲；如以培养大型植株为目的，可选用植株高大的绿柄种或黄花马蹄莲。以收获佛焰苞作为切花的马蹄莲，适宜采用槽培形式。

（二）栽培技术

1. 定植技术　马蹄莲适宜地栽，多作切花栽培，也可以盆栽。要求疏松、肥沃的土壤，定植前施足基肥。春秋季下种即可，勿深栽，覆土约 5 cm。切花定植的株行距根据种球大小而定。一般开花大球的株距 20~25 cm，行距 25~35 cm，覆土 5 cm。定植后应浇透水，以利于块茎发根发芽。

2. 水肥供应　马蹄莲喜湿，生长期内应充分浇水，通常水温 15℃左右，空气相对湿度也宜大，可以水栽，但彩色马蹄莲因是陆生种，宜旱地栽培。夏季高温期植株休眠，应逐渐减少供水，需遮阴。马蹄莲为喜肥植物，生长期内，每 2 周追肥 1 次，花期注重磷、钾肥的补给。切忌肥水灌入叶鞘部位，以防植株腐烂。

3. 温光管理　马蹄莲喜温暖环境，温度条件适宜可周年开花。设施内的温度以 15~25℃为宜，冬季保持夜温在 10℃以上就能正常开花，0℃以下块茎部分会受冻。但气温较高时应加强肥水供应，气温较低时，应减少肥水供应。马蹄莲在秋、冬、春三季均要求有充足的阳光，夏季需要适当遮阴，从6月下旬到8月下旬用遮阳网覆盖，遮光30%~60%。越夏若要保持不枯叶，至少遮光60%以上。

4. 植株管理　定植后的第一年，为使植株生育充实，可不摘芽。但从定植后的第二年，为平衡植株的营养生长与生殖生长，促进开花，要及时摘芽与疏叶，防止营养生长过旺，通风不良。一般保证每平方米3~4株，每株带10个球左右。生长旺盛季节，注意剪除外部老叶和枯叶，保持良好的通风环境，促进新的花茎抽生，提高产花量。一般在开花期，每株保留4枚叶片。

5. 促成栽培　马蹄莲对光照不敏感，只要保证适宜的环境温度，便可实现提早开花。将块茎提前冷藏，并在立秋后下种，可提早到10月开花；在9月中旬下种的植株，可于12月开花。冬季栽培温室内需严格保温或者加温，保持温度在20℃左右，可在元旦至春节期间开花。

6. 彩色马蹄莲的栽培　彩色马蹄莲仅能在旱田栽培，定植要适当深栽，覆土厚度为块茎高度的2倍左右。注意保持设施内温度的相对均衡，白天保持在18~25℃，夜间不低于16℃，切忌昼夜温差变化过大。彩色马蹄莲既不耐热，也不耐寒，越冬最低温度不能低于6℃。生长期间，防止土壤过于潮湿，花期要适当控水。喜半阴环境，夏季应充分遮阴。生长期每10 d左右施1次以氮肥为主的液肥，每15 d左右叶面喷施1次0.1%的磷酸二氢钾溶液。孕蕾和开花期增施磷、钾肥有助于提高花的质量。

（三）马蹄莲的无土栽培

1. 无土栽培系统　马蹄莲无土栽培系统主要由种植槽、滴灌系统、营养液池、水泵和供液定时器等组成。种植槽可用砖块砌成，槽框宽约80 cm，高约20 cm，种植槽长度按大棚实际长度而定，一般要求不超过30 cm。槽内先铺一层塑料薄膜以隔离土壤，再放入15~18 cm厚的基质。适合切花马蹄莲无土栽培的有稻壳灰、锯木屑按3：1体积比或采用珍珠岩与锯木屑按2：1体积比的混合基质。滴灌系统可采用内嵌式滴灌带，出水孔距离10 cm或20 cm，每条种植槽铺2条。营养液池容积一般以1~2 m³为宜。水泵选择要根据滴灌带工作压力及数量而定，一般 3 座温室可用一台功率为 450 W 的潜水泵来进行供液。

2. 种植 无土栽培马蹄莲可在 8 月下旬种植。选用健康无病、大小一致的种球，按 15 cm 株距定植在种植槽中。大小一致的种球，行距为 40 cm，种球插入深度为 3~4 cm。定植后，在种球外侧铺设 2 条滴灌带供液。

3. 营养液管理 马蹄莲无土栽培营养液可采用下列营养液配方：硝酸钙 800 g、磷酸二氢钾 210 g、硫酸镁 250 g、硝酸钾 500 g、硝酸铵 30 g、乙二胺四乙酸铁盐 10 g、硫酸锰 2 g、硫酸锌 1 g、硼酸 1.3 g、硫酸铜 0.15 g、钼酸铵 0.1 g。在马蹄莲生长初期，营养液 EC 值可控制在 $1.2 \text{ mS} \cdot \text{cm}^{-1}$；生长中后期可适当提高到 $1.5 \text{ mS} \cdot \text{cm}^{-1}$，整个生长期，营养液 pH 均要调到 5.6~6.5。营养液供应量主要根据天气情况与植株大小而定，一般一天供营养液 2~3 次，保证栽培基质层湿润，槽底有一层浅水层即可。

五、花期调控技术

马蹄莲在生长期间要经常保持盆土湿润，通常向叶面、地面洒水，以增加空气相对湿度。每半月追施液肥 1 次。开花前宜施以磷肥为主的肥料，以控制茎叶生长，促进花芽分化，保证花的质量。施肥时切勿使肥水流入叶柄内，以免引起腐烂。生长期间若叶片过多，可将外部少数老叶摘除，以利花梗抽出，2~5 月是开花繁茂期。追施硫酸亚铁能使马蹄莲叶片变大增厚、平滑而有光泽，叶柄不易伸长，保持叶片美观，同时可促进花蕾形成并延长花期。具体做法为每隔 1 个月浇施 1 次 2% 的硫酸亚铁溶液，每次浇透。

六、采收

（一）鲜切花采收

采花时间最好在清晨，其次是傍晚。在佛焰苞初展、尖端下倾、色泽由绿转白时采收，适合远距离运输。如果采收过早，佛焰苞很难开放。如果待花苞完全开放采集，瓶插时间会缩短，又不耐运输。把佛焰苞开口程度分为 7 级（见图 6-121）：1 级为完全闭合，2~6 级为不同开口程度，7 级为完全开口。经过试验证明，从开口程度看，以 3 级、4 级、5 级、6 级时采收较好，但结合鲜切花寿命来看，开口程度 5 级、6 级的寿命太短，开口程度 3 级较好，4 级为最好，即马蹄莲鲜切花的自然寿命约 7 d，采收程度以开口 3 级以上、色泽转白，佛焰苞尖端已下倾、开口度稍大于圆柱状最好。采集时用拇指和食指顺着花葶向下一直到叶腋下部，但不要碰伤叶鞘，攥住花葶轻轻一拔就可以了。采后立即将花放在盛有清水的桶里，一定要把花葶放直，不可弯曲。

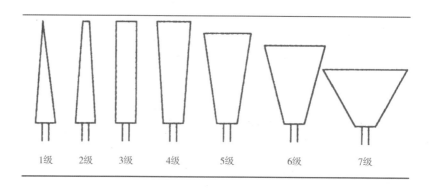

1级　2级　3级　4级　5级　6级　7级

图 6-121　佛焰苞开口程度等级

马蹄莲鲜切花采摘后应及时进行包装存放，采收后每 10 枝一扎，将花头部对齐并拢用窄胶带将花颈部、中部及下部分别捆扎，立即垂直放入清水或保鲜液中，以防花茎失水弯曲，且置于阴凉处存放。切枝在 4℃下湿藏可保存 7 d，应注意保持水的清洁且应浸过花茎 2/3 高度。也可在冷库里存放，装箱时再分级包装，将过长的花葶用利刀切掉。这里特别提醒，清晨采花到下午才能浇水，傍晚采花到第二天上午才能浇水，这样采后伤口可以愈合，防止发生根腐病。

马蹄莲可在保湿包装箱内 4℃ 条件下运输，但需将其切枝固定，以防运输过程中损伤佛焰苞。如果近距离销售，可在佛焰苞展开时采收。盆花运输前应先将鲜花用小塑料袋包好，然后用报纸将整个植株包拢，以避免运输过程中弄脏鲜花和造成花叶茎部折断，影响观赏效果。

（二）种球采收

进入 6 月后，开始对马蹄莲植株控水，土壤里所含水分正好供种球生长。经过一个多月的控水，地上部分枯黄，地下种球也已成熟。7 月是马蹄莲种球收获时期，因正值高温季节，种球离土后很容易腐烂。因此，挖出种球后，把根上的土轻轻抖掉，不要立即分离大球上长出的小球和仔球，也不要除去大球新长的须根。在大球上方 1 cm 处切茎，千万注意不要切掉茎芯，否则非常容易腐烂。然后把球放到平整处晒干或风干，等种球呈半干时再摘除须根，分离小球和仔球。到八成干时，用敌磺钠 500 倍液对种球数次喷雾，喷 1 次翻动 1 次，让整个球面都喷到药液。如果种球量小，可用敌磺钠 500 倍液浸种 5 min，然后捞出晒干或风干，存放在干燥通风处（图 6-122）。

图 6-122　马蹄莲块茎收获后风干晾晒

第七章
日光温室木本花卉生产

　　本章在概述木本花卉定义及特点的基础上，介绍了牡丹、月季、一品红以及杜鹃等木本花卉的生物学特性、常见品种繁殖与栽培技术要点、花期调控技术以及采收等。

第一节
木本花卉的定义及特点

一、定义和类型

木本花卉是指具有观赏价值的木本植物，包括花、叶、茎、果至全株均可观赏的乔木、灌木以及藤木等。有常绿或落叶 2 类。

1. 乔木　植株高大，通常达 6 m 以上，主干明显，植株高 20 m 以上为大乔木，11~20 m 为中乔木，6~10 m 为小乔木。多数不适于盆栽，其中少数花卉，如桂花、白兰、柑橘等亦可作盆栽。

2. 灌木　树体矮小，通常 6 m 以下，无明显主干，呈丛生状态，树冠较小，多数适于盆栽，如月季、贴梗海棠、栀子花、茉莉花等。

3. 藤木　枝条生长细弱，不能直立，缠绕或攀附他物向上生长的木本植物称为藤木花卉，如紫藤、金银花、凌霄等。在栽培管理过程中，通常设置一定形式的支架，让藤条附着生长。

二、生态习性

（一）温度

木本花卉对温度的要求各不相同，虽然年平均气温可以满足生长需要，但极端高温或极端低温及其持续时间以及满足植物休眠所需低温量的积累都会影响木本花卉正常生长。另外，温度的无规律变化会使植物自身的生命节律紊乱。原产于寒温带及温带的花木往往需要一定量的低温积累后才打破休眠，翌年才能正常开花，如整个冬季气温偏高，不能满足所需的低温量，翌年便会开花异常（表 7-1）。

表 7-1 常见木本花卉生长温度范围

名称	最低温度（℃）	最高温度（℃）	最适温度（℃）	类型
牡丹	5	35	15~25	喜凉
月季	5	30	15~27	喜凉
杜鹃	0	30	15~25	喜凉
含笑	5	35	18~20	喜凉
山茶	5	35	18~24	喜凉
栀子花	6~10	35	20~25	喜温
桂花	5~10	35	15~28	喜温
夹竹桃	8~10	35	15~35	喜温
白兰花	10	35	15~28	喜温
茉莉	5	35	22~35	喜温
叶子花	7	40	30~35	耐热
一品红	12	35	20~30	耐热
米兰	10	35	20~25	耐热
扶桑	15	35	20~30	耐热
变叶木	10	35	20~30	耐热

（二）光照

植物的生长发育受昼夜交替的光周期和光照强度影响。低纬度地区的短日照植物在高纬度地区的长日照条件下栽培，生长期延长，休眠期推迟，如入冬前枝条未充分木质化、耐寒性差，易发生冻害；而高纬度地区的长日照植物在低纬度的短日照条件下栽培，枝条生长短，有时出现二次生长，树势较弱，成为病虫害的易感体。木本花卉依对光照强度的不同分为阳性树种，如梅花、一品红；阴性树种，如山茶、杜鹃；中性树种，如樱花、桂花等。

（三）水分

不同种木本花卉，需水量差别很大，这主要与原产地降水量及其分布状况有关。南方原产地很多木本花卉，生长发育需要较高的空气相对湿度，在北方盆栽时常因干燥而枯梢或不开花。北方木本花卉在南方种植时会因高温、高湿发生多种病害。

同一种花卉在生长发育的不同时期，需水量亦不同。同时，水分还会影响花芽分化和花色。正常的花色需要在适当的湿度条件下才能显现，一般在水分缺乏时，花色变浓，如蔷薇。栽培上，常常通过控制水分的供给，达到控制营养生长，促进花芽分化的目的。如梅花的"扣水"，就是控制水分供给，致使新梢顶端自然干枯，叶面卷曲，停止生长，进而转向花芽分化。但是，过分干旱会导致叶片下垂萎蔫、落叶、生长不良。

（四）土壤

土壤因子主要包括土壤理化性质（持水量、透气性、有机质含量等）、含盐量、酸碱度、地下水位高低等。在土壤的诸多因子中，以土壤的酸碱度（pH）对花卉栽培最为重要。酸碱度决定了土壤中矿物质元素的存在状态和浓度，影响着土壤微生物数量，决定着植物能否正常生长。不同花卉对于土壤酸碱度要求不同。喜酸性土壤的木本花卉有杜鹃、栀子、山茶等；喜碱性土壤的木本花卉有黄栌、银芽柳等；多数花木更喜欢在中性土壤中生长。

不同的花卉对土壤养分需求不同。有的花卉耐贫瘠，如金丝桃、刺槐等，如过多施肥会造成枝叶的过度生长，导致开花不良；相反，山茶、玉兰、桂花、梅花等喜肥，肥量不足则生长不良，花量减少。

土壤湿度也影响生长发育，如落羽杉喜湿，而杜鹃、牡丹则忌大水湿涝。

（五）海拔

杜鹃、梅花的某些种类原产地分布的海拔较高，尤喜酸性土壤及冷凉、湿润的环境，栽培中应格外注意。

三、生长发育

木本花卉有从幼年到老年的生命周期，每年又有从萌芽、开花、结实到休眠（或生长停止）的年生长周期，所以木本花卉有多年开花结实的特性。

物候期是指木本花卉随季节的变化发生的年生长发育周期性的节

律。生长发育规律主要是遗传因子和环境条件共同决定的。如北方的木本花卉，早春随气温的升高进入萌芽期、展叶期、抽枝期；随光照的长短变化而表现出不同的开花、结实期，有的春季开花，有的夏秋季开花；秋冬季进入休眠的不同状态，叶变色至落叶期，最后冬季休眠。南方的木本花卉在生长过程中虽无明显的萌动与休眠现象，但也有间歇性休眠的规律。

从种子萌发到根、茎、叶生成的幼苗期属营养生长期，此时只有高度及茎干的粗度增长，继而进入开花结实期。不同木本花卉营养生长阶段历时不同，一般乔木类需经4~5年或更长时间的营养生长期才能进入开花结实期，而灌木类只需经3~4年的营养生长期即可开花结实。

木本花卉开花结实主要包括花芽分化期、开花始期、开花盛期、落花期以及结实期、果熟期等不同时期。有的种类花芽在当年生枝上分化，然后开花，大多数夏秋季开花的花卉属于此类；而另一类则在二年生枝上开花。

四、繁殖技术

木本花卉的繁殖方法分为有性繁殖和无性繁殖2类。有性繁殖在生产中应用较少，主要是为了培育砧木和育种使用，在商业生产中应用较多的是无性繁殖，包括扦插、嫁接，也可用压条、分株、组织培养等方法。

（一）有性繁殖

很多木本花卉的种子有休眠特性，在播种前需要一定的处理。

1. 机械破皮和化学处理　对种皮坚硬的种子可进行机械破皮，也可以采用有腐蚀性的酸、碱浸泡，使种子透性增加，能更多地吸水膨胀，便于萌发，如夹竹桃。

2. 层积处理　将种子和湿润物（如湿沙）混合，放置于一定温湿度和氧气条件下的处理方法，可以有效地解除种子休眠，如蜡梅、紫荆。

3. 变温处理或使用植物生长调节剂　如牡丹等种子具有胚根、胚轴双休眠的习性，胚根需经 1~2 个月 25~32℃ 的高温才能打破休眠，而胚轴需 1~3 个月 3~5℃ 低温或涂抹赤霉素才能解除休眠。

（二）无性繁殖

无性繁殖又称营养繁殖，是指利用花卉的营养体（根、茎、叶、芽）的一部分进行繁殖而获得新植株的方法。通常包括分株、压条、扦插、嫁接、组织培养等。

扦插是木本花卉繁殖中最常用的一种无性繁殖方法。木本花卉的扦插多采用枝插，根据其茎木质化程度的不同分为半硬枝扦插和硬枝扦插 2 种。半硬枝扦插取当年生半木质化枝条，剪成带有 2~3 个芽（节）、长 10~15 cm 的插穗，只留顶部的 2 片叶，将下部 1/3 长度插入基质中。硬枝扦插在落叶后选择一年生、完全木质化的枝条剪插穗，并将其顶部封蜡插入基质中。

嫁接通常采用枝接、芽接，也可用根接，根接法在以芍药为砧木嫁接牡丹优良品种时常用。分株繁殖对于一些丛木类木本花卉比较适宜，但繁殖系数小。压条繁殖由于程序操作烦琐，在生产中较少应用，但对于一些不能使用扦插、嫁接繁殖的部分品种或珍贵苗木稀少的种类，可以采用压条繁殖，如山茶、叶子花。组织培养繁殖可以在大规模、工厂化生产中使用，但很多木本花卉的组培技术不成熟，如牡丹的组织培养繁殖存在繁殖系数低、褐化等问题。

五、栽培技术要点

木本花卉的设施栽培通常为切花和盆栽的形式。在栽培上关键是提供花卉适宜的生长环境。盆栽木本花卉要注意培养土的选择及温度、湿度、光照条件。

多数花卉需要土质疏松、通气好、有良好的排水、干净卫生的壤土，提供温暖湿润、夏季遮阴的环境条件。在管理上，要注意水肥、修剪等措施。木本花卉通常比草本花卉耐干旱，浇水可分为休眠期浇水和生长期浇水。休眠期浇水可少浇水或不浇水，生长期要多浇水。盆栽花卉要适当控水，否则会落花、落果。施肥要适时、适量，否则会出现相反结果。如对幼苗不适时施肥，使之生长瘦弱。在孕蕾开花阶段，不适当地大量施用氮肥，会产生落蕾、落花或不开花。栽培中对木本花卉枝干的修剪与整枝，可以使它们保持良好的树形及旺盛的树势，以提高观赏效果。

第二节
牡丹栽培技术

牡丹别名木芍药、洛阳花和谷雨花等，为芍药科芍药属多年生木本花卉，是我国特有的传统名贵花卉之一。牡丹花大色艳、雍容华贵、富丽端庄、品种繁多，素有"国色天香""花中之王"的美称，长期以来被人们当作富贵吉祥、繁荣兴旺的象征，以洛阳牡丹和菏泽牡丹最富盛名。如图7-1所示。

图7-1　盛开的牡丹

一、主要生物学特性

（一）形态特征

1. 根　牡丹根系发达，具有多数深根型的肉质主根和侧根，主根粗而长，中心木质化，长度一般在 0.5~0.8 m，极少数根长度可达 2 m。初生根始为白色，渐变为黄色至褐色，肉质白色，个别红色，肉质中心木质化，俗称"木心"。肉质部储有大量养分和水分供植株生长。一般来说，根深的植株枝叶茂盛，植株较高，根浅则枝短、植株矮。

2. 茎　落叶灌木，高 1~1.5 m。当年生枝条青绿色；老茎粗脆易折，灰褐色，有片状剥裂。

3. 叶　叶有柄，互生；二回羽状复叶，小叶有全缘、浅裂、羽状分裂型；叶表面绿色、黄绿色，少数品种带紫晕。

4. 花　花单生于枝顶，花径 10~30 cm，萼片绿色，宿存；花色有红、白、黄、蓝、粉、紫、绿、黑色和复色等 9 大色系；传统上根据花瓣层次的多少将花分为单瓣（层）类、重瓣（层）类、千瓣（层）类；花型主要有单瓣型、荷花型、菊花型、蔷薇型、托桂型、黄冠型、绣球型、千层台阁型和楼子台型等 9 个花型；雄蕊多数，有些品种雌蕊亦呈花瓣状，心皮 5 枚，离生，有毛；自然花期 4~5 月，单朵花期寿命一般 3~5 d 或 7~10 d，群体花期为 20~30 d。如图 7-2、图 7-3 所示。

图 7-2　牡丹植株

图 7-3　牡丹花

5.果实　菁葖果，密生短柔毛，8~9月成熟，成熟时开裂，内藏5~15枚大粒种子，呈不规则圆形，褐色或黑色，具有休眠特性，千瓣花类不结果和籽。

（二）生物学特性

通常中原地区的牡丹花农习惯把牡丹从开春萌发至秋季落叶休眠的年周期，分为 13 个时期，如表 7-2 所示。

表 7-2　牡丹发育周期

发育时期	特　点
萌芽期	平均气温稳定在3~5℃时，越冬鳞芽开始膨大绽裂
发芽期	鳞芽尖端胀裂，露出鳞芽
现蕾期	花蕾直径达1 cm左右，幼枝长30 cm左右
小风铃期	花蕾直径达1.5~2 cm，和小风铃相似
大风铃期	花蕾高于叶面之上，一般直径为2~2.5 cm，内部组织器官发育完成
园桃透色期	大风铃期后5~7 d，花蕾已基本发育成熟，圆满硬实如桃形，萼片下垂，并逐渐完成着色过程
开花期	花蕾泛暄（变软）绽开至花瓣凋谢

续表

发育时期	特　　点
叶片放大期	花凋谢后，叶片迅速放大，叶片增厚色深
鳞芽分化期	叶腋间孕育的鳞芽在5~7月开始分化
种子成熟期	蓇葖果由绿变黄，呈蟹黄色时
花芽分化期	9~10月中旬花芽基本分化形成，形态饱满光滑圆润
落叶期	10月至11月上旬，叶片逐渐变黄，形成离层脱落
相对休眠期	11月下旬植株停止生长，进入相对休眠期

成年牡丹的顶芽大多是混合芽，6~7月开始分化，混合芽分化完成后进入休眠状态，经低温期打破休眠，翌春自5℃时芽开始萌动，从萌芽到开花所需有效积温通常为630~732℃。用于促成栽培的牡丹，可选四至五年生、生长健壮、无病虫害、顶芽饱满的优良品种，于10月中旬自地下挖起，去掉根上附土，裸根放在室内温暖处晾晒2 d，待根稍软后把长根盘绕起来上盆，浇透水，移入温室进行促成栽培。牡丹的生长规律为春发枝，秋发根，夏打盹，冬休眠。

不同牡丹品种群生态习性存在一定差异。中原品种群属温暖湿润生态型；西北品种群属于冷凉干燥生态型，部分品种在沈阳及以北地区小气候下可露地越冬；江南品种群属于高温多湿生态型；西南品种群四川彭州亚群属于高温多湿生态型，云南品种群属于温暖多湿生态型。牡丹有"四喜四怕"的生活习性，即喜温暖，怕炎热；喜凉爽，怕严寒；喜干燥，怕积水；喜阳光，怕暴晒。

1. 对温度的基本要求　牡丹喜温凉气候，不耐炎热，较耐寒。最低萌动温度为3.8℃，从萌动到开花期间的有效积温为382.5℃。牡丹催花时，温度要保持相对稳定，要防止温度变化过大而使花蕾败育，只要温度变化不大，基本上不影响成花率。根际温度在12~18℃的相对稳定状态下有利于催花牡丹新根的形成。

2. 对光照的基本要求　牡丹喜阳，耐半阴，又忌烈日直射。牡丹属于长日照植物，光照不足则会影响到成花率、生长势和花朵质量。日光温室栽培应及时补光，使牡丹叶大而肥，花朵发育好，花色纯正而鲜艳。

3. 对水分的基本要求　牡丹不喜多水，也怕干旱，多则烂根，少则枯干。土壤湿度和空气相对湿度是影响牡丹日光温室栽培的重要因素。土壤含水量过大易引起烂根，过少则影响牡丹生长发育。日光温室栽培条件下，土壤含水率应保持在25%~50%为宜。当土壤含水率在31.3%条件下，空气相对湿度在60%以上，牡丹植株生长正常。空气相对湿度越高，牡丹枝叶、花等越悦目；空气相对湿度过小，牡丹易发生叶片萎蔫。

4.对土壤和营养元素的基本要求　适宜中性土壤，怕碱，忌黏土。牡丹喜肥，多用腐熟堆肥、粪干、豆饼、麻油饼等，磷、钾肥也应适量施用。

二、常见品种

中国牡丹系下有4个品种群：中原牡丹品种群、西北牡丹品种群、西南牡丹品种群、江南牡丹品种群。

（一）中原牡丹品种群

主要品种：

1.二乔　蔷薇型传统品种。花蕾扁圆形；花复色，同株、同枝可开紫红色和粉色两色花，同朵亦可开相嵌紫、粉两色；花径16 cm×6 cm。花瓣质硬，排列整齐，基部具墨紫色斑。雄蕊稍有瓣化；雌蕊9~11枚，房衣紫色。花梗长而硬，花朵直上。如图7-4所示。

2.绿牡丹　传统晚花品种，四大名品之一，皇冠型或绣球型。株形较矮，开展。枝较细，一年生枝短，节间较短；鳞芽狭尖形，形似鹰嘴，浅褐绿色，鳞片顶尖红色。中型长叶，总叶柄长约12 cm，平伸；小叶阔卵形，缺刻较多，端短尖，下垂，叶面绿色稍有紫晕，叶背面密生茸毛。生长势中，成花率高，萌蘖枝多。花蕾圆形，顶端常开裂；花黄绿色；花径12 cm×6 cm。外瓣2~3轮，质厚而硬，基部具紫色斑，内瓣密集，皱褶；雌蕊瓣化或退化。花梗细软，花朵下垂。

3.豆绿　花朵皇冠型或绣球型。花蕾圆形，顶端常开裂，花黄绿色（144-D）；花径12 cm×6 cm。外瓣2~3轮，质厚而硬，基部具紫色斑，内瓣密集，皱褶；雌蕊瓣化或退化。花梗细软，花朵下垂。晚花品种。株型较矮，开展。枝较细，一年生枝短，节间较短；鳞芽狭尖形，形似鹰嘴，浅褐绿色，鳞片顶尖红色。生长势中，成花率高，萌蘖枝多。如图7-5所示。

4. 姚黄　中花品种，皇冠型，有时呈金环型。姚黄号称"花王"。周师厚《洛阳牡丹记》载："姚黄，千叶黄花也，色极鲜洁，精彩射人，有深紫檀心……洛人贵之，号为花王。"花蕾圆尖形，端部常开裂；花淡黄色；花径16 cm×10 cm。外瓣3~4轮，质地较硬，基部有紫斑；内瓣褶叠紧密，瓣端常残留花药；雌蕊退化或瓣化。花梗长而直，花朵直上。如图7-6所示。

图7-4　二乔

图 7-5　豆绿

图 7-6　姚黄

5.黑花魁　花墨紫色，润泽细腻，菊花型，花梗稍短而软，紫褐色，花朵侧开。花瓣6~8轮，盛开时不平展，基部具墨色晕；雄蕊正常，时有瓣化；雌蕊正常，偶有瓣化成绿色彩瓣。株型矮，半开展，枝较细，一年生枝短，节间亦短。中型圆叶，质软，总叶柄长约14 cm，平伸，褐紫色；小叶卵圆形，叶面光滑，深绿色，有淡紫色晕。生长势稍弱，成花率高，萌蘖枝多。如图7-7所示。

图 7-7　黑花魁

6.赵粉　花粉色，皇冠型，有时呈托桂型或荷花型，或三种花型同时出现，花朵侧开。外瓣2~3轮，基部具粉红色晕，内瓣细，层叠高起，瓣间杂有雄蕊，雌蕊正常或部分瓣化，房衣红色，植株下部的花多呈荷花型。植株中高，开张。枝叶稀疏，小叶狭长而上卷，呈长卵圆形。生长势较强，栽培容易，成花率高，极易开花，耐早春寒，花朵耐晒，为粉花品种中的典型代表，色香兼备。花期中，传统品种。如图7-8所示。

7.贵妃插翠　花粉红色，千层台阁型，花梗长而硬，花头直立。下方花花瓣5~6轮，排列整齐，质硬，端部有齿裂，基部有深紫红色斑，雄蕊少，雌蕊瓣化成黄绿色彩瓣；上方花花瓣少而皱，端部有不规则齿裂，直立耸起，雌、雄蕊退化变小或瓣化。雌蕊瓣化成绿色彩瓣，雄蕊部分瓣化，上方花与下方花之间有一圈雄蕊残留。枝粗壮，一年生枝长，节间较短。中型圆叶，质厚，较稀疏；总叶柄长约14 cm，斜伸；叶面粗糙，黄绿色，边缘具深紫色晕。生长势强，成花率高，花型丰满，花色娇艳，分枝少，萌蘖枝亦少。如图7-9所示。

图7-8　赵粉　　　　　　　　　　　　　图7-9　贵妃插翠

8.香玉　花初开浅粉色，盛开洁白如玉，皇冠型，有时呈荷花型或托桂型，典型的多花型品种，花梗长而硬，花朵直上。外瓣2~3轮，基部具紫色晕，大而平整，内瓣匀称紧密，呈半球状，瓣间杂有少量雄蕊，雌蕊正常，或退化变小或瓣化成绿色彩瓣，柱头紫红色，房衣半包。一年生枝长约36 cm，节间亦长，大型圆叶，肥大而厚，较稀疏，总叶柄长约 13 cm，小叶 9 片，卵圆形，叶面深绿色。植株高大，直立，分枝少，萌蘖枝也少，抗病、抗热能力均较强，耐盐碱，幼蕾期耐低温，生长势强，成花率高。如图 7-10 所示。

图 7-10　香玉

9. 蓝田玉　皇冠型。花粉蓝色，花瓣基部有紫色，株型矮，花朵直立，成花率高，开花丰满，中花期品种，传统品种。

10. 蓝宝石　花粉色，微带蓝色，千层台阁型，偶有菊花型，花梗长而硬，花朵直上。下方花花瓣 5~7 轮，质硬，外瓣 2 轮平展，基部具黑紫色斑，内瓣稍褶叠，雌蕊瓣化成绿色彩瓣；上方花花瓣少，质硬，端部色淡。植株中高，直立，枝硬，一年生枝长，节间较短。中型长叶，稠密，质硬，总叶柄长约 11 cm，粗硬，斜伸；小叶卵形或长卵形，缺刻少，端渐尖，边缘上卷，叶面深绿色，具浅紫色晕。生长势中，成花率高，花朵耐日晒，单花期长，萌蘖枝较少。中花品种。如图 7-11 所示。

11. 蓝芙蓉　花粉红色微带蓝色，千层台阁型，花头直立。下方花花瓣多轮，较大，基部具紫色斑，雄蕊瓣化，雌蕊退化变小；上方花花瓣少，窄长曲皱，雌、雄蕊皆退化变小。植株高大，半开张。中型长叶，

肥厚。枝条粗壮,生长势强,成花率高,萌蘖枝多。花期中偏晚。如图7-12
所示。

图 7-11　蓝宝石

图 7-12　蓝芙蓉

12. **大朵蓝**　花粉色,略带淡蓝色,皇冠型,花朵下垂。外瓣 2~3 轮,宽大,质地柔软,花瓣基部有深紫色斑,内瓣密集褶皱,雌蕊瓣化或退化。植株高大,半开张。大型长叶,叶背有茸毛。生长势强,分枝力强,萌蘗枝多,成花率低。晚花品种。如图 7-13 所示。

13. **魏紫**　皇冠型。花蕾扁圆形,花紫色,花径 12 cm×8 cm。外瓣 2 轮,形大,质硬,基部有紫色晕;内瓣细碎,密集卷皱,端部常残留花药;雌蕊退化变小或消失。花梗长而粗硬,花朵侧开。传统晚花品种。

14. **墨魁**　别名紫魁,皇冠型。株型中高,开展。枝粗壮弯曲,一年生枝较短,节间短;鳞芽肥大,圆尖形。大型圆叶,肥大,质厚;总叶柄长约 14 cm,粗壮,平伸;小叶阔卵形,缺刻浅,端钝,叶面粗糙,深绿色,具深紫色晕。生长势强,成花率高,花朵大而丰满。分枝少,萌蘗枝很少。花蕾大,圆形;花紫色,外瓣 2 轮,形大,质地较硬,基部具墨紫色斑;内瓣褶皱,端部常残留花药,紧密,隆起,全花形似绣球;雌蕊退化或瓣化。花梗较软,花朵侧开。传统中花品种。

15. **大棕紫**　花紫红色,蔷薇型,花头直立向上。花瓣多轮,端部稍有皱褶,基部具墨紫色晕。雄蕊部分瓣化,心皮多数,雌蕊退化。植株直立,中高。中型圆叶,小叶长圆形,缺刻多,端钝,边缘微微上卷。生长势强,分枝力强,萌蘗枝较多,成花率高。花期中偏晚,传统品种。如图 7-14 所示。

16. **迎日红**　花红色,千层台阁型,花头直立。下方花外瓣 4 轮,圆整平展,质硬,排列整齐,基部具墨紫色斑,雄蕊部分瓣化,雌蕊瓣化成绿色彩瓣,上方花瓣少而大,雄蕊量少,雌蕊退化变小。植株直立。中型长叶,叶肥厚,端尖,边缘上卷,叶色深绿。生长势强,成花率高,花耐日晒,愈晒色愈艳。花期中偏早,品质优。如图 7-15 所示。

17. **胡红**　花深桃红色,将谢时银红色,皇冠型,花侧开或者垂头。外瓣 2 轮,形大,较平展,端部具齿裂,内瓣细碎耸立。心皮 5 枚,雌蕊常瓣化为绿色彩瓣。植株半开张,一年生枝条短。大型圆叶,质地厚,小叶肥大,呈阔卵圆形,边缘缺刻少,叶柄长约 14 cm,暗红色。生长势及分枝力强,成花率高,萌蘗枝条多,耐早春寒,抗病性强,绿叶期长,花朵耐晒。花期中偏晚,传统品种。如图 7-16 所示。

图 7-13　大朵蓝

图 7-14　大棕紫

图 7-15　迎日红

图 7-16　胡红

18.红宝石　花红色，有宝润光泽，菊花型或蔷薇型，花头直立向上。花瓣多轮，质地细腻，基部具紫色晕，雄蕊部分瓣化，雌蕊变小。植株中高，直立，枝条粗壮。中型长叶，稠密，小叶卵形，缺刻多，端渐尖或突尖。花红似火，耀眼夺目，但不耐晒。适合作为催花品种，花期中，品质优。如图 7-17 所示。

19.肉芙蓉　花深粉红色，蔷薇型，偶呈台阁型，花梗较短，花朵直上或侧开。花瓣质地薄软，皱卷，基部具紫色斑，雄蕊稍有瓣化，雌蕊稍变小。株型中高，开展。一年生枝较长，节间较短。中型长叶，总叶柄长约 15 cm，粗硬，斜伸；小叶长卵形，缺刻较多，端渐尖，边缘稍上卷，微有浅紫色晕，叶面绿色。生长势强，成花率高，萌蘖枝较多，抗逆性强，耐盐碱。中花品种，常用催花品种。如图 7-18 所示。

图 7-17　红宝石

图 7-18　肉芙蓉

（二）西北牡丹品种群

主要品种：

1. 书生捧墨　花白色，单瓣型，花头直立，向上或侧开头。花径18 cm，花瓣2~3轮，花瓣宽大，质地较厚，花瓣基部有紫色斑，雄蕊退化，数量少，花丝白色，花药卷曲，心皮5枚，形态正常，柱头乳白色，房衣半包，白色；植株中高，半开张。一年生枝条长约31 cm，花枝叶数8~9片，总叶柄长约11 cm，小叶9~11片，叶背有毛。长势强，开花效果较好，花期中。如图7-19所示。

2. 白鹤亮翅　花纯白色，单瓣型，花头直立。花瓣上举，大而舒展，质地较薄，基部色斑小，棕红色，菱形或椭圆形，斑缘辐射状，雌、雄蕊袒露，发育正常，花丝白色，房衣白色或具粉红点，柱头粉红色。植株半开张，生长势强，嫩枝较长，大型长叶，叶柄斜伸，叶色浅绿或深绿，小叶平展，排列稀疏，花香。花期中，结实多。该品种花色纯正，大而舒展的花瓣上举，犹如白鹤亮翅。如图7-20所示。

图7-19　书生捧墨　　　　　　　图7-20　白鹤亮翅

3. 白雪公主　花白色，蔷薇型，花头直立。外瓣舒展，基部色斑中等大小，紫红色，椭圆形，斑缘不规则，内瓣平展，整齐，雄蕊退化消失，雌蕊微显，心皮正常，柱头粉色，房衣白色，半包。植株直立，长势一般，嫩枝较长。中型长叶，叶柄斜伸，叶色浅绿，小叶微皱，数量少，质地较薄，排列稀疏。花香，花期中，结实。如图7-21所示。

4. 紫蝶迎风　花紫红色，单瓣型，花头直立。花瓣大而舒展，瓣基具特大型紫黑斑，近卵圆形或半椭圆形，周辐射纹，雄蕊多数，花丝褐红色，心皮正常，柱头黄白色，房衣半包，浅裂，乳黄色。大型长叶，浅绿色有褐色晕，小叶平展，质地较薄，生长势强，丰花，花浓香，花期中。如图7-22所示。

图7-21　白雪公主　　　　　　　　　　　　　　　图7-22　紫蝶迎风

5. 艳春　花紫红色，托桂型或绣球型，花头直立，半藏花。花径约18 cm，外瓣2~3轮，花瓣基部有紫色斑；雄蕊几乎完全瓣化，或少量正常，心皮5枚，形态正常，柱头粉红色，房衣退化。一年生枝条长约34 cm，花枝叶数7片，叶长约39 cm，叶宽约28 cm，总叶柄长约15 cm，小叶15片，叶背有毛。生长势强，开花效果较好。如图7-23所示。

6. 桃花三转　花淡粉蓝色，浅紫边，绣球型或皇冠型，花头直立或略侧垂。花朵中偏小，外瓣平展，瓣基具暗紫红色斑，近菱形，中大，斑缘辐射纹，内瓣分层明显，中心瓣较大，腰瓣为细窄条瓣，雄蕊残存，花丝白带粉，心皮正常，柱头黄白色，房衣半包，深裂，黄色带紫晕，柱头黄色。植株直立或半开张，长势一般。中型圆叶，小叶深绿色带褐色晕，质地厚。花香，花期中，因开花过程中花色多变而得名，传统品种。如图 7-24 所示。

图 7-23　艳春

图 7-24　桃花三转

（三）西南牡丹品种群

主要品种：

1. 太平红　花紫红色，楼子台阁型，花梗长，较软，花头侧垂。花径约15 cm，花瓣数多，外瓣倒卵形，平展；雄蕊数量少，多瓣化，部分退化，雌蕊瓣化或退化。株型直立，当年生枝长约27 cm，总叶柄长约15 cm，叶片排列正常，小叶9~13片，质地一般。中早花品种，生长势一般，有较强的适应性。中国西南传统品种。如图7-25所示。

2. 彭州紫　花紫红色，有光泽，千层台阁型，花梗较硬，花头向上。下位花瓣3~4轮，瓣基具黑紫红斑，内瓣为一圈膜质雄蕊瓣，瓣间残存少量雄蕊，上方花有数十片大型花瓣。植株直立，高可达1.5 m。大型圆叶，斜伸，较稠密，小叶9片，肥厚，叶面较粗糙，深绿，柄凹浅紫红色。该品种较耐阴，稍耐湿，耐寒，喜肥，适应性强，花期中。如图7-26所示。

图7-25　太平红

图 7-26　彭州紫

（四）江南牡丹品种群

主要品种：

1. 凤丹白　花白色，花瓣内轮有时带红紫色，单瓣型，花梗较粗壮，花头直立。花瓣 2~3 轮，宽大，雌、雄蕊正常，花丝、房衣、柱头均紫红色，有时房衣、柱头色浅；一年生枝条长达 40~50 cm，粗壮。植株直立，萌蘖性较差。中型长叶，小叶 11~15 片，卵状披针形，绿色，平展。该品种生长势强，适应性强，品质优良，常作药用栽培，亦作观赏栽培。结实力强，多采用播种繁殖，群体内有一定的变异性，广泛用于杂交育种的亲本。如图 7-27 所示。

2. 凤尾　花白色，基部具紫色斑，楼子台阁型，有时为单瓣型，花梗长，较软，花头常侧垂。花径约 15 cm，花瓣数多，外瓣倒卵形较宽；雄蕊数量少，多瓣化，呈披针形，部分发育正常，雌蕊隐含，房衣紫色残存，心皮 3~7 枚，败育，柱头红色。一年生枝长约 42 cm，花枝叶 8~11 片，大型圆叶，叶长约 54 cm，叶宽约 34 cm，总叶柄长约 23 cm，叶片排列正常，小叶 11~15 片，质地一般。株型直立，株高

1 m；中早花品种，生长势强，品质优。如图 7-28 所示。

图 7-27 凤丹白

图 7-28 凤尾

3.西施　粉色，基部色深，楼子台阁型，花梗长，较软，花头侧垂。花径约 15 cm，花瓣数多，外瓣倒卵形，瓣心有深晕，雄蕊数量少，多瓣化，部分发育正常，花丝紫红色；雌蕊隐含，房衣紫色残存，心皮 9 枚或多数，败育，柱头红色。株型直立，一年生枝长约 40 cm。大型圆叶，叶长约 46 cm，叶宽约 36 cm，总叶柄长约 15 cm，叶片排列正常，小叶 9 片，质地一般。生长势强，品质优，中花品种。如图 7-29 所示。

图 7-29　西施

4.徽紫　江南品种中有一类紫色品种，品种性状极为接近，难以区分，李嘉珏先生建议将这类品种统称为"徽紫"。包括呼红、玫红、昌红、羽红、轻罗、四旋等品种。花紫红色，花瓣 10~12 轮，蔷薇型，花头直立或侧垂，略藏花。花径 16~18 cm，外瓣倒卵形；雄蕊多数，发育正常，着生方式正常，花丝紫红色，雌蕊隐含，房衣紫色全包，柱头紫黑色，心皮多，被毛，败育，不结实。株型半开张，一年生枝长约 28 cm，花枝叶 5~7 片，中型圆叶，叶长约 40 cm，叶宽约 23 cm，总叶柄长约 21 cm，小叶 9 片，顶小叶 3 裂，复叶斜伸，叶背无毛。生长势强，耐湿热，成花率高，品质优，中早花品种。如图 7-30 所示。

图 7-30　徽紫

三、繁殖技术

常用分株、嫁接法繁殖，也可采用播种、扦插和压条繁殖，近几年正研究组织培养法快速繁殖以适应大面积生产的需要。

（一）分株繁殖

分株繁殖是牡丹观赏栽培中主要的营养繁殖方法。生产上分株宜在秋分前后，以 9 月下旬至 10 月下旬最为适宜。此时分株，生长趋于停止，逐渐进入休眠期，根部还在生长，分株后根易愈合，易长出新根，翌春就能开花。分株时选择四至五年生的健壮母株掘出，去泥土，置阴凉处 2~3 d，待根变软后，从根颈处分开，每株上有 2~3 个萌蘖枝，一般可分 2~3 株。分株后伤口用 1% 硫酸铜或 400 倍多菌灵溶液浸泡，然后栽植，塞土越冬。分株每 3~4 年进行 1 次，此法繁殖系数较低。目前，生产上采用将压条、分株和平茬相结合的方法（简称双平法），是洛阳首创的一种快速繁殖牡丹苗木的新技术。双平法利用了顶端优势原理，采用连续平茬技术，使母株体内的激素得以重新调整，促进活动芽与隐芽的萌发从而形成新植株。该方法优点是简便易行，省工、省时，繁殖系数大，成苗多而快，苗株整齐。繁殖在秋冬季牡丹休眠时期均可进行，而以 9 ~ 10 月最佳。

（二）嫁接繁殖

嫁接繁殖是菏泽、洛阳等牡丹种苗生产基地的主要繁殖方法。砧木可选芍药根或者牡丹实生苗，接穗选择植株下部生长的一年生壮枝为宜，长 6~10 cm、带有健壮顶芽和 2~3 个侧芽。接穗要随采随用，暂时不用的可冷藏。嫁接的方法有嵌接和劈接。砧木直径较粗时，可采取嵌接（图 7-31）；砧木与接穗直径相近时可采取劈接（图 7-32）。不管哪种嫁接方法，都要使接穗与砧木的皮部形成层紧密结合。

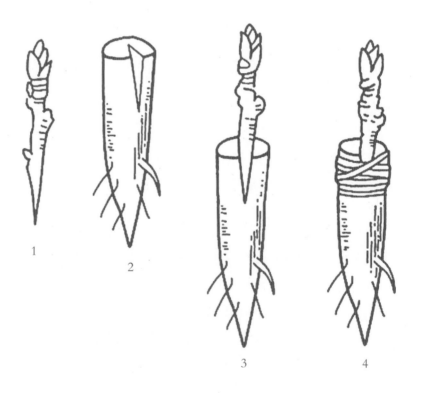

1.牡丹接穗　2.芍药根砧　3.插入接穗　4.绑扎

图 7-31　牡丹嵌接

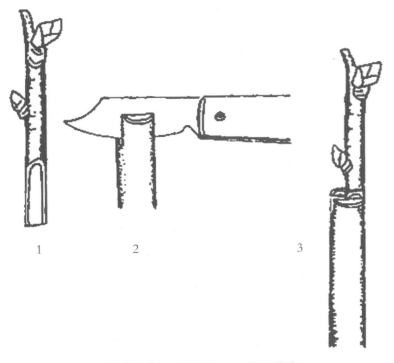

1. 接穗削法　2. 砧木切口　3. 插入接穗

图 7-32　牡丹劈接

（三）其他繁殖方法

播种繁殖主要用于药用牡丹、培育实生苗和新品种选育。一般单瓣花结籽多而实，用种子繁殖的牡丹植株，3 年后开始开花结籽。4~5年的凤丹品种 1 朵花可结籽 30~50 粒，多者达 80 余粒，1 株可开花20~50 朵，结籽可达 400~600 粒。采种的时间多在大暑后立秋前。播前要进行种子处理，即用 50℃ 的温水浸种 24~30 h，使种皮吸水，膨胀萌发。浸种后的种子可拌以适量的草木灰进行播种。为解除胚轴休眠特性，播前可用 500~1 000 mg·L^{-1} 赤霉素浸种 24 h，1 周后解除休眠，芽和根同时长出。

牡丹繁殖的品种特性差异很大，部分品种，如胡红、状元红等，扦插繁殖成活率仅 10%，并且生长缓慢，生产中很少采用；压条繁殖系数低，对名贵品种繁殖效果好。

四、栽培技术要点

（一）栽培方式

盆栽　盆栽牡丹，多在盆底垫粗沙，以利排水。选株型较小、根系较浅、须根较多的品种。牡丹根长易断，栽前放日光下晒软再植盆中。

（二）栽培技术

1.选苗　选择适宜的种苗是催花成功的关键因素之一。适合催花的品种有赵粉、胡红、朱砂垒和洛阳红等设施品种。选苗时宜选四至六年生、具有6~8个粗壮枝条、每枝又生有1~2个花芽的植株，并且具备株型紧凑、无病虫害、无机械损伤、生长强健、花芽肥大、充实饱满、根系粗壮、须根多等特点。苗选好后，起苗时间一般在中秋节前后（9月下旬）。植株挖出去掉附土，在阳光下晾晒2~3 d，待根系、枝条、花芽脱水变软即可等待使用。盆土选择栽花用的三合土，由透水性较好的塘泥或腐殖土和园土按2∶1的比例充分混合而成。牡丹是深根性花卉，宜采用高盆栽培。日光温室催花一般45 d左右就能满足牡丹开花的需要，视催花地点的气温不同而有所差异。

2.栽植方法　秋季是栽植牡丹的最佳时间，与分株繁殖同时进行。栽植一般株行距为1 m×1 m左右；也可做面宽60 cm、埂宽20 cm的畦。花株中间按畦距80 cm定点栽植，每亩约栽1 000株。牡丹栽植不宜过深，太深会引起烂根；太浅也往往使上部暴露于土外，影响发根，生长不良。栽时使根系舒展，不可卷曲在一起。栽植深度一般使根颈与土面平齐，或稍低为宜，不可过深或过浅。一般最上的根离地面10 cm左右，栽后封土要略高于地面，以利排水。

3.水肥管理　适时适量浇水施肥。浇水要既保持土壤湿润，又不可过湿，更不能积水。一般初栽之苗要浇透水，土壤的含水量以20%左右为宜。牡丹性喜肥，适时适量施肥不仅能使开花繁茂，花大色艳，花形丰满，而且还可以防止或减弱某些品种开花"大小年"以及花形退化、重瓣性降低等现象。牡丹叶片刚萌动，花蕾也在发育，此时需肥量最多，应施追肥1次；花谢后，追肥1次，此时牡丹茎叶开始旺盛生长，花芽也开始形成，追肥对恢复植株生长和翌年开花都非常重要。

4.松土除草　牡丹开花前中耕除草要进行 2~3 次，开花后每月 1~2 次。浇水之后，土壤略干就要锄地松土。锄地深度在 5~10 cm，头锄要浅，二锄要深、细。花谢后，为减少水分蒸发，并保持旺盛生长，对二年生至四年生的牡丹可进行浅掘，深度可达 15 cm，以增强抗旱能力。

5.整形修剪　及时除去繁枝、枯枝、病虫枝，保持植株均衡适量的枝条和美观的株形，使其通风透光、养分集中，才能生长旺盛，开花繁茂一致。牡丹定植后，第一年任其生长，可在根颈外萌发出许多新芽（俗称土芽）；第二年春天待新芽长至 10 cm 左右时，可从中挑选几个生长健壮、充实、分布均匀者保留下来，作为主要枝干（俗称定股），余者全部除掉。以后每年或隔年断续选留 1~2 个新芽作为枝培养，以使株丛逐年扩大和丰满。酌情利用新芽。为使牡丹花大艳丽，常结合修剪进行疏芽抹芽工作，使每枝上保留 1 个芽，余芽除掉，并将老枝干上发出的不定芽全部清除，以使养分集中，花朵硕大。每枝上所保留的芽应以充实健壮为佳。有些品种生长势强，发枝力强且成花率高，每枝上常有 1~3 个芽，均可萌发成枝并正常开花，对于这些品种每枝上可适当多留些芽，以便增加着花量和适当延长花期；而某些长势弱，发枝力弱且成花率低的品种则应坚持"一枝留一芽"的修剪措施。

牡丹花美在花大而艳，这就必须保持一枝一花，若一枝数花，不但花开不足，而且使花形变小，还会影响到翌年花的舒展。所以于花蕾已大时，应将其形小而密的蕾摘掉，留下发育好的顶蕾。如牡丹发育很弱时，可摘去全部花蕾，促进更好地生长发育，为下次开花打下基础。

（三）牡丹盆栽技术

随着室内美化和装饰的兴起，牡丹盆栽技术越来越受到重视。

1.选盆　多用立筒盆，一般以素烧泥盆、瓦盆为宜。盆深 40~60 cm，盆口直径 30~40 cm。作陈设和装饰用的时候宜选用紫砂盆。其形状可选圆形、方形或者其他几何形，既可单置又可组合装饰。为便于运输，近年来多采用装饰漂亮的塑料盆。

2.基质　宜选择疏松肥沃、腐殖质含量高的营养土。近年来，选用蛭石、珍珠岩、草炭等配置的轻型基质用于无土栽培的居多。

3. 品种选择　首先，应选择适应性强、生长势强、抗病力强、丰花性强的品种，尤以植株较矮、株型紧凑者适于盆栽。其次，应该选择根系较短、须根较多的品种。花型以菊花型、蔷薇型、皇冠型为佳，同时应该花色鲜艳、花香浓郁。最后，盆栽品种还应该选择叶型中小、叶厚革质的类型。如红玉、烟龙紫珠盘、藏枝红、蓝田玉、银红巧对、鲁菏红、珊瑚台、香玉、菱花湛露、胡红、曹州红、春红娇艳等。

4. 上盆　上盆时间以 9 月上旬至 10 月上旬为宜。上盆前剪去枯根、病根和断根，注意将根系均匀伸展在盆中。上盆后应立即浇水，以后视盆土干湿情况，不干不浇，浇则浇透。

五、花期调控技术

牡丹的花期调控主要是通过低温解除休眠和应用外源激素调控。解除深休眠的低温周期在 0~5℃ 下经过 30~50 d 即可完成，具体低温值和低温周期因品种而异，一般情况下经冬天的低温时期都可以满足此要求。洛阳红、肉芙蓉冷藏 28 d 最好，胡红冷藏 35 d 最好，银红巧对、乌龙捧盛、大棕紫冷藏 42 d 最好。

外源激素对解除休眠有一定的辅助作用。催花实践中，赤霉素的应用最为广泛。对休眠程度深、低温作用不完全的花芽，可用 200 mg·L^{-1} 赤霉素处理 3~4 次，有效率在 90% 以上。

北方日光温室内人工升温催花，可使牡丹在冬季萌动、生长、开花。栽培要点如下：上盆时间应在温度、阳光、水分适宜的条件下，提前 45 d 完成。温室白天温度控制在 10~14℃，晚上 6~8℃，1 周后，白天温度可升至 14~16℃，夜间 10~12℃，保持此温度 15 d 后可以显蕾。喷水要减少，轻洒 1~2 次即可。牡丹现蕾之后，进入正常生长阶段，白天温度要升高到 16~18℃，夜间 12~14℃，20 d 可进入幼蕾期。因此时幼蕾嫩弱，抗逆力较差，室内温度要保持稳定。28 d 后即进入展叶期。白天温度应升至 18~20℃，夜间为 14~16℃，根据温室环境开天窗通风炼苗。需要 2~3 d 浇 1 次透水，喷洒叶面肥。35 d 后花蕾进入平蕾期，此时花蕾的抗逆能力增强，温度升降不大不会影响成花率。可根据预定的花期，灵活掌握室内温度的高低。温室内湿度大，应结合喷洒叶面肥施用50%的多菌灵可湿性粉剂500倍液防治茎腐病等病害。42 d后，花蕾进入绽口期，2~3 d后可以开放。牡丹为长日照植物，当阴天光照不足时可应用人工照明补光。初开期已有部分植株开花，为延长花期，可将植株置于阴凉处，每天喷水1次，注意水不要喷在叶片上，以防导致霉烂。

为了延长花期，增强花朵光泽，催花牡丹开花期间应适当采取遮阴措施，避免阳光暴晒，开花后要适当降低温度，保持在10~15℃为好，这样牡丹花能盛开10 d以上，可大幅提高牡丹的观赏性。

六、采收与储藏

适时采收，可使切花保持较长时间的新鲜。切花牡丹一般于花蕾透色后，在花蕾外瓣微张时采摘，这样花色正常，也有利于储藏和运输。具体采收时间是每天早晨露水干之前，采后立即放入盛水的容器中。及时剪去下部多余的复叶，根据客户的要求分级、分类绑扎、包装。

牡丹花储藏在温度2~3℃、空气相对湿度90%~95%、空气流速0.3~0.5 m·s⁻¹的条件下，鲜切花分层竖放在花架上，每层留有一定距离以利于空气流通，鲜切花温度与冷藏室温度处于平稳状态，效果良好。冷藏30 d花蕾可正常开放。牡丹花保鲜若采用气调加冷藏的方式，可以延长保鲜期和增加保鲜效果，这是牡丹产业化生产和走向国际市场的有力保障。

另外，盆栽牡丹花花株在尚未发芽前放入处理库，经1个多月后恢复自然条件，可使牡丹花推迟1~2月开放。

第三节
月季栽培技术

　　月季别名月月红、四季花、胜春、斗雪红等，为蔷薇科蔷薇属多年生木本花卉，被称为花中皇后。通常为常绿或半常绿低矮灌木，可四季开花，常作观赏植物或者药用植物栽培，红色月季更成为爱情诗歌的主题。月季花大型，有香气，广泛用于园艺栽培和切花生产。主要有切花月季、食用月季、藤本月季和地被月季等类型。原产于贵州、湖北以及四川等地，现遍布世界各地，广为栽培。如图7-33、图7-34所示。

图7-33　日光温室月季栽培

图 7-34　日光温室藤本月季栽培

一、主要生物学特性

（一）形态特征

1. 根　月季根系的形态与繁殖方式有密切关系，实生苗具有明显的主根和强壮的侧根；扦插繁殖的苗木，仅有侧根，没有主根，而且侧根数量较少，生活力相对较差。

2. 茎　常绿或半常绿灌木，直立或攀缘。初生茎紫红色，嫩茎绿色，老茎灰褐色；茎常有钩状皮刺，刺的疏密因品种而异。

月季植株可分为直立形、半直立形和开张形 3 类。茎初生时为紫红色，叶片展开时茎变为绿色，当年生的茎为青绿色，枝条光滑并富有光泽，老茎则呈灰褐色，光泽消失，枝条变粗糙。茎上生有尖而挺的皮刺，皮刺的疏密程度因品种而异，现在有许多切花月季品种几乎没有刺。主枝上长出的带花蕾枝条称为着花枝，也称为切花枝；只有叶片而无花蕾的枝条，称为营养枝，又称为封顶枝。

3. 叶　多数月季品种叶片初展时为紫红色，然后变为墨绿色，叶面有光泽。叶互生，多数为奇数羽状复叶，小叶一般3~7片，宽卵形（椭圆）或卵状长圆形，先端渐尖，具尖齿，叶缘有锯齿，两面无毛，多数品种叶面平滑有光泽。托叶与叶柄合生，全缘或具腺齿，顶端分离为耳状。

　　4.花　月季花生于茎顶，单生或丛生。根据花瓣数多少，月季可分为单瓣（5瓣）、复瓣（5~15瓣）、重瓣（20~30瓣）及完全重瓣（30瓣以上）月季，花多数重瓣。根据花朵开放时的形状，可分为平瓣形、球状形、杯状形、莲座状形、高心状形、四心莲座状形、壶状形和绒球形等。月季花色彩丰富，有红、黄、白、蓝、紫、绿、橙、茶、黑和中间色以及复色，有的品种具芳香，深受人们的喜爱。如图7-35所示。

图7-35　月季的花

5.果实　月季的果实呈球形或梨形,成熟前为绿色,成熟果实为橘红色。内含骨质瘦果 5~14 粒。

在杂种香水月季中,切花月季应选择具备以下特点的品种:花茎长、质地硬,花形优美,花色明快,耐水插,叶片平整、有光泽;发芽力强,耐修剪,产花量高,茎干刺较少;具有较强抗病虫害能力以及抗逆能力。目前最受欢迎的是红色系品种。

玫瑰、月季和蔷薇都是蔷薇科蔷薇属植物。人们习惯把花朵直径大、单生的品种称为月季,小朵丛生的称为蔷薇,可提炼香精的称玫瑰(表 7-3)。正式登记的品种,有 3 万种左右。

表 7-3　月季、蔷薇和玫瑰的形态区别

指　标	月　季	蔷　薇	玫　瑰
叶片	小叶3~7枚,叶面光滑	小叶5~7枚,叶面光滑	小叶5~9枚,叶脉凹下,叶面有皱
花朵	花径5 cm,单花或3~5朵簇生	花径2~4 cm,花序有花5~10朵	花径6~8 cm,单花或2~3朵簇生
花期	四季	一季,5~6月	一季,6~7月,香味浓
植株性状	枝干绿色,皮刺,半常绿灌木	枝干绿色,皮刺,落叶攀援灌木	枝干灰色,密生直刺,落叶丛生灌木

（二）生物学特性

1.对环境条件的基本要求

1）温度　喜温暖,最适宜生育温度白天为 20~27℃,夜间为 15~22℃。冬季气温低于 5℃即进入休眠或半休眠状态,有的品种能耐 -15℃ 的低温和耐 35℃ 的高温,但夏季温度持续 30℃ 以上时,即进入半休眠,植株生长不良,虽也能孕蕾,但花小瓣少,色泽暗淡无光,失去观赏价值。

2）光照　需日照充足、空气流通、排水性较好而避风的环境,盛夏需适当遮阴。喜欢阳光,但强光直射对花蕾发育不利,花瓣容易焦枯。

3）土壤水分　月季喜水,在整个生活期中都不能失水,尤其从萌芽到放叶、开花阶段,应充分供水,花期水分需要较多,土壤应经常保持湿润,保证花朵肥大、鲜艳。进入休眠期后要适当控水防止过多。

4）空气相对湿度　空气相对湿度以 75%~80% 为宜,但稍干、稍湿也可。需要保持空气流通,无污染,若通气不良易发生白粉病,空气中的有害气体，如二氧化硫、氯、氟化物等均对月季花有毒害。

5）土壤和营养元素　月季对土壤要求虽不甚严，但以疏松、肥沃、富含有机质、微酸性的壤土较为适宜。由于月季生长期不断发芽、抽梢、孕蕾、开花，必须及时、多次施肥，防止树势衰退，保证周年开花。

2. 月季的花芽分化　月季的花芽分化主要受枝条的营养状态和气温的影响。枝条营养充分，生长势强，有利于花芽分化；枝条营养不良，长势柔弱者往往不能分化花芽。花芽分化的适宜温度为 16~25℃。夜温不同，新梢花芽分化得早晚不同，气温过高或者过低容易形成盲花枝。

由于摘心、剪枝或者采花等作业，打破顶端优势之后，其下位的腋芽才能开始萌芽伸长。这些侧枝在适宜的温度条件下也可以直接分化花芽。月季的花芽分化在枝条伸长后不久就开始，有些品种在枝条为 1 cm 长时就开始花芽分化，部分品种在 4~5 cm 长时才开始分化花芽。从时间上看，一般在萌芽 2 周内开始花芽分化，4 周左右完成整个花芽分化过程。

二、常见品种

月季花种类主要有大花香水月季、丰花月季（聚花月季）、微型月季、树状月季、壮花月季、灌木月季、藤本月季、地被月季等。

大花香水月季品种众多，是现代月季的主体部分。其特征是植株健壮，单朵或群花，花朵大，花形高雅优美，花色众多、鲜艳明快，具有芳香气味，观赏性强，常见栽培品种按照花色分类可以分为以下 9 种。

1. 白色品种　廷沃尔特、肯尼迪、婚礼白、第一白、白缎、绿云、坦尼克、白圣诞、白葡萄酒等。

2. 黄色品种　金凤凰、俄州黄金、金奖章、莱茵黄金、金牌、索力多、绿野、坎特公主等。

3. 红色品种　绯扇、明星、梅郎口红、卡托尔纸牌、翰钱、月季中心、布达议员、香魔、奥运会、香云等。

4. 黑红色品种　林肯先生（10 个最香的月季品种之一，大花香水月季品种，月季评选标准花）、武士、大紫光、黑旋风、斑粝岩、黑珍珠、朱墨双辉等。

5. 绿色品种　绿星、绿萼。

6. 橙色品种　杰斯塔、乔伊、坤特利、金牛、玛希娜、大奖章等。

7. 粉色品种　粉扇、粉和平、一流小姐、日粉、醉香酒、查克红、唐红等。

8. 复色品种　和平、火和平、芝加哥和平、红双喜、希腊之乡、梅郎随想曲、爱、我的选择、和平之光等。

三、繁殖技术

切花月季可以用扦插、嫁接、播种、组织培养等方法进行繁殖。目前设施生产中基本采用嫁接苗。扦插繁殖是传统常用方法，简单实用，但成活受环境条件影响大，长势较慢，植株形式较单一，根系发育较弱，抗病性差，植株寿命较短。嫁接苗的砧木是野生蔷薇，不但具有较强的生长势，根系发达、健壮，而且还具有较强的抗病和抗虫能力。

（一）扦插繁殖

扦插分为嫩枝扦插和硬枝扦插。嫩枝扦插又叫软枝扦插，它是利用半木质化的绿色枝条作插穗进行扦插育苗，而硬枝扦插则选用一二年生落叶、苗壮、无病虫害的枝条，一般硬枝扦插的成功率要稍次于嫩枝扦插。应用全光照喷雾扦插法在日光温室内进行，多选择春、秋、冬季操作。春插一般从 4 月下旬开始，5 月底结束，此时气候温暖，空气相对湿度较高，插后 25 d 左右即能生根，成活率较高；秋插从 8 月下旬开始，到 10 月底结束，此时气温仍较高，但昼夜温差较大，故生根期要比春插延长 10~15 d，成活率也较高；也可进行冬插，这能充分利用冬季修剪下的硬枝条，在日光温室中培育，成活率很高。从优良品种的中幼龄母树上选择粗壮、饱满、生长势强、无病虫害的一二年生春梢或当年生秋梢作插穗。用 500~1 000 mg·L^{-1} 吲哚丁酸或 500 mg·L^{-1} 吲哚乙酸快浸插穗下端，有促进生根的效果。扦插时尽可能做到随剪枝、随处理、随扦插，保护好插条的皮层和基部组织。一般先用小木棒在插床上插出一个小洞，再将插穗放入洞内。扦插深度为插条长度的 1/2~2/3，株行距为 10 cm×15 cm。插后用手将土压实，浇 1 次透水，使插穗与基质紧密结合。如图 7-36、7-37 所示。

图 7-36　月季插穗

图 7-37　月季扦插

可通过加盖塑料拱棚和遮阳网调节温、湿度。塑料棚可调节土壤和空气的温度和湿度，遮阳网可防止阳光直射，降低温度。月季生根的最佳温度为 20~25℃，温度过高时，除覆盖遮阳网外，还可浇水降温和通风降温。扦插前期，插穗尚未萌发叶片，供水不宜太多，一般 7~10 d 浇 1 次即可。1 个月后，穗条开始生根、抽梢，耗水量逐渐增大，应 3~5 d 浇水 1 次。浇水量应依土壤湿度和空气相对湿度来定，做到土壤干、湿适度。扦插后最佳的水分条件是：苗床的土壤湿度保持在 80% 左右，空气相对湿度为 80%~90%。湿度过大，可控制浇水量和加强通风；湿度过小，可增加浇水量和喷雾次数。

（二）嫁接繁殖

优质嫁接苗生长快、成株早、产量高。与扦插相比，嫁接可将开花时间提前，大部分嫁接株通常需 40~45 d 开花。目前国内常用的砧木有野蔷薇、粉团蔷薇、白团蔷薇或十姐妹等。

1. 芽接　芽接的接穗可以使用开花后的枝条，除掉枝条的叶片和针刺，充分吸水。首先从接穗上切下腋芽，取芽时一刀连芽带皮切下，长度为 2~3 cm, 深度达到木质部表层。然后在砧木的基部用刀割个 "T" 字形，并将树皮剥开将接芽插入，将接芽上部的多余部分切掉，让接芽正好插入 "T" 字形切口。用 1 cm 左右宽的薄塑料带或者橡胶带将切口全部包捆起来。最后切掉砧木上部的主枝和侧枝。在春季嫁接时成活后会马上发芽，秋季嫁接时，即使已经成活，最好不使其发芽，12月中旬以后将嫁接苗挖出假植在无加温温室内，在定植前再加温促使其萌芽生长。

2. 切接　切接是月季最常用的嫁接方法之一,而且切接的方式很多，包括休眠枝切接和绿枝切接。

1) 休眠枝切接法　利用刚刚打破休眠但还没有萌芽的枝条作为接穗。接穗最好具有 2 个腋芽，先用锋利的枝接刀将接穗修成两面锐利的切面，切面长约 2 cm，然后将砧木在基部以上 4~5 cm 的茎杆部切断，用枝接刀在砧木横断面的侧面带有少量木质部垂直切下，切口长 2 cm 左右，马上将接穗插入切口，使接穗的表皮与砧木的表皮对齐接触，并用塑料带或塑料薄膜将切口与接穗严密包扎起来。在温暖地区，一般在 2 月下旬嫁接，然后可以马上定植在日光温室内，并且加设小棚覆盖。密闭遮光一段时间后，就可以成活萌芽。这种嫁接方法不需要假植等作业，可以节省育苗箱和基质等生产资料。不需要加温，就可以生产出廉价的月季苗。

2) 绿枝切接法　利用生长发育中的枝条作为接穗，用蔷薇作砧木进行切接。采用绿枝嫁接时，需要事先准备好砧木，只要将砧木冷藏起来，一年四季任何时候都能够进行绿枝嫁接。采用绿枝切接法，植株的生长发育速度非常快，如果在 4~6 月嫁接, 25~30 d 后就能够定植。采取绿枝嫁接的最大优点是，引进的新品种可以立即通过嫁接得到繁殖。

四、栽培技术要点

（一）栽培方式

月季生产主要分为垄式栽培、培养槽式栽培、无土栽培以及盆栽等。

1. 垄式栽培　即利用土壤就地起垄成床进行栽培的生产方式。在定植之前首先要进行土壤消毒，施入土壤改良材料，进行施肥管理等。一般根据设施的走向、宽幅、长度等设置栽培床的宽度和数量，但为了使植株受光量均一，栽培床最好设南北走向。如图7-38所示。

图7-38　月季垄式栽培

2. 培养槽式栽培　即利用木板或者混凝土等做成栽培槽，与土壤隔离，内装配置好的栽培土壤，进行切花生产的栽培方式。一般培养槽宽75 cm，深度为30 cm。如图7-39所示。

3. 无土栽培　无土基质可选择蛭石、陶粒、珍珠岩等的混合基质。岩棉是过去月季切花生产的主要无土基质，对生长较快的月季品种不适合。此外，岩棉无法分解，再利用程度低，易造成环境污染。选用陶粒、蛭石等可随时更换基质，月季根系在其中生长一段时间后，可

图 7-39　月季槽式栽培

以取出来冲洗，除去盐分，同时进行根系修剪，促进新根生长并形成紧凑型根系。泥炭与沙的混合物，以及锯末、刨花等均为上品基质。

4.盆栽　月季栽培的主要方式之一，可进行土壤栽培或者无土基质栽培。

（二）盆栽技术

1.上盆　用粗沙或水培的小苗以及地栽裸根苗上盆，宜用素沙壤土栽植一段时间，待根系生长壮实再用加肥培养土并垫上基肥倒大一号盆栽培。用培养土扦插的小苗或地栽带土坨的小盆，可用普通培养土栽植上盆时，新盆先用水泡透，旧盆洗刷干净，根据盆大小分别在盆底垫 1~3 cm 厚粗沙作排水层。然后比照棵子大小填一部分土。裸根上盆的，盆中心堆成小丘，左手把植株放正扶直，右手填土，随填土随向上轻提苗，使根条呈45°下垂。栽好后把土蹾实，根丛带土上盆的也要把根须理顺植株栽正。小苗上盆一般不拘时间，培育成活即应及时上盆以防徒长变弱。地栽大棵上盆必须在入冬落叶之后或早春发芽之前的休眠期进行，否则影响正常生长发育，树势减弱，需要很长时间才能复壮。上盆时用土要求湿润松散，上盆后暂不浇透水，注意遮阴避风，这样不仅可促进断根迅速愈合，而且可以复壮植株。

2. 倒盆　根据植株生长态势和发展的需要，把植株从小盆整坨脱出，栽到大盆中。倒盆一般不拘时间，如春季上2号盆栽的小苗，生长旺盛的，到7~8月又可倒到9号筒盆。植株再大的还可倒到更大一号的花盆栽植，脱盆时用右手食指和中指挟住植株茎部，手掌紧贴土面，左手托住盆底翻过盆来。小苗用手轻捶盆边，大盆的双手托盆在硬处轻磕盆沿，即可整坨脱出植株。原盆土事先应浇好水，脱盆时不可过干过湿，倒盆用培养土栽植，先把整坨表层土及下部排水层去掉，再把根坨外围盘绕的须根稍加疏开理顺，轻手操作不可散坨，随即放在盆中，加入20~60 g蹄片作基肥，填土蹾实倒盆后即可继续正常养护。

3. 换盆　盆栽2年已生长成形的各类月季为保持植株生长旺盛，株姿匀称，每年落叶之后发芽之前结合修剪，更换盆土，加施基肥。换盆一般仍用原规格的花盆，不再加大号码。冬季入土窖中封闭保存的，整坨脱盆后，先把根坨表层及底部排水层去掉，再把根坨外围盘绕过密的须根剪掉，注意检查剔除朽根及根瘤，保留护根土不可散坨，取消的旧盆土不超过1/2，然后入冷窖假植，翌年春用新土盆栽。冬季放在冷室或薄膜阳畦内的，可换新土栽入原盆，操作要点与倒盆相同。换盆后浇1次透水，即可入日光温室内养护。

4. 管理　管理可以概括为10条四字诀："盆土疏松，盆径适当，干湿适中，薄肥勤肥，摘花修枝，防治病虫，常放室外，松土除草，剥除砧芽，每年翻盆。"定植后的浇水原则应掌握见干见湿，旺盛生长期应给予充足的水分，尤其花期前，要略加浇水次数，使花朵不易凋谢，气候太干可适当喷水。施肥除了基肥外，要定期结合浇水追肥。通风良好，利用日光温室生产月季切花，通风极为重要，尤其在室内温度过高时要及时通风，这样可以降低温度和湿度，减少白粉病等病害的发生。月季花喜光照充足,但在夏季烈日下因光照强度太强应适当遮阴,冬季室内光照不足,因此应采取补光措施。

5.修剪　盆栽月季的关键技术是做好花期修剪。花期修剪的目的,是使营养集中,减少不必要养分消耗。既是为了开好本茬花,又要促进生长健壮的新梢,开好下茬花。因而,在修剪中要注意的重点是"花前抹芽,花后截枝"。花前抹芽,盆栽月季不能留芽过多,一般以修剪后的枝条,开始每个枝条上留 2~3 个芽,待新芽长到 3~4 cm 长时,一般枝条选留 1 个花芽,粗壮的枝条也可多留 1~2 个芽,以使营养集中,促使本茬花开得又大又艳。而且整盆月季也只能留 4~6 个花芽,并且还要分布均匀,其余的新芽一律抹除。花后截枝,当每开完一茬花之后,应及时将花枝从基部的 3~5 片叶处短截,剪的部位要注意向外伸展的叶芽约 1 cm 处,同时还要剪除病枝、枯枝、侧枝、内向枝。盆栽月季入冬后要进行重剪,翌年春季气温回升时就会萌发新芽,当新芽生长至 4~5 cm 时,根据花盆大小,每盆保持成形 3~5 个新枝条,其余新芽全部除去,让这些枝条健壮生长开花。

(三)切花月季栽培

要根据市场需求而选好品种,通常都以杂种香水月季的品种为主,在栽培技术上主要抓住下列环节。

1.定植　栽植地要地势高爽、通风良好,种前要深翻,施足基肥。定植的时间根据苗龄而定。定植株行距,以 8 m 宽的日光温室为例,做 2 m 宽的畦 4 条,每畦种 2 行,行距 50 cm,株距 20 cm。

2.整枝修剪　修剪可以决定产花日期、单株出花数量和出花等级。一般当幼苗长出新梢并在顶端形成花蕾时,保留下部 5 片叶进行摘心,促进侧芽萌发生枝,这样经过反复多次摘心处理后,下部枝条会发育成强壮枝条,形成开花母枝。开花母枝多生长健壮、发育充实,中部腋芽圆形饱满,而枝条顶端和基部腋芽呈尖形,尖形芽发育的花枝短且花小,剪去顶端有尖形芽的枝段,由圆形芽发育的花枝长且花大色艳。夏季修剪主要作用是降低植株高度,促发新的开花母枝;冬季在休眠期进行 1 次重剪,目的是使月季植株保持一定的高度。一般杂种香水月季品种全年控制在每株 18~25 枝的产量。花后要及时除去病枝、弱枝、退化枝，适当调整植株高度。萌芽初期要疏芽，及时摘去花枝上的侧芽和副蕾，勿使营养分散。

3. 切花月季捻枝栽培　捻枝也称为变形摘心，在日光温室切花月季栽培中，运用捻枝栽培技术，可促进萌发基部健壮侧枝或者地生芽，所产切花质优量大，供应期长，比传统剪枝技术增收 20% 以上，技术要点如下。

1）品种选择　选择植株直立，长势强健，花枝粗壮、硬挺，长形高心卷边，花开放进程慢，耐插，切枝长 70~80 cm 以上的一年生嫁接苗为宜。

2）整地做畦　切花月季一次定植，多年采花，在整地时要施足基肥。栽前深翻土地 30 cm 以上，挖 60 cm×60 cm 的丰产沟，沟为南北向，亩施腐熟鸡粪 10 m³ 以上，磷酸二铵 50 kg，耙细整平，并做成高 15 cm 的小高畦，畦面宽 60 cm，畦底宽 80 cm。

3）定植　3 月中旬定植，定植前用 50% 多菌灵可湿性粉剂 500 倍液浸泡根部 15 min，以杀灭表面病菌。采用大小行栽植，每畦栽 2 行，株距 25 cm，行距 30 cm，每亩植 3 500~4 000 株。

4）田间管理　定植后浇 1 遍透水，生长期适时浇水，在生长季节一般追肥 3 次，肥料为磷酸二铵、尿素，每次每亩施肥量为 8~10 kg，每隔 20 d 左右叶面喷施 0.2% 磷酸二氢钾 1 次，以确保切花质量。

5）摘心　月季苗定植 40 d 左右，当顶端花蕾如豆粒大时，进行摘心，促发基枝，以培养采花母枝。

6）捻枝　在准备采收切花前 50~60 d，将枝条向一个方向轻轻掰弯倾倒，并用细绳顺势绑在植株基部，防止折断枝条，通过弯枝强控，培养强健基枝。如图 7-40、图 7-41 所示。

7）抹除侧芽　当被弯的枝条上部长出侧芽时，进行抹除，以利下部基枝生长。

4. 水肥管理　切花月季喜肥、水，春、夏、秋三季，应隔天浇水，夏季高温，配合沟灌效果较好，冬天每 5 d 浇 1 次水。由于经常浇水，土壤易板结，应及时松土。施肥量，一般 180 m² 的温室，施用腐熟的干饼肥 40 kg 即可，营养生长期每月施尿素 5 kg，进入开花期要增施磷、钾肥，减少氮肥。连续栽种 3 年的土壤要增施微量元素。

图 7-40　月季捻枝

图 7-41　月季捻枝栽培

5. 冬季保温　栽培切花月季最佳温度为白天 25℃、夜间 15℃，但一般日光温室难以达到。如果晚间加温能维持在 10℃ 左右，亦能正常生长，但开花期推后，产量降低，可以应用钠灯增温。如图 7-42 所示。

图 7-42　日光温室切花月季栽培

五、花期调控技术

月季自然花期 5~11 月，开花连续不断，为了满足节假日、特殊时期的需要，盆栽月季和切花月季一定要控制好花期。合理修剪是月季花期控制的关键。

月季花枝上的芽有 3 种类型，枝条上部芽是尖的，发出的花枝短，有 6~9 叶，现蕾早，通常 15~18 d，花朵小；枝条中部芽为圆形，发出的花枝长，有 13~16 叶，现蕾时间较长，通常 5 d 左右，花朵大；枝条基部芽眼是平的，芽活性低，发枝慢，易发徒长枝，花枝现蕾时间更长，通常 30 d 以上。了解花芽的习性，适时地在用花前进行修剪，才能准确地做好花期控制。一般情况下,月季从新芽萌发到开花需要 45 d 左右。

要结合植株长势，进行科学的肥水管理。当植株修剪后，新一代芽不萌发时，用0.2%尿素每5~6d叶面喷肥1次，可促进新芽萌发；如植株生长快，新枝迅速生长，超出计划范围时，控制供水可延缓生长。控水过程中，以枝叶萎蔫后，及时喷水，1h内恢复为临界。水供应不足，植株则生长变慢。如新枝现蕾比计划晚，此时用0.2%的磷酸二氢钾每5~6d叶面喷肥1次，花蕾迅速生长。

如想延长月季花期可以在开花后及时剪去老花茎，要早剪，在盛花后就开始剪；另外在花芽分化期追施0.2%磷酸二氢钾液肥。

六、采收与储藏

切花月季通常为开花前1~2d就可采收。采切的时间还与品种有关，红色和粉红色品种一般在头两片花瓣开始展开、萼片处于反转位置时采收，黄色品种稍早于红色和粉红色品种，白色品种则稍晚于红色和粉红色品种。在晚春和夏季，又比秋季和早春早一些采切。花枝剪切时一般要有5个节间距或更长一些，剪下后让花枝吸透水，然后按花枝长度分级，每30枝扎成一束，上市出售。如图7-43所示。

采切后的月季如果不立即上市出售，可入库储藏。用于储藏的月季比正常采收早1~2d采切。储藏的温度为1~3℃，空气相对湿度为90%~95%，最好插入水中或保鲜液中进行湿藏。若需要储藏2周以上时，最好干藏在保湿容器中，温度保持在-0.5~0℃，空气相对湿度要求85%~95%。

近距离运输可以采用湿运，即将切花的茎基用湿棉球包扎或直接浸入盛有水或保鲜液的桶内；远距离运输可以采用薄膜保湿包装。干储的月季切花在运输前，宜再切除花枝基部1cm，并插入含糖的杀菌液中处理4~6h。

蕾期采切的花枝要催花，可于采切后置于500 mg·L^{-1}柠檬酸溶液中，在0~1℃冷藏条件下过夜。然后把花枝基部置于上述催花液中，在温度23~25℃、空气相对湿度80%、1 000~3 000 lx连续光照下处理6~7d，可达到出售要求。

图 7-43 月季切花

第四节
一品红栽培技术

　　一品红别名象牙红、猩猩木、圣诞红，为大戟科大戟属木本花卉。一品红为常绿或半常绿灌木，原产于中美洲墨西哥地区。现在世界各地均有栽培，它的自然花期在元旦前后，以其独特娇艳的色泽成为人们喜爱的室内装饰花卉，也是国际花卉市场重要的盆花之一。如图 7-44 所示。

图 7-44　市售一品红

一、主要生物学特性

（一）形态特征

1.茎　常绿灌木，高 50~300 cm，茎光滑，嫩枝绿色，老枝深褐色。茎叶含白色乳汁。

2.叶　单叶互生，卵状椭圆形，全缘或波状浅裂，有时呈提琴形，顶部叶片较窄，披针形；叶被有毛，叶质较薄，脉纹明显；顶端靠近花序之叶片呈苞片状，开花时朱红色，为主要观赏部位。

3.花　一品红的"花"由形似叶状、色彩鲜艳的苞片（变态叶）组成，真正的花则是苞片中间一群黄绿色的细碎小花，顶生杯状花序聚伞状排列，每一花序只有 1 枚雄蕊和 1 枚雌蕊，雄花具柄，无花被；雌花单生，位于总苞中央；自然花期 12 月至翌年 2 月。其下形成鲜红色的总苞片，呈叶片状，色泽艳丽，是观赏的主要部位。如图 7-45 所示。

图 7-45　一品红

4.果实　蒴果，果实9~10月成熟。

（二）生物学特性

1.对温度的基本要求　一品红的生长适温为20~30℃，4~9月为18~24℃，9月至翌年4月为13~16℃。冬季温度不低于10℃，以18℃左右为宜。不耐低温，低于10℃或高于32℃都会导致叶片卷曲发黄甚至脱叶。

2.对光照的基本要求　喜充足的光照，直射强光及光照不足均不利其生长。为典型的短日照植物，每天光照控制在12 h以内，促使花芽分化。如每天光照9 h，5周后苞片即可转红。

3.对水分的基本要求　一品红不耐干燥也不耐积水，表土1/3干了就应浇水。忌积水，保持盆土湿润即可。土壤过湿，容易引起根部腐烂、落叶等，一品红极易落叶，土壤过干或过湿都会引起落叶。栽培一品红空气相对湿度宜保持在60%~80%。

4.对土壤和营养元素的基本要求　一品红对土壤条件要求不严格，但以微酸性（pH 5.8~6.2）的肥沃沙壤土最好，粗粒成分要占30%左右，以保证良好的透气性和排水性。在生长过程中需肥量较大，4~9月生长旺季应每周施肥1次。上盆时施基肥，氮、磷、钾比例为5：3：4；营养生长期叶面喷肥或灌根，氮、磷、钾比例为2：1：2；生殖生长期灌根，氮、磷、钾比例为3：4：5。如能使用市场上出售的一品红专用肥，效果更佳。

二、常见品种

目前生产中一品红品种众多，苞片颜色各异（表7-4）。

表7-4　一品红常见品种特点

品种	苞片颜色	叶片颜色	短日期的温度要求（℃）	生长速度
金奖	亮红	深绿	16~18	一般
旗帜	鲜红	深绿	16~18	很快

续表

品种	苞片颜色	叶片颜色	短日期的温度要求（℃）	生长速度
福星	鲜红	绿色	18~20	快
中国红	鲜红	绿色	16~18	很快
毕加索	杏黄+碎红	深绿	16~18	一般
枫叶红	亮红	深绿	16~18	快
早熟欧洲之星	亮红	深绿	16~18	很快
金多利	黄色	绿色	18~20	很快
红粉	粉红	绿色	18~20	快
欧洲之星	亮红	深绿	16~18	很快
俏佳人	鲜红	绿色	18~20	很快
双喜	红黄双色	绿色	16~18	一般

三、繁殖技术

一品红繁殖以扦插为主。用硬枝、嫩枝均可扦插，但枝条过嫩，难以成活。一般多在 2~3 月选择健壮的一年生枝条，剪取长 8~12 cm 作插穗。为了避免汁液流出，剪后立即浸入水中或蘸草木灰，待插穗稍晾干后即可插入排水良好的土壤或粗沙中，土面留 2~3 个芽，保持湿润并稍遮阴。在 18~25℃温度下 2~3 周可生根，再经约 2 周可上盆种植或移植。小苗上盆后要给予充足的水分，置于半阴处 1 周左右，然后移至早、晚都能见到阳光的地方锻炼约半个月，再放到阳光充足处养护。

保持育苗床环境的湿度是扦插成活的关键，要求扦插后一品红的叶片不卷曲。采用人工喷水保湿，则每天需喷水 6~7 次，而且需外盖 50% 的遮阳网。可采用简易自动微喷和全光照下扦插的方式，在扦插早期喷水次数宜多，每天 10 次左右，长出新根后 1 天喷 1~2 次就足够，在这种方式下，可以保持苗床的湿度，而且由于是全光照下，植物光合作用强，生根快，一般 20 d 左右就可上盆，成苗率可达 95% 以上。

四、栽培技术要点

（一）上盆

栽培基质泥炭与珍珠岩为 7∶3，或选择透水性好的材料，调节保持在 pH 6 左右，基质用 50% 多菌灵可湿性粉剂 800 倍液消毒。定植后 7 d 左右开始施肥，氮∶磷∶钾为 20∶10∶10 的专用肥，浓度为 $50 \sim 100 \text{ mg} \cdot \text{L}^{-1}$，控制 EC 值在 $1.5 \sim 1.8 \text{ mS} \cdot \text{cm}^{-1}$，浇灌基质。切忌种植过深，以淋透水后盆土表面与苗的基质表面齐平为合适，种后立即灌一品红灌根药，用量以盆土全部浸润为宜。第二天上午再淋透 1 次清水。

（二）矮化整形

一品红茎生长直立，没有具开张度的枝条，植株较高，达 $1 \sim 2 \text{ m}$，若让其自然生长，则观赏价值较低。高度控制一直是一品红栽培中的突出问题。传统品种需要靠盘枝做弯来降低高度，其具体方法包括摘心、拉枝等。

1. 摘心　生长期视幼苗分枝及生长情况摘心 $1 \sim 2$ 次，促生侧枝。苗上盆后 15 d 左右打第一次顶，打顶的具体时间以打去上面的嫩芽后，下面仍留 $5 \sim 6$ 个节为宜，以后根据需要还可以打 2 次或 3 次顶。第一级侧枝各保留下部 $1 \sim 2$ 个芽，剪去上面部分。一般整株保留 $6 \sim 10$ 个芽即可，其他新芽全部抹去。以中间比较高的枝条确定整个打顶高度，然后打成中间略高、四周略低的馒头形。打顶后打去中间遮住侧芽的叶片，尽可能增加分枝数。

2. 拉枝　将枝条用细绳捆好，拉至与其着生部位齐平或略低的位置。最下面 $3 \sim 4$ 个侧枝要基本拉至同一水平上，其余侧枝均匀拉向各个方位，细弱枝分布在中央，强壮枝在周围，各枝盘曲方向一致。为防止枝条折断，通常做弯前要进行控水或于午后枝条水分较少时进行。拉枝盘扎于 $8 \sim 9$ 月，新梢每生长 $10 \sim 20 \text{ cm}$ 可拉枝做弯一次，直到苞片现色为止。

除了传统方法以外，一些新优品种可以通过控制温度和使用生长调节剂，使植株矮壮优美。常用的生长调节剂有矮壮素和多效唑，其中以用低浓度（$16 \sim 63 \text{ mg} \cdot \text{L}^{-1}$）的多效唑喷叶应用较为普遍。具体的浓度随夜晚的最低温度而变化。另外，适当降低昼夜温差也可减小茎的伸长速度，降低株高。

（三）日常管理

水肥管理，要使基质保持一定的湿润度，不能过干也不能长期处于过湿的状态。目前一品红都用无土基质代替土壤栽培，定期浇灌营养液。

盆栽一品红时为避免放置过密，当盆与盆之间叶片开始碰到一起时，需要及时拉疏。

（四）主要环境控制

1. 光照　光照强度、光质和光周期是一品红生产中必须要考虑的 3 个因子。

在温度适合时，营养生长季节需要光照强度为 4 万 ~6 万 lx。光照越强光合速率越高。虽然一品红喜光照，但夏天天气炎热时要适度遮光，建议用遮光率为 70% 的遮阳网，以减少光照强度、减少热胁迫。当日光温室温度超过 32℃ 时，应加大遮阴。南方撤掉遮阳网的时间宜在 10 月上旬，以免造成在花芽分化期温度过高而推迟开花的现象发生；北方宜在 9 月上旬撤掉遮阳网，以保证有充足的光照。

光质对于一品红开花和茎伸长很重要，红光对阻止花芽分化比蓝光更有效。因此，补光时一般选用白炽灯而不选用日光灯来保持植株的营养生长。从茎伸长来说，远红光与红光的比值大时，利于植物茎的抽长，不利于侧芽的分化。

一品红是典型的短日照植物。等侧芽长到一定长度后就转入短日照，以使其苞片转红。通常自然条件下日长 12 h 20 min 是临界点，日长短于这个临界点一品红就转入生殖生长开始花芽分化。由于我国地域辽阔，各地达到临界日的日期差异很大，但花芽分化时间的确定对制订生产计划有着重要意义。在种植一品红之前一定要弄清临界日的日期。要使一品红转入生殖生长必须持续一定的短日照条件。在自然光照条件下，从临界日开始到长成可出售的成花所需的时间称为短日感应时间。不同品种的短日感应时间有一定差异，一般在 8~10 周。根据短日感应时间可以推算出出售日期。即临界点日期 + 短日感应时间 = 出售日期。例如假设一个地区的临界日是 9 月 25 日左右，那么对于像德国富贵红的感应时间为 6.6~7 周的品种，出售日期为 11 月 10~13 日；而对感应时间为 10 周的品种，出售日期为 12 月 4 日前后。由于短日感应时间的重要性，一般在品种介绍中一定会给出该品种的感应时间。一品红的种植者可根据自己的需要及生产销售安排来选择品种。

2. 温度　温度是影响一品红生长及发育速率的主要因子。最适夜温为 16~21℃，最适日温为 20~30℃。温度低于 16℃ 生长发育很慢，若低于 13℃ 会使生长停滞，5℃ 就能出现冷害。当植株长期处于 35℃ 以上的高温时会逐渐死亡。夜温对花芽分化有极大的影响。夜温要维持在 24℃ 以下，超过 24℃ 会完全抑制花芽的分化，即使日长少于 12 h，植株仍继续进行营养生长。较热地区临界日的起计时间不仅要考虑临界日长，还要考虑夜温的因素。

3. 水质　高质量的水源是一品红成功栽培的重要因素。影响水质的因素主要有 EC 值、pH、碳酸盐、钠离子、钙离子等因子，另外硼、氟、硫、铁或其他溶盐含量过高时会妨碍一品红一些营养成分的吸收和生长，或使某些元素吸收过多而引起毒害。在北方，部分地区水源的 pH 甚至达到 9，碱化问题已严重地影响了花卉业的发展。当我们简单地用磷酸等来中和时，又会出现因某些元素的过量而使植物产生中毒的现象。南方的水质要注意铁、锰含量过高的问题。

4. 湿度　一品红不同生长阶段对湿度的要求不同，从移栽至打顶的阶段，此时由于刚从扦插环境转入盆栽环境湿度变化较大，需要增加湿度以使小苗适应新环境，从而能正常生长。在一天中最热的时段应不断喷雾以保持 80%~90% 的空气相对湿度；打顶至花芽形成的阶段，这一阶段应保持 70%~75% 的空气相对湿度，以利于一品红抽芽和正常生长；花芽形成至开花的阶段，此时应逐渐将空气相对湿度降至 70% 以下，以减少灰霉病的发生。在冬季，北方的温室白天的空气相对湿度经常低于 50%，应注意在 10 时左右喷湿地面以增加空气相对湿度，16 时左右开窗通风以降低空气相对湿度。

5. 基质　一品红的生长基质最重要的一点是必须洁净，能为根区的生长环境提供适宜的物理性状。现在大多数生长基质是以泥炭为主的混合基质，通常加入珍珠岩、蛭石、陶粒、木屑、树皮或沙当中的一种或几种物质来混合。要求既保湿，又能排水良好，一方面可溶性盐分相对较低；另一方面又有足够的离子交换能力来保留和供给植物生长所需的必要元素。

五、花期调控技术

（一）短日照处理

1. 国庆节开花的花期调节　要使一品红提早开花就要在自然条件是长日照的情况下制造人工短日照，即采用黑幕覆盖方法。为保证短日照效果，黑幕遮盖时间每日 14~15 h，即每日 17~18 时起，直到翌日 8 时左右为止。黑幕处理会增高夜温，所以特别要注意夜温不能超过 23℃，否则所有的努力都会白费。在夜温高于 21℃ 的地区，最好能在夜晚黑暗完全来临后，将黑幕打开，帮助散热，然后在日出之前再将黑幕盖上。只要确定夜长时数在 13h 以上，就不会影响花芽的分化发育。在南方，由于 7~9 月的夜温很难控制在 23℃ 以下，所以一般在南方不适宜生产在国庆节开花的一品红。在华中、华东、西南一带要生产在国庆节开花的一品红，夜间也需要开帘降温，生产成本就会相应提高。西北、华北、东北地区很适合生产在国庆节开花的一品红，需要注意的是，当夜温急剧下降到 13℃ 以下时，最好能进行加温。

2. 春节开花的花期调节　要想使一品红延至春节开花出售，就要通过夜晚加光延长日长的方式使植物维持营养生长。一般只要植株周围有 100 lx 左右的光照强度就能阻止花芽分化、发育。在长夜的中段，如 22 时到翌日凌晨 2 时进行加光效果很好，出售日期 - 感应时间 = 收灯日期。但需要注意的是加光之后，一些品种的感应时间会与在自然光的条件下有所不同。另外，低温会使苞片发育和转色变慢，而且不同品种之间苞片发育、转色变慢速度存在差异，这一点在计算出售日期时也要考虑到。在北方生产春节开花的一品红，冬季加温成本很高，一般不建议在北方生产。如要生产，夜温最好保证在 13℃ 以上。另外由于北方冬季太阳的总辐射较少，在阴天时最好白天能进行补光。通过黑幕处理或加光处理，只要注意夜温不超过 23℃ 就可以做到周年生产一品红成花。

3. 黑幕遮光期间注意事项

1）黑幕处理的时间　一品红品种不同，处理的时间也不同，一般来说，要提前 60~70 d 处理，若要在国庆节期间销售，则在 7 月 5~20 日就要开始处理，处理时苗的高度一般在 12~15 cm 为好，高度小于 10 cm 的，不宜处理。

2）温度调节　因为 7~9 月正值夏季，温度比较高，黑幕一盖，温度会骤升，处理不好时会造成植株徒长而使花期延迟，最好在温室内悬挂温度计，早期的温度控制在 23~28℃，中后期的温度控制在 19~22℃，若条件不允许，可通过通风设备或水帘来降低温度。

3）每日处理时间　黑幕处理时间不能太长，也不能太短，一般每日处理的时间控制在 3~4 h 为宜，操作的具体时间为 5~7 时和 17~19 时，因为这段时间的温度比较低，不会造成植株徒长。

4）水肥的管理　浇水要根据植株的生长情况、大小、基质的干湿程度、温度而定，最好每天早、晚各喷 1 次水。在肥料管理方面，10~15 d 灌 1 次花多多，每周喷 1 次叶面肥。实践证明，彼得之星的短日照处理时间为 45 d 左右；千禧生长势强，较耐高温，光周期短，暗处理时间只需 42 d。

（二）长日照处理

一品红进行长日照处理的情况有 2 种：一种是当年的扦插苗要留到第二年作母株时进行长日照处理；另一种是当年的扦插苗或母株要留到春节销售时进行长日照处理。长日照处理要注意进行长日照处理的时期。一般来说长日照处理结束后的 60~75 d 就可以销售，所以要清楚这一批货的出货时间，才可以制订长日照处理的计划，不同的品种，长日照处理的时间也不同。如在春节期间销售，要在 11 月 1 日以前就要增加日照时间，如彼得之星每年 8 月 26 日扦插的小苗，9 月 24 日就开始照灯，10 月 26 日摘心完毕，准备春节出货。那么，10 月底以前，以每天进行长日照处理 3 h 为宜，中期调至 3.5 h 为宜，后期调至 4 h。原因是随着时间的推移，白天一天比一天变短，故长日照处理应越来越长。

六、采收与储运

（一）采收

理想的盆栽一品红生长紧密，茎相对粗壮，枝条自由开张，叶片无病虫害、化学试剂伤害或其他失调，苞片颜色纯正，表现出本品种应有的大小和鲜艳的色彩、无机械损伤、持久性长，花序相对植株而言小且保留在植株上。一品红有株高限制，一盆优级的盆栽一品红，应具有茎干健壮，树条高度一致，树高不应超过容器的 2~2.5 倍。

一品红盆花适宜的上市阶段是小花初开期，此时苞片发育较充分。用于长途运输的可适当早采。若采收过早，移入室内后未展开的苞片将不会显现出亮丽的色泽。如果苞片已完全开展，色泽发暗，花芽已经完全盛开，将缩短货架期。

（二）储运

1. 包装　包装材料的选用与运输距离有关。短距离运输时，将植株用纸包装或套上塑料筒，然后装入特制的纸板箱中。与其他措施相比，套筒包装操作可以更有效地解决运输过程中因机械损伤而造成的偏向上性问题。不同种类的包装资材不会影响叶片偏上生长。

叶柄受到机械伤害是叶片发生偏上性的原因，而乙烯浓度与生长素浓度比率的重分配将加速叶片黄化和老化。植株储运时间过长或温度高于18℃，将会加重这些症状。一般而言，储运时间越长，叶片越难从垂叶的情形中恢复过来。大部分的植株在去除包装材料后，需置于 18~24℃在 24~48 h 才能恢复正常。若包装储运时间过长，植株可能需要更长的恢复时间，甚至再不能恢复叶片的向上性。在叶片恢复向上伸展的期间，有必要在植株间留适当的空间，应避免植株因摆放过紧而发生摩擦。不同化学试剂及套筒与否对盆栽植物的叶偏向上性和乙烯生成量影响不同。

2. 低温储藏　一品红储藏需要充足的光照和 10~12.8℃的温度。黑暗环境将引发一品红苞片扭曲、叶片黄化等症状。如果时间延长，叶和苞片会脱落，植株质量将不可逆地降低。在低于 10℃的环境下储藏的植株移到温暖环境时叶片将大量脱落，致使产品无法销售。在理想的温度和光照强度下套筒的植株可以储存48 h而不会产生不利影响。

3. 运输　由于一品红对于低温（13℃以下）非常敏感，所以在运输时维持适当的温度非常重要。如运输温度过低，苞片容易转变成青色或蓝色，最后变为白色；若温度太高，则容易导致未成熟叶片、苞片及花芽脱落。一品红植株运达后，应马上打开包装盒，移出每一植株，并去除所有的包装材料。检查基质湿润的程度，若水分不足应立即浇水。植株从包装容器移出后，应置于有足够光线的室内，温度维持在18~24℃。检查植株是否受到机械伤害、病害或虫害。避免植株接触乙烯气体。

第五节
杜鹃栽培技术

杜鹃别名杜鹃花、映山红等，是杜鹃花科杜鹃属植物，是举世公认的名贵观赏花卉之一，也是我国十大名花之一，誉称"花中西施"。杜鹃属全世界约有900种，分布于欧洲、亚洲和北美洲，主产于东亚和东南亚，其中我国有650余种，占全世界60%，特别集中于云南、西藏和四川三省区的横断山脉一带，是世界杜鹃花的发祥地和分布中心。如图7-46所示。

图7-46　杜鹃盆景

一、主要生物学特性

（一）形态特征

1. 根 杜鹃为浅根性植物，其根在土壤中一般分布较浅，且盘结成纤维根群，多垂直分布于距地表 10~20 cm 处。野生杜鹃主根不发达，侧根、须根较少；栽培的杜鹃，没有主根，侧根较多，须根特别发达，密集于表土 10~15 cm，并向四周水平方向伸展，根系细如发丝。

2. 茎 杜鹃在不同的生态环境中形成不同的形态特征，既有常绿乔木、小乔木、灌木，也有落叶灌木，其基本形态是常绿或落叶灌木，分枝多，枝细而直。

3. 叶 叶互生，长椭圆状卵形，先端尖，表面绿色，疏生硬毛。

4. 花 总状花序顶生，腋生或单生，漏斗状，花色丰富多彩，有紫、玫红、橘红、大红、粉白、淡绿及白色，还有复色的，如白底红边、半朵白半朵红色、白底与红底上具条纹等。如图 7-47 所示。

（二）生物学特性

1. 对温度的基本要求 杜鹃性喜凉爽、湿润、通风的半阴环境，既怕酷热又怕严寒，生长适温为 15~25℃，夏季气温超过 35℃，则新梢、新叶生长缓慢，处于半休眠状态。冬季栽培杜鹃要采取措施进行防寒，以保其安全越冬，越冬最低温度为 1~2℃。在观赏类的杜鹃中，西鹃抗寒力最弱，气温降至 0℃ 以下容易发生冻害，毛鹃类能忍 -5℃ 左右的低温。

2. 对光照的基本要求 杜鹃喜光，但不可暴晒，春、秋、冬三季要求光照充足。在烈日下嫩叶易灼伤，根部靠表土处易遭受干热伤害；通风不良，光照不足，高温多雨时易患病。

3. 对水分基本要求 杜鹃既喜欢湿润又害怕积水。杜鹃根系纤细幼嫩，容易在土壤中盘结成块状，排水不通畅，易引起积水烂根，导致植株死亡。湿度不足，又会使叶色失常、老化、脱叶等。杜鹃喜空气湿润的环境，以空气相对湿度 70%~90% 为宜。

4. 对土壤和营养元素的基本要求 杜鹃适合在 pH 4.0~6.0 的酸性土壤中生长，为典型的酸性植物。在碱性水土地区生长不良或不能生

图 7-47　杜鹃

长，表现为新生幼叶失绿，叶肉呈黄绿色，仅叶脉为绿色，严重时叶变小而薄，叶肉呈黄白色，叶尖出现棕褐色枯斑或焦尖，甚至枯落。杜鹃生长过程中要消耗大量的土壤养分，适合生长在土质疏松、通气透水良好、有机质含量高的土壤。忌大肥浓肥，在花期需要大量施肥。其中吸收量最大的是氮、磷、钾，有效的微量元素主要包括铁、锰、硼、铜、锌等。土壤中各营养元素被杜鹃吸收后，在植物体内以一定的比例存在，一些性质不稳定的元素如铁等必须以螯合态的形式为植物体所吸收。氮、钾在植物生长发育期消耗量很大，植物开花结实则要消耗大量的磷。

二、常见品种

我国杜鹃种类繁多，主要的天然原种有石岩杜鹃、白杜鹃、锦绣杜鹃、云锦杜鹃等。主要的园艺品种有夏鹃、西鹃、毛鹃、东鹃等，其中西鹃是栽培类型中花朵最美丽的。近几年来随着育种技术的提高，又涌现出了许多新品种，现代的很多商品性杂交种，都有我国杜鹃的血缘，一般大花型杜鹃称为比利时杜鹃或印度杜鹃，小花型杜鹃称为久留米杜鹃，中花型称为鲁塞福杜鹃。

常见栽培种有：

1. 红麒麟　树冠广卵形或伞形；树干弯曲；分枝角度中；叶椭圆形；深绿色；花半重瓣；花色淡粉色；花朵中型，花径8~9 cm，花瓣阔厚，内外瓣两三重，中心碎瓣凸起，花心丰满，瓣缘呈大波浪。花瓣浓红透紫色，花心色尤深。

2. 红天女　叶尖长微皱，有白色的细短茸毛。开花较迟，花期较短。花径9 cm左右，花瓣厚重，边缘皱边，花蕊密集。花紫红色，有浓郁而别致的暗光。

3. 粉天惠　叶呈卵形或卵圆形，色深绿，叶脉陷显。花瓣边缘嵌白，其内红色、喉部紫红色者，称花天惠；纯粉者称粉天惠，但二者又统称粉天惠。花多层瓣，形扩张，花冠大而硕重，形似牡丹。花径可达15 cm以上，有"杜鹃花王"之称。

4. **王冠**　别名皇冠。叶卵形，短尖，叶色、叶脉有别。叶常显草绿色，叶质稍薄，叶脉叶面光泽，叶尖微红又见淡绿。花瓣边缘镶嵌曲曲折折的红色带，宽 0.5~1 cm，喉部甚绿。

5. **绿牡丹**　叶卵形，短尖，质厚，叶脉清晰。花冠特大，多层瓣，外轮花瓣纯白，内轮花瓣下部呈明显豆绿色，越往基部绿色越深，喉部甚绿。花期 1 个月之上。

6. **极光**　又称八宝芙蓉。叶卵形，尖稍钝，质地厚而呈墨绿色，叶脉清晰。花两层瓣之上。半扩张型，似重瓣扶桑或木槿，花径 8 cm 之上。花色肉粉色，瓣中布洒深色条斑，是复色系中独有的佳品。

三、繁殖技术

杜鹃的繁殖方法较多，可播种、扦插、嫁接、压条繁殖等。此外，还可采用当年生的茎尖进行组织培养繁殖。常绿杜鹃多用播种，落叶杜鹃多用扦插、嫁接，其他品种采用最多的是扦插繁殖。

扦插繁殖既能保持母本的优良特性，又具有很高的繁殖系数，且扦插成活率较高，育苗成本低，被广泛采用。扦插多在芒种前后进行，选用新枝，长度为 5~10 cm，在分叉点上剪下，剥去下部叶子，留顶叶 3~4 片，将枝条的 1/3 插入土中，喷透水，盖上塑料薄膜。平时要加强管理，1 年后移栽。

扦插不易成活的品种常常进行嫁接繁殖。嫁接主要是劈接法，特别是在西鹃中应用最多，操作简单易行，成活率高，一株上可以嫁接数个品种，达到树形美观，花色多样。通常选用毛鹃作砧木，其适应性强，亲和力好。剪取长 3~4 cm 优良品种的西鹃枝条作插穗。去掉下部叶片，留顶部 3~4 片小叶，将基部用利刀削成楔形，将砧木枝顶端的新梢截断，并摘除该处叶片，从中心纵切 1 cm 深，将削好的插穗插入，使两个形成层对齐，用塑料绳绑扎好，最后用塑料袋将接穗和砧木一起罩住，保湿，放半阴处，忌直射阳光，若 1 周内不凋萎，证明有可能成活。50~60 d 拆去塑料袋，经常给叶喷水，即能保证成活。

四、栽培技术要点

杜鹃的园艺品种大部分既可地栽，又可盆栽，其中以西鹃最适合盆栽。盆栽杜鹃商品价值高，是进行日光温室栽培的首选品种。如图 7-48 所示。

图 7-48　盆栽杜鹃

（一）选盆

生产上选用营养钵，也可用硬塑料盆，美观大方，运输方便。杜鹃根系浅，扩张缓慢，栽培要尽量用小盆，以免浇水失控，不利生长。

（二）上盆

上盆一般在春季出温室时或秋季进温室时进行，盆底填粗粒土的排水层，上盆后放置荫棚下 7~10 d，再搬到适当位置。幼苗期换盆次数较多，每 1~2 年换 1 次；10 年后，可 3~5 年换 1 次；老株只要健壮，可多年不换。换盆时不动原土，换上大盆再加适量基质即可。

（三）环境控制

杜鹃的主要环境因子为温度、光照。冬季需在温室里培养，夏季在荫棚里养护。晴天温度升高，应加强通风降温，并且遮阳，盆栽杜鹃5~11月都要遮阳，春秋季用透光率为20%~30%的遮阳网，夏季用遮光率为70%的遮阳网，以达到降温增湿的目的。

基质的选择对杜鹃的生长发育至关重要。杜鹃对培养土要求较严，土壤条件对杜鹃的生长发育起着关键性的作用。培养土要求pH 4.5~6.0为宜，蓄排水性能好、营养元素齐全、腐殖质含量高。西南野生杜鹃分布地区多采用原始土壤（山地土壤）加少许锯末和有机肥的培养土，搅拌消毒后即可使用；南方多用黑山泥或红山泥，北方如丹东地区通常用落叶松腐殖土进行配制。庐山植物园用腐叶土混合青苔、河沙一起使用，效果不错。

（四）日常管理

1. 浇水 因为杜鹃的根系比较细弱，既怕涝，又怕旱，过干或过湿对植株生长都不利，因而要特别注意控制水量。如果在展叶期缺水，就会使杜鹃的叶色变黄，叶卷曲，如干旱严重，还导致植株枯死。若是开花时缺水，则花瓣软瘪，花朵下垂，花色不鲜艳，甚至花朵凋萎而死亡。所以必须根据天气晴雨、空气干湿、盆土含水量等情况酌情浇水。浇水的时间宜在早、晚，浇水原则是不干不浇，浇必浇透，严防浇半截水。春、秋两季是杜鹃的生长、开花、育蕾期，供水要适当多些，但花期不能浇得太多，太多会使花朵过早凋谢。浇水要适时适量，春、秋两季每隔2~3 d浇1次水。夏季萌发新枝，生长旺盛，消耗的水分也多，加之气温高，空气干燥，每天早、晚都需浇水。夏季炎热、空气干燥时可对花叶喷洒清水，盆栽杜鹃可在花盆周围喷水以保持空气相对湿度；多雨情况下，应停止浇水并及时排出盆中积水。入秋后气温虽有降低，但空气干燥，也要经常浇水使盆土保持湿润。冬季保持栽培土湿润。浇灌所用水，要注意水的质量。自来水静放1~2 d，投入0.15%的硫酸亚铁后，方可用于浇灌。花芽分化时，要适当控制水量，以促使花芽形成。

2. 施肥 施肥要掌握薄施勤施的方法，花后新枝生长期施肥浓度可稍高一些，但仍忌浓肥，以免伤根伤叶。因为杜鹃的根细而密，吸收肥液能力较差，如果施肥过浓或未充分腐熟，会造成烂根、叶片枯焦甚至死亡。为了使杜鹃正常生长发育，换盆后每隔半个月左右施1次稀薄的液肥，杜鹃花忌用粪水，喜天然有机肥，如腐熟的大豆饼肥、芝麻酱渣等都可作为主肥加以施用，促其发芽生长、增枝增叶。6 月下旬至 8 月中旬花芽开始分化时，要增施 1 次磷、钾肥，如磷酸二氢钾、骨粉、过磷酸钙等，以促进花芽分化；入秋后施 1~2 次以磷为主的肥料，以满足其生长和孕蕾的需要。如出现叶片黄化的生理病害，可用矾肥水代替一般液肥进行浇灌，以克服由于土壤碱性过大而影响铁等矿物质元素的吸收。也可以向盆中施硫酸亚铁或用 1%~2% 的硫酸亚铁水喷洒叶面，但效果均不如施用矾肥水好，现在用新型"固本复绿剂"结合有机肥一起施用，复绿效果更佳。肥前控水，肥后大水。施肥前要求土壤干燥，以使肥料扩散，施肥后翌日晨可大量浇水，使肥料充分渗透溶解。施肥的一般准则是：生长期施肥，休眠期不施肥；旺时施肥，病株不施肥；叶芽活动时施肥，停止活动时不施肥；肥料要求肥力缓和、肥效长。

3. 整形修剪　杜鹃在花凋谢以后，要结合换盆剪除密枝、残枝、枯枝、交叉枝、纤弱枝、徒长枝和病枝。在生长期内，对枝干上萌生的不必要的小枝应疏去。修剪时要注意需保留的枝条不进行短截，因为杜鹃花的叶片多簇生于枝顶，花后抽生一段新枝，并长出一簇新叶，老叶随即脱落，然后顶芽开始进行花芽分化。所以留下健壮的枝干非常重要，关系到翌年开花的数量。新枝萌发后可通过修剪、绑缚，使之逐渐成为有观赏价值的伞形、塔形或其他株形。如图 7-49、图 7-50 所示。

图 7-49　伞形盆栽杜鹃

图 7-50　孔雀形盆栽杜鹃

五、花期调控技术

（一）温度管理

杜鹃品种繁多，自然花期在 3~6 月，根据其生长发育情况可知，夏季新花蕾已经形成，但因温度太高而长不大，只有在气温逐渐降低时花蕾长大后才可见，气温太低又停滞生长。为了让其春节前后提前开花，将经过 2~3 个月低温休眠处理的杜鹃逐渐提高温度转到高温温室中（夜间 15℃，日温 25℃），进行打破休眠处理，增加光照时间，即每天日照时数在 4 h 以上，同时在枝干、叶片上进行喷雾，就可使之开花。在上海和桂林以南地区冬季自加温到开花需 45~50 d，花蕾见色后，移至低温处（不至于影响其正常生长的温度）可延长花期，不同品种开花所需时间不一样，但分批处理不同品种，则可使它在正常开花之前早开 2~3 个月。例如春鹃在桂林正常情况下开花时间在清明节前后，若要延迟开花，在上海地区试验，在花蕾未绽开前移至 2~4℃ 的冷库中培养，在冷库中通过人工给予弱光，每日 3~4 h，维持盆土潮湿，按需要将其放出室外，经精心管理，15~20 d 后仍能正常开花。

（二）光照管理

在盛花期利用遮光率为 70%~90% 的遮阳网进行遮光处理，可延长每朵花的观赏时间 1~3 d。

6 月初开始，对西洋杜鹃遮光 30%，可显著增加花蕾长度、宽度，花径和成花率，并使花期提前 10 d 左右。与遮光 60% 处理相比，遮光 80% 处理可使花期延迟 8 d 左右，且花蕾与花茎变小。在盛花期，适当遮光可延长单花观赏时间。

（三）浇水管理

开花期间浇水不要太多，见土面基本成粉状进行浇淋，切记不能把水直接喷洒到花及叶上，否则会缩短观赏期 3~5 d。西鹃一般于 7~8 月开始孕蕾，花蕾发育时间较长。冬季进入日光温室后，花蕾仍在发育，此时通过温度调控很容易将花期控制在元旦和春节。如日光温室温度维持在 15~20℃，20 d 左右即可开花；若要推迟花期可降低温度在 5~10℃，开花前再提高温度即可。

（四）延长花期

开花时宜放置于室内通风处，降低空气相对湿度，维持 8℃ 以上的室温，以延长花期，可开花 2 个月或更长时间。

六、采收与储运

（一）采收

上市时的杜鹃应株形端正、丰满、匀称，叶色鲜亮，无病虫害及机械伤害，部分花蕾初展。

（二）储运

杜鹃在采后各环节中易因叶片脱落而引起植株下部光秃。储运不当时易发生叶片黄化、花蕾脱落等症状。同时叶、花、茎等部位易受到机械伤害。杜鹃对冷热空气流动敏感，因此在储运时应避免温度波动。运输前用乙烯抑制剂处理可防止乙烯引起落花、落叶。杜鹃的储运温度为5~10℃，空气相对湿度为90%，在黑暗条件下最多能放置7 d。

第八章
日光温室兰科花卉生产

兰科花卉目前在国际观赏植物领域广泛应用。本章在概述了兰科花卉的定义及形态特点的基础上,介绍了蝴蝶兰、大花蕙兰和石斛兰的生物学特性、繁殖与栽培技术要点,同时简要介绍了花期调控技术及采收等。

第一节
兰科花卉的定义及形态特点

一、定义

兰科植物大概有 700~800 属、2.5 万 ~3 万个野生种，栽培历史悠久，品种众多，目前自然界中尚有许多观赏价值高、有待开发保护和利用的野生兰花。兰科花卉分布极广，除两极和沙漠外均有分布，其中 85% 集中分布在热带和亚热带地区。按照生态习性大体可将兰科花卉分为地生兰和附生兰两大类，还有少数腐生兰。按照品种来源，大体又可分为国兰和洋兰两大类。

（一）国兰

国兰即中国兰，通常指兰科花卉中一部分地生种。多年生常绿草本植物，与附生兰相比，国兰的假鳞茎较小，叶片较薄、线性，根肉质，花序直立，有花 1~10 朵，花小而芳香，有淡绿色至紫红色斑点。如图 8-1 所示。

（二）洋兰

洋兰是相对于国兰而言的，兴起于西方国家，为欧洲人喜爱的兰花，泛指国兰外的兰花。洋兰种类丰富，由于大多原产于热带，因而往往又被称为热带兰，但洋兰并非全部原产于热带，因此热带兰与洋兰的概念并不完全等同。洋兰常见的有卡特兰、蝴蝶兰、大花蕙兰、石斛兰、文心兰、兜兰和万代兰等。洋兰花朵硕大、花形奇特多姿，花期可达 3 个月左右，栽培基质一般不采用土壤，而选用树皮、苔藓等，很少发生病虫害，能够保持环境的卫生整洁，适合家居养护。如图 8-2 所示。

图 8-1　国兰

图 8-2　洋兰

二、形态特点

1.根　兰花的根是脆嫩的肉质根，无节，粗大，作用是吸收并储藏水分和养分，称为地生根。如虎头兰、石斛兰等具有气生根，它露在空气中生长，也能吸收养分和水分，固定保护兰株。气生根的绿色部分同样可以进行光合作用。

2.茎　兰茎称为假球茎（假鳞茎），俗称葫芦头，生长于地下或半露于地上，它能储藏养分、水分。茎上有节，节间很短，茎形状有圆形、椭圆形、扁圆形，茎上着生叶丛和花梗。

3.叶　每株兰叶少的2~4片，多的达10片以上。兰叶丛生成束，每束叫一株（简）。叶片革质，多为长带形或短阔状。叶姿分为直立、半直立、弯垂和扭曲等。叶背气孔分布最多，叶面气孔少，叶片不仅能进行光合作用，也能吸收养分。

4.花　兰花美丽有香气，一般两侧对称；花被片6，外轮3枚称萼片，有中萼片与侧萼片之分；中央花瓣常变态而成唇瓣。如图8-3所示。

图8-3　洋兰的花

兰的果实，俗称"兰苏"，属于开裂蒴果类，多为长圆形，老熟为黑褐色。种子多；不易吸水；胚发育不全。

第二节
蝴蝶兰栽培技术

蝴蝶兰别名蝶兰、蝴蝶花，为兰科蝴蝶兰属常绿草本植物，因花形似蝶而得名。其花姿优美，颜色华丽，为热带兰中的珍品，有"洋兰皇后"之美誉，深受人们喜爱。蝴蝶兰原产于我国台湾省以及菲律宾、印度尼西亚、泰国、马来西亚等地，原生种有70多种，属于热带气生兰，栽培较为容易。如图8-4所示。

图8-4　盛开的蝴蝶兰

一、主要生物学特性

（一）形态特征

1. 根　根簇生，肉质，圆柱形，具气生根，十分发达，表面白色或银色，根的前端则为半透明绿色、黄绿色或琥珀红色等。

蝴蝶兰是气生兰，根系十分发达。根可以吸收养分和水分以传送到茎、叶及花。根还可以吸收空气中的湿气。根中含叶绿素，见光后呈绿色，也可进行光合作用。生长健壮的根看上去鲜活有光泽。根的先端呈半透明的绿色或黄绿色，也有的呈琥珀红色，根尖为银白色。一般1年以上的老根，会慢慢变为黄褐色。根有粗细之分。品种遗传影响根的粗细。如图8-5所示。

图8-5　蝴蝶兰气生根

2. 茎 蝴蝶兰是属于单茎类的兰科植物。多年生常绿草本，株高50~80 cm。茎基部肥厚，花茎有节，但其茎节较短，长2~3 cm，被交互生长的叶基彼此紧包。茎起到支撑叶和花梗的作用。茎还是储存、输送养分的中转站。根吸收的水、矿物质及叶光合作用制造的养分会通过茎进行再分配。茎顶端分枝，花即由此长出，开10~30朵，当第一次开的花凋谢后，要将茎剪掉，如此可促使在秋季二度开花。

3. 叶 单叶基生、对生，带状，肥大，革质亮绿，先端钝圆，全缘，叶大，常排成2列，广椭圆形，长20~26 cm，宽8~10 cm，肉质，表面有蜡质光泽。基部鞘状，同时叶鞘成管状抱茎。如图8-6所示。

图 8-6 蝴蝶兰幼苗

叶色一般为绿色，有的呈红褐色或深绿色豹斑纹，具有较好的观赏价值。蝴蝶兰的叶子气孔均在下表皮。叶腋处有上、下2个叶芽，有时为3个叶芽。蝴蝶兰的叶具有良好的储水及保存养分的功能。叶子还可以直接吸收肥料及水分。蝴蝶兰叶色与花色有一定的相关性，可通过观看叶色估计花色。绿色叶片的蝴蝶兰，可能开浅色（淡色）或白色的花；红褐色叶片的蝴蝶兰，可能开红色花；带银灰色斑纹叶片的蝴蝶兰，可能开条纹花或斑点花。

4. 花　通常花茎自叶腋抽生，1 至数枚，弓形，有时分枝，长 70~80 cm。花序总状，每根花茎开花 9~15 朵，花有淡红紫色、黄色等，十分鲜艳，香味较淡。花两性，两侧对称，花瓣直径约 6 cm，花朵直径可达 10 cm 左右。花被片 6 片，排成两轮，外轮 3 片为萼片，呈花瓣状，离生；内轮 3 片，两侧的 2 片称花瓣，下部（或中央）的 1 片特别艳丽，结构相当复杂，称"唇瓣"。唇瓣分裂成上唇和下唇（前部与后部）。上唇上部有脊，基部有"囊"，"囊"内含有蜜腺。下唇由雄蕊和花柱合生成合蕊柱，花粉粒黏合成花粉块，花粉块基部有粘盘，着生在脊上部的前端。自然花期为头年 10 月至翌年 3 月。花期较长，多在早春开花，花期长达 2~4 个月。如图 8-7 所示。

图 8-7　蝴蝶兰的花

5. 果实和种子　蝴蝶兰的果实为蒴果，成熟即开裂，种子细小无胚乳，胚均处于未分化状态。自然发芽率很低，需要与兰菌共生才会发芽。但在适宜的培养基之下，蝴蝶兰种子不需要菌类或其他微生物的帮助就可以发芽。蝴蝶兰播种后，种子发芽的最适温度为 22~29℃，每天光照 12~18 h，光照强度为 2 000~3 000 lx，空气相对湿度为 60%~70%。

（二）生物学特性

1. 温度需求　蝴蝶兰原产于亚洲热带地区，常野生于热带高温、多湿的中低海拔山林中，因为喜高温、高湿、半阴而通风的环境，生长适温白天为 25~28℃，晚间为 18~20℃，当夏季 35℃以上高温或冬季15℃以下低温时，蝴蝶兰则停止生长，低于5℃根部停止吸水，形成生理性缺水,植株就会死亡。蝴蝶兰花芽分化不需高温,以16~18℃为宜。

2. 光照需求 光对蝴蝶兰的生长发育非常有利,苗期所需光照在8 000~1 万 lx,中期在 1 万 lx 左右,花期可达到 1.5 万 ~2 万 lx 或更高。因此,冬季充足的光照,可促使蝴蝶兰叶片生长健壮,花朵色彩鲜艳。但夏季长时间的强光直射,对叶片有灼伤,需用遮阳网进行遮光处理。

3. 对基质的要求 根系具较强耐旱性,要求富含腐殖质、排水良好、疏松透气、具有一定保湿能力的基质。

4. 对湿度的要求 蝴蝶兰喜高湿环境,空气相对湿度为 70%~80%。如空气相对湿度小,则叶面容易发生失水。

5. 对营养的要求 生长过程中要求全肥,花期注意钾肥、硼肥等的补充。

二、常见品种

常见栽培的蝴蝶兰品种分为红花系、黄色花系、白花系、白花红心系、条纹斑点系 5 个系列。又可分为大花型和小花型。以下介绍一些国内栽培中常见的品种。

1. 红花系列

1)大辣椒 株型较好,长势旺盛,肉质茎短,叶片互生,排列整齐,叶色翠绿,叶背绿色略带紫褐色,叶片宽厚、质硬,花梗长 80 cm,直径 0.55 cm,花序排序良好,长 26 cm,分化性佳,第一、第二朵花间距 4 cm,花形圆整,花色深粉,花径 12 cm,花期较长,生长速度快,不耐强光,对 pH、EC 值(基质中可溶性盐含量)要求较高,易感染灰霉病、菌核病和镰刀菌。对温度不敏感,需提前催花,每日 20℃ 以下低温处理 16~18 h,才能抽花梗,整个过程需要 55~60 d。如图 8-8 所示。

2)内山姑娘 株型较好,叶片长椭圆形,互生,排列整齐,叶色深绿,叶片边缘及叶背红褐色,叶片宽厚、质硬,有光泽,花序排序良好,花色深粉,唇瓣深红色,花径为 12 cm,叶间距 30 cm,喜高温、高湿,苗生长速度快,喜高湿,抽梗整齐,但花梗偏高,分化性能好,喜光,抗病性、抗寒性较强，易感染镰刀菌，催花较容易，18~20℃低温处理30 d 左右即可抽出花梗。如图 8-9 所示。

图 8-8　大辣椒

图 8-9　内山姑娘

3）中国红　株型较好，叶片长椭圆形、互生，叶色深绿，叶片边缘及叶背红褐色，叶片宽厚、质硬，花形圆整，花色黑红色，花序排列密集，唇瓣3裂、红色，中花型，花径7~8 cm，花朵数可达11~12朵，花梗长45 cm，抗病性、抗寒性较强，每日18~20℃低温处理12 h，30 d左右即可抽出花梗。如图8-10所示。

图8-10　中国红

4）大富贵　大红花，花径11.5 cm，叶幅小，生长速度快，喜强光和高湿，对pH和微量元素的要求高，易抽梗。冬天光照不足易掉苞。如图8-11所示。

图 8-11 大富贵

5）红龙 株型较好，肉质茎短，根系粗且少，叶片互生，长椭圆形，叶色深绿，叶片边缘及叶背紫褐色，叶片宽厚、质硬，叶间距40~50 cm，花梗长80 cm，直径0.42 cm，花序排序良好，长20 cm，第一、第二朵花间距3.5 cm，花红色，花径11.5~12 cm，唇瓣3裂、深红色，生长速度较慢，喜高温、高湿；易感染软腐病和镰刀菌；对温度不敏感，需提前催花，每日20℃以下低温处理14 h以上，40 d能抽出花梗。如图8-12所示。

6）满堂红 株型较好，叶片长椭圆形、互生，叶色深绿，叶片边缘及叶背红褐色，叶片宽厚、质硬，花形圆整，花色粉红带白边，花序排列密集，唇瓣3裂、红色，大花型，花径11.5 cm，花朵数可达11~12朵，花梗长50~55 cm，抗病性、抗寒性较强，每日18~20℃低温处理12 h，30 d左右即可抽出花梗。如图8-13所示。

图8-12 红龙　　　　　　　　　　　　　　　　　图8-13 满堂红

7）火鸟 株型较好，叶片长椭圆形，叶色深绿，叶片边缘紫褐色，叶背绿色略带紫褐色，叶片宽厚、质硬，花梗长69 cm，直径0.44 cm；花序排列整齐，长24 cm，第一、第二朵花间距3.2 cm，花红色（红白相映），花径9~10 cm，易感染软腐病和镰刀菌，湿度不宜过大，易烂根，对温度敏感，易抽花梗，每日18~20℃低温处理12 h，30 d左右即可抽出花梗，为目前市场畅销品种。如图8-14所示。

8）光芒四射　株型较好，叶片长椭圆形，叶色深绿，叶片边缘及叶背红褐色，叶片宽厚、质硬，叶间距 40～50 cm，花形圆整，红色花瓣边缘呈规则的闪电形花边，花序排列密集，唇瓣 3 裂、深红色，大花型，花径 11.5～12 cm，花朵数可达 16～20 朵，开花整齐，花期长，苗期生长缓慢，分化性能好，喜弱光照，湿度不宜过大，对 EC 值和 pH 相当敏感；抗病性、抗寒性稍弱，催花较容易，每日 18～20℃低温处理 12 h，30 d 左右即可抽出花梗。因其花形独特，花期长，近两年来成为年销花卉最畅销的品种。如图 8-15 所示。

图 8-14　火鸟

图 8-15　光芒四射

9）双龙　大深红花，花径 11.5 cm，喜欢强光、强肥，苗龄足两条梗都分化较好，需在不同时期调配 pH，着苞期光照不足易掉苞。如图 8-16 所示。

10）红宝石　大粉红花，花径 9～10 cm，整个生长周期不易染病，抽梗节位低，分化性能差，喜高湿。如图 8-17 所示。

11）超群九号　大粉红花，花径 12 cm，花序排列好，对温度敏感，易抽梗，不喜强光和高湿，易感染细菌角斑病和镰刀菌。如图 8-18 所示。

12）红蚂蚁　如图 8-19 所示。

13）女儿红　如图 8-20 所示。

14）红灯笼　如图 8-21 所示。

图 8-16　双龙

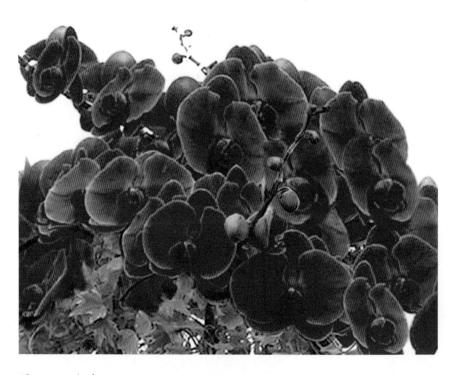

图 8-17　红宝石

图 8-18　超群九号

图 8-19　红蚂蚁

图 8-20　女儿红

图 8-21　红灯笼

15）祥发玫瑰　如图 8-22 所示。

图 8-22　祥发玫瑰

16）SH132　如图 8-23 所示。

图 8-23　SH132

17）SH147　如图 8-24 所示。

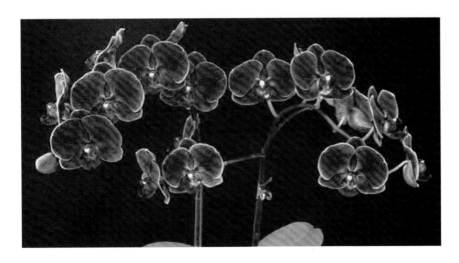

图 8-24　SH147

2. 黄花系列

1）富乐夕阳 株型较好，叶片长椭圆形、互生，叶色深绿，叶背红褐色，叶片宽厚、质硬，有光泽，叶间距 40 cm，花梗长 43 cm，直径 0.42 cm，花序排序良好，长 14 cm，第一、第二朵花间距 3.5 cm，黄花红心，中型花，花径 8 cm；不喜强光，生长速度慢；苗龄不足分化性能差，抗病性、抗寒性较强；对温度不敏感，需提前催花，每日 18~20℃ 低温处理，需 45 d 左右才能抽梗，适合北方地区栽培。如图 8-25 所示。

2）帝王 黄花红心，花径 8~9 cm，是黄花系列中花瓣最大的品种之一，生长速度较慢，易感染镰刀菌，需提前催花，对温度不敏感，喜微量元素。如图 8-26 所示。

图 8-25 富乐夕阳

图 8-26 帝王

3）新源美人 株型较好，叶片椭圆形，叶色翠绿，叶片宽厚、质硬，有光泽，花序排序良好，花色为金黄色，有清晰条纹，中型花，花径 8 cm，唇瓣 3 裂、深粉色；花朵数 8 朵，花序长 10 cm 左右，花梗长 35~40 cm，抗病性较弱，抗寒性强，对光照敏感，如花期光照弱，花色易变浅，条纹模糊；催花较难，每日 18~20℃ 低温处理，需 45 d 左右才能抽出花梗，适合北方地区栽培。如图 8-27 所示。

4）幻想曲 中小型花系，黄花红心，生长速度缓慢，叶幅小，茎部长，对温度敏感，需提前催花。如图 8-28 所示。

图 8-27 新源美人

图 8-28 幻想曲

5）昌新皇后　株型较好，叶片椭圆形，互生，排列整齐，叶色翠绿，叶片宽厚、质硬，有光泽，叶间距30 cm，花序排序良好，花色为金黄色，唇瓣3裂、深红色，中型花，花径9 cm；花朵数8~9朵，花梗长35~40 cm，抗病性较弱，抗寒性强；催花较难，每日18~20℃低温处理，45 d左右才能抽出花梗，适合北方地区栽培。如图8-29所示。

图8-29　昌新皇后

6）劳伦斯　小黄花，根系不发达，长根较困难，不易抽梗，需提前催花。黄花系列其他品种：黄金男孩、金台北黄。如图8-30、8-31所示。

图 8-30　黄金男孩

图 8-31　金台北黄

3. 白花系列

1）V3　株型较好,叶片互生,排列整齐,叶色深绿,叶片边缘紫褐色,叶背绿色略带紫褐色,叶片宽厚、质硬,花梗较硬,长 77 cm,直径 0.47 cm,分化性好,花序排序良好,长 20 cm,第一、第二朵花间距 3.5 cm,花形圆整,花色洁白,唇瓣 3 裂、深粉色,非常漂亮,大花型,花径 12~12.5 cm,花朵数 9~10 朵。生长期对微量元素要求高,光照过强易感染病毒,EC 值过高易感染镰刀菌,不易抽梗,需提前催花,适合北方地区栽培。如图 8-32 所示。

图 8-32　V3

2）闪电　如图 8-33 所示。

3）SH102　如图 8-34 所示。

图 8-33　闪电　　　　　　　　　　　　　　　　　　　　　图 8-34　SH102

4. 白花红心系列

1）春姑娘　中小型花，白花红心，对 EC 值敏感，很容易感染镰刀菌，生长期温度过高，会使花期变短。

2）白花红心　花梗长 74 cm，直径 0.55 cm，花序长 22 cm，第一、第二朵花间距 3.8 cm，花形圆整，花色洁白，唇瓣 3 裂、深粉色，花径 10 cm，花朵数 9 朵。

3）樱姬　白花红心，花径 8 cm，分化性极强，不耐低温，易感染镰刀菌，对 pH 和光照敏感，易掉苞，双梗率高。

5. 条纹斑点系列

1）兄弟女孩　株型较好，肉质茎短，叶片长椭圆形、互生，叶色翠绿鲜艳，叶片宽厚、质硬，有光泽，花梗长 45～50 cm，直径 0.42 cm，花序长 11 cm，排序良好，第一、第二朵花间距 2.5 cm；花黄色带条纹，唇瓣 3 裂、红色；中型花，花径 7 cm，耐高 EC 值，抗寒性较强，易感染软腐病；抽花梗较难，需 10℃ 以上的温差才能抽梗，适合北方地区栽培。如图 8-35 所示。

图 8-35　兄弟女孩

2）龙树枫叶　株型较好，长势旺盛，叶片绿色，叶片边缘略带黄色，叶片宽厚、质硬，不对称，叶间距 30 cm，花梗长 76 cm，直径 0.45 cm；花序排序良好，长 24.5 cm，第一、第二朵花间距 3.5 cm，花色独特，白色布满紫红色星点，花径 8.5~9 cm，花朵数 12 朵，喜高温，生长速度慢，易感染镰刀菌和软腐病，对温度敏感，易抽花梗，花期整齐，适合北方地区栽培。

3）台大公主 白底红斑点，花径9 cm，叶幅小，分化性能好，茎部长，喜强光和钾，抽梗整齐，但不耐低温。

4）黄金豹 叶片绿色、宽厚挺立；花梗较粗壮，直径达6.0 mm，花梗长37.4~41.0 cm，双梗率高，有分枝。主枝花朵数6~7朵，总花朵数10~11朵；花形圆整，厚蜡质，黄色花，有紫红斑，花径6.6 cm，花期3~4个月。日光温室栽培表现耐热、抗病性强。适宜温室大棚设施栽培。

5）红霞 植株生长势好，叶色浅绿，叶片挺立有弹性。花形圆整，花瓣有红色线条网纹，靠近蕊柱处有明显的白色斑点，萼片有粉红线条网纹。适宜全国各地设施条件下种植。营养生长期适温为20~28℃，冬季温度在10℃左右叶片会发生冷害，并可能出现花蕾消苞现象。

6）金钱豹 如图8-36所示。

图 8-36 金钱豹

7）黄金宝贝 如图8-37所示。

8）SH212　如图 8-38 所示。

图 8-37　黄金宝贝

图 8-38　SH212

6. 其他

1）爱莉莎　如图 8-39 所示。

图 8-39　爱莉莎

2）绿精灵 如图 8-40 所示。

3）SH22 如图 8-41 所示。

图 8-40 绿精灵

图 8-41 SH22

4）SH81　如图 8-42 所示。

图 8-42　SH81

5）SH205　如图 8-43 所示。

图 8-43　SH205

三、繁殖技术

目前蝴蝶兰除在原产地少量采用分株法繁殖外，均采用组织培养繁殖，也有少量播种繁殖。蝴蝶兰组织培养繁殖可以采用叶片、茎尖、花梗等为外植体。以叶片为外植体进行无菌繁殖时，切取花梗刚生出 1~3 枚小叶的幼苗嫩叶作为外植体。茎尖培养时，选取 5~6 枚叶片的健壮幼苗，灭菌后剥取带有 2~4 枚叶原基的生长点作为外植体。以叶片和茎尖作为外植体均通过外植体产生愈伤组织、愈伤组织分化成原球茎、球茎增殖分化和幼苗生长 4 个步骤形成无菌幼苗。不同品种、外植体、分化阶段所采用的培养基均存在差异。一般维持在 pH 5.1~5.3，加入 0.1%~0.2% 的活性炭和 10%~20% 的生理活性物质，如苹果汁、椰子汁等。

四、栽培技术要点

（一）栽培方式及环境控制

1.栽培方式　蝴蝶兰为典型的附生兰，主要为盆栽。属于气生兰类，栽培基质宜选择保水排水良好、通透性强、价格相对低廉的基质。适于蝴蝶兰栽培的基质包括蛇木屑、泥炭、苔藓、树皮、水苔、椰糠与椰壳纤维等。选择基质时，大颗粒的放在盆底利于排水，小细粒的放在上面利于水分和营养的保持与传递。栽培前基质要充分消毒，杀灭残留的病原物与虫卵。通常中小苗采用苔藓种植，成株则以蛇木屑居多。用盆多以浅而多孔的素烧盆或塑料盆为好。如图 8-44 至图 8-46 所示。

2.环境控制　蝴蝶兰的生长发育对环境条件要求较高，其中最主要的是温度、湿度和光照。

1）温度管理　蝴蝶兰适宜栽培温度白天为 25~28 ℃，夜间 18~20 ℃，幼苗夜间应提高到 23 ℃左右。在这样的温度环境中，蝴蝶兰几乎全年都可处于生长状态，尤其是幼苗生长迅速，从试管中移出的幼苗一年半即可开花。蝴蝶兰对低温十分敏感，长时间处于平均温度 15 ℃时则停止生长。在 15 ℃以下，蝴蝶兰根部停止吸收水分，造成

图 8-44 蝴蝶兰栽培基质水苔

图 8-45 椰壳纤维栽培的蝴蝶兰

图 8-46　树皮、木屑栽培的蝴蝶兰

植株生理性缺水，老叶变黄脱落或叶片上出现坏死性黑斑，而后脱落，再久则全株叶片脱光，植株死亡。蝴蝶兰开花后可放置在温度稍低的地方，但室温不宜过低，否则花瓣上容易产生锈样斑点。夏季应注意通风降温，35℃以上的高温会使其进入休眠状态，影响花芽分化。

2）湿度管理　蝴蝶兰栽培温室内应维持比较高的空气相对湿度。如果空气中湿度不足，易造成叶片皱缩，生长迟缓、花苞枯萎；湿度过高时易发生病害，如软腐病。因此，栽培蝴蝶兰最怕空气干燥和干风，还有温室内的空气湿度过高或过低，两种情况对兰株的生长开花均不适宜。栽植第一个月的小苗初期，空气相对湿度应尽量保持在80%～90%，以后整个生长期内空气相对湿度宜控制在70%～80%。如超过此空气相对湿度时就要设法通风透气或使用除湿机加以调节。

3）光照管理　蝴蝶兰是兰花中较耐阴的种类，需光量一般是全光照的一半左右，强光直射会造成损伤。可根据季节不同调整光照强度，一般情况下，夏季需光照20%～30%，春、秋季节需光照

40%~50%，冬季需光照 70%~80%，长期阴雪天应注意补光。蝴蝶兰两列叶片对生，每隔 10 d 左右就要调换 1 次向阳面。不同苗龄蝴蝶兰对光照强度的需求也不同。刚出瓶的小苗，光线最好能控制在 1 万 lx 以下，并保持良好的通风条件；中大苗的日照可提高到 1.5 万 lx 左右；成株的最强日照可提高到 2 万 lx。调整光照强度的方法一般是遮阳，应选择遮光度适宜的遮阳网。

（二）栽培管理技术

1. 品种选择　蝴蝶兰属植物约有 20 个原生种。原生种的花色除常见的白色和紫红色以外，还有黄色、微绿色或花瓣上带有紫红色条纹的。现有栽培品种群由原种种间和属间杂交而成，出现了许多中间过渡色，如白花红唇、黄底红点、白底红点、白底红色条纹等。

2. 日常管理

1）换盆　换盆是一项重要的栽培管理工作，长期不换盆易造成栽培基质老化，透气性差，致使根系向盆外生长，严重时引起根系腐烂，导致全株死亡。

换盆的最佳时期是春末夏初，花期刚过，新根开始生长时。换盆时的温度太低，植株恢复慢，管理稍有不慎，易引起植株腐烂，所以在冬季温度太低时不能换盆。蝴蝶兰的小苗生长很快，春季栽在小盆中的试管苗，到夏季就需要换盆了。这种小苗开始时每盆栽植 1 株或几株，以后要根据生长情况逐步换大盆栽培，切忌小苗直接栽在大盆里。

小苗换盆不必将原植株根部盆栽基质去掉，以免伤根，只需将根周围再包上 1 层苔藓或其他基质，栽种到大盆中即可。注意要使根颈部分与盆沿高一致。生长良好的幼苗可 4~6 个月换盆 1 次，新换盆的小苗在 2 周内需放置在荫蔽处，这期间不可施肥，只能喷水或适当浇水。

成苗蝴蝶兰盆栽 1 年以上需换盆。首先将兰苗轻轻从盆中扣出，用镊子将根部周围的旧盆基质去掉，要避免伤根，然后用剪刀将已枯死的老根剪去，再用基质将根包起来，注意要使根均匀地分散开。用苔藓和蕨根盆栽时，盆下应填充碎砖块、盆片等粗粒状透水物。上面用 1/3 的苔藓和 2/3 的蕨根将蝴蝶兰苗栽植盆中，并稍压紧，能将兰苗固定在盆中即可。如完全用苔藓盆栽，应将浸透水的苔藓挤干，松散地包在兰苗的根下部，轻压，但不可将苔藓压得过紧，因为苔藓吸水量大，如压得过紧，易造成根部腐烂，苔藓的用量以花盆体积的 1.3 倍为准。

2）浇水　蝴蝶兰喜湿，但忌积水。浇水的原则是见干见湿。春、秋两季每天 17 时前后浇水 1 次；夏季高温时节，新根、新叶生长迅速，水分可偏多。为了降温增湿，可每日喷浇适量的清水，每天 9 时和 17 时各浇 1 次水；冬季光照弱，温度低，每隔 7 d 浇水 1 次，宜在 10 时前进行。如遇寒潮来袭，不宜浇水，保持干燥，阴雨天湿度大可不浇水。当室内空气相对湿度小时，可向叶面喷雾，但不可将水雾喷到花朵上。蝴蝶兰新根生长旺期要多浇水，花后休眠期少浇水。如浇水过多，基质通气性变差，导致肉质根腐烂，叶子变黄，严重时植株死亡。

用松针栽培的蝴蝶兰不会积水，在浇水时用喷壶喷水，见盆底流出水为止。换盆初期应控水促根，直到兰盆手感明显较轻，基质已较干时才可浇水，盆边未见新根伸展时，应保持偏干。灌溉水不得含有化学物质和可见的杂质。使用的水源有自来水、井水、溪水、雨水等，但一般用自来水的机会比较多。自来水中含有大量的钠和氯等元素以及重碳酸盐等，对蝴蝶兰植株的生长有一定的影响，自来水应储存 72 h以上方可浇灌，最好用软水或雨水。

3）施肥　蝴蝶兰生长迅速，需肥量比一般兰花稍大。最常用和使用最方便的是液体肥料结合浇水施用，掌握的原则是少施肥、施淡肥。春天只能施少量肥，开花期完全停止施肥，花期过后，新根和新芽开始生长时再施以液体肥料。每周 1 次，喷洒叶面或施入盆栽基质中，施用浓度为 2 000~3 000 倍。营养生长期以氮肥为主，进入生殖生长期，则以磷、钾肥为主。蝴蝶兰幼苗期、生长期、开花期对养分的需求量不同，根据其不同的生长发育阶段对矿物质养分的需求不同而施肥，配制的复合肥料花多多在生产上使用效果很好。

4）花期管理　蝴蝶兰叶片基部有 2 个以上腋芽，呈上下排列，其中 1 个为主芽，其余为副芽，这些芽分化至一定阶段便进入休眠状态。当外界条件适宜时，从最上面展开的 1 片叶向下数，第三、第四片叶叶腋处主芽分化为花芽。蝴蝶兰花芽形成主要受温度影响，短日照及早停肥也有助于花茎出现。经过夏季高温，进入秋季，此时晚间温度低，可促进花芽分化，夜间温度 18℃以下，约经一个半月可形成花芽，当花茎长至 10 cm 左右时，提高温度至 20~25℃，以诱使花梗快速生长。蝴蝶兰一般在 10 月形成花茎，100 d 后开花。温度调节可以控制花期，28℃催花，生长快，供应市场；18℃时，几乎停止生长，延迟花期。蝴蝶兰花序长，花朵大，需设立支架。如图 8-47 所示。

图 8-47　蝴蝶兰支架

五、花期调控技术

（一）培育成熟壮苗

在蝴蝶兰的商品化生产中，生长正常的组培苗经过 15~18 个月栽培可培育成健壮成熟大苗。

（二）预处理

蝴蝶兰成熟大苗进行低温处理前须提前 1 个月做好促花准备，逐步增加光照强度，为蝴蝶兰花芽分化积累充足的养分，并使其逐步适应低温处理过程中的强光照环境。在低温处理前 7~10 d，用磷酸二氢钾 1 000 倍液喷施叶面 1~2 次，使蝴蝶兰开始进入生殖生长的生理状态。此外，有些品种在低温处理前 15~20 d 适当喷施矮壮素可促使兰株抽出较为粗壮的花梗。

（三）低温处理

为使蝴蝶兰进行花芽分化并抽花梗，必须对其进行低温处理，低温处理时间一般距预定盛花期 110~140 d。低温处理的适宜日温为 25~27℃，夜温为 15~18℃。低温处理条件下，蝴蝶兰花芽分化的程度和速度，与低温处理的温度和低温累积程度有很大的关系。经常保持 18~20℃ 的夜温，一般需要 50 d 左右就可达 95% 以上的花芽萌发率。如经常保持 16~18℃ 的夜温，一般只需 35 d 左右就可达 95% 以上的花芽萌发率。花芽分化适宜的空气相对湿度为 80%~90%，光照强度为 1.8 万 ~3 万 lx，并必须保证通风良好。花芽萌发前施用氮：磷：钾比例为 9：45：15 的速效液肥，花芽抽出至花梗 15~20 cm 后施用氮：磷：钾比例为 10：30：20 的速效液肥。

空调促成抽梗法。在 4 月下旬至 10 月下旬，温度较高，气候环境基本不适宜蝴蝶兰的花芽分化，这时可使用空调和湿帘，使昼温控制在 28℃ 以下，夜温在 16~18℃ 维持 10 h 以上。通常使用湿冷空调，如是干冷空调则必须注意加湿以保证适宜的湿度环境。

（四）花序发育

1. 花梗发育期　蝴蝶兰花梗发育至现蕾前，为了使花序正常发育，必须控制适宜的温度，最适昼夜温度为 18~28℃，空气相对湿度为 80%~90%，光照强度为 1.8 万 ~2.5 万 lx，并保持通风良好。施用氮：磷：钾比例为 15：2：25 的速效肥，现蕾后适当增施有机氮肥。

2. 现蕾至开花前　蝴蝶兰现蕾至开花前这一时期为花期调节的敏感时期，温度、光照等环境因子的变化对蝴蝶兰的开花时间起关键作用。提高夜温、增加光照可明显加快蝴蝶兰花苞的发育速度。

3. 开花期　蝴蝶兰开花期应保持昼夜温度在 20~28℃，加强通风，降低空气相对湿度，增加根系的水分供应，保证后开花朵的大小与首花基本一致。此阶段如温度较高，会导致花瓣较薄，花朵偏小，缩短观赏花期；如温度长期低于18℃，则花朵较小，色泽较差，而且易感染花瓣灰霉病。在开花期放置于避光处，适当控制浇水、降低温度，可以使花期延长10~20 d。如图8-48所示。

图8-48　待售蝴蝶兰

六、采收、包装与储运

蝴蝶兰的采收一般包括两个阶段：第一个阶段是蕾期到充分开放；第二阶段是充分开放到成熟衰老。采后要注意两点：第一是促进蝴蝶兰的花蕾开放，使蝴蝶兰能充分展示其观赏特性；第二是降低代谢，延缓开花和衰老进程，延长蝴蝶兰的寿命。蝴蝶兰在花朵完全开放或花蕾开放3~4 d时采收。离市场近时，采收阶段应短些；离市场较远，采收阶段应长些。另外，还要注意一天中的采收时间。上午采收可以保持蝴蝶兰花朵细胞高的膨胀压，即此时的蝴蝶兰花含水量最高，有利于减少蝴蝶兰采后萎蔫的发生。但因为上午露水多，较潮湿，也容易受真菌等病害的感染。采收时应轻拿轻放，减少机械损伤。剪切时，最好斜面切割，以增加花茎的吸水面积。花卉采收后，最好立即将其基部插入装有保鲜液的容器中，尽可能避免风吹日晒，以免造成切花衰老而失去观赏价值。

（一）切花的采收与包装

1. 切花的采收　当下部的花芽开始膨胀时要用挂钩把花梗固定起来。花梗上花苞多时，固定的位置不能太低，以免花梗头重脚轻。花梗上的花苞除最后一朵外，其他已全部开放时即可切下销售。切下花梗时通常已具有 3 个花芽，第二花梗即从其余花芽抽出，而且自顶芽开始。催出这种新花梗需要的时间较久，因此是否采用这种先自然开花再抽出第二花梗的方式则由所需花梗品质与销售计划决定。除了第一花梗，只要植株健壮，第二次便有双花梗生成，可以作为切花出售，因此每株平均每年可售出 2.5 枝花梗。花梗抽出后，用吊绳维持挺直以避免变曲。蝴蝶兰切花在采后应注意经常通风换气。另外，低温可降低乙烯活性，增强植株对乙烯的抗性，这也是减缓蝴蝶兰切花衰老的方法。

2. 切花的包装　包装对于蝴蝶兰切花品质的影响很大，以亚克力棉衬垫及保护花朵的包装，能较好地保护切花，使切花瓶插寿命提高。蝴蝶兰切花包装盒采用 100 cm×15 cm×11.5 cm 的尺寸。因每枝花梗的花数不同，通常每盒 25~30 朵花。包装步骤：①将棉花平铺在纸盒的两端。②切花两两一组，一正一倒交错地用胶布固定在纸盒上。③在固定好的花朵上轻轻地放一层棉花。④重复步骤②，在棉花上再摆放一层切花并固定。⑤用棉花将放置花朵的部分填满。⑥最后盖上纸盖，打包成捆。

（二）盆花的采收与包装

1. 盆花的采收　使用小棍以支撑蝴蝶兰的花朵，使其花序牢固。支持物的放置时间是在花梗上位置最低的花芽开始膨大时（如弹球般大小），因为从那以后花梗就不再生长了，并且已经能预计花梗上发育的小花的数目。支持物的长度不应该超出花梗的高度，并且要紧挨着植株插入以保证花梗足够牢固。蝴蝶兰通常采用多种不同的分级标准，除了颜色以外，植株经常按照花梗长度、花芽数量、分枝情况、每株的花梗数分级，其中每株的花梗数是这些标准中最为重要的，其次就是分枝情况和每枝花梗的花朵数量，花卉的价格也随着花梗和花芽的数量增多而增加。待花朵发育得足够好，蝴蝶兰就可以准备上市了。在一年中光线较暗的时期交易的要求有 4~5 朵花开放，其他时期有 2~3 朵花就足够了。准备销售时，任何损坏的叶片都要去掉，如果必要的话，要将花卉预先放在包装盒内，运输过程中使温度不低于 18℃。

2. 盆花的包装　蝴蝶兰包装采用瓦楞纸箱，每箱存放 20 株蝴蝶兰，纸箱规格为 110 cm × 45 cm × 20 cm。瓦楞纸箱由瓦楞纸板经过模切、压痕、钉箱或粘箱制成，应符合 GB/T 6543—2008 规定要求。蝴蝶兰花朵用无纺布包裹，横向平放，并置于纸箱中间处，花盆用胶布固定于纸箱两边。包装步骤：①在纸箱底层垫上无纺布，放上一株蝴蝶兰盆栽，再覆盖一层无纺布（图 8-49）。②再在无纺布上放一株盆栽，蝴蝶兰朝同一方向放入纸箱中，放置时注意收拢叶子和枝条（图 8-50）。③盆栽底部要排齐，并排放入，并用绳子进行固定，避免运输途中移动损伤（图 8-51）。装运蝴蝶兰的交通工具和储存蝴蝶兰的场所都应保持温度在 15~25℃。

图 8-49　纸箱底层垫上无纺布

图 8-50　盆栽摆放

图 8-51　盆栽固定

（三）储藏技术

蝴蝶兰自然寿命比较长，可达 15~45 d。储藏时通常采用湿藏，7~10 ℃条件下，可储藏 2 周。温度过低，会引起冷害。储藏前应将所采收的成品在预冷后进行分级。适当的预处理有利于延长瓶插寿命，如可以使用在花梗基部插上小型保鲜管的方法，这样既能保鲜，又便于包装。然后将其置于空气相对湿度为 90%~95% 的环境中进行储藏，存放地点不需要光照，储藏温度为 13~15 ℃，所用的保鲜液由 5 mg·L^{-1} 的 BA+3 g·L^{-1} 的蔗糖配制而成，储藏时间可达 10~20 d。包装材料通常采用 80 cm×20 cm×15 cm 的衬膜瓦楞纸箱进行包装。注意衬膜、瓦楞纸箱上要设置透气孔。

（四）运输技术

一般采用航空运输。冬季为防止低温造成的冻害，要先做好运输过程中的保温工作，还要防止高温造成损伤。将花梗插入有水的塑料小瓶中，并严格保护，使得花朵在储运过程中免受缺水损害，花朵之间填充碎纸以防止运输过程中摩擦。蝴蝶兰切花是乙烯敏感型切花，可在包装箱内放入含有高锰酸钾的滤气瓶，或者其他浸渍有高锰酸钾的材料，以吸收箱内乙烯。需要注意的是，切花不可与高锰酸钾直接接触。蝴蝶兰到货后必须立即除去包装，将植株放入温度为 18~23 ℃的明亮环境中。运输时间要尽可能短，最好不超过 3 d。

第三节
大花蕙兰栽培技术

大花蕙兰别名虎头兰、蝉兰、西姆比兰、东亚兰，为兰科兰属植物。大花蕙兰是以兰属内大花附生种、小花垂生种以及一些地生兰经过 100 多年的种间杂交和多倍体育种技术育成的一类洋兰园艺新品种群，其品种类型繁多，该类花卉花大色艳、花期长、观赏价值高。同时，大花蕙兰生长健壮，容易栽培，近年来极为流行，是世界著名的兰花商业品种。如图 8-52 所示。

图 8-52　大花蕙兰

一、主要生物学特性

（一）形态特征

1. 根　根系肉质，根组织内以及根际生长有共生根菌，共生根菌可固定空气中的氮素为大花蕙兰提供养分。

2. 茎　常绿多年生宿根植物，株高 80～100 cm。

3. 叶　假鳞茎椭圆形粗大，外围老叶较披散，叶宽而长，下垂，浅绿色，有光泽。

4.花 大花蕙兰花序较长，花莛斜生，稍弯曲，有花 6~20 朵。花大，浅黄绿色，略带香气。花大型，直径 6~10 cm，花色有白、黄、绿、紫红或带有紫褐色斑纹，略带香气。花期较长，整个花序可维持 50~80 d。花径 8~9 cm，花被片粉白色。唇瓣有较长的爪，边缘较为圆整。唇瓣前端边缘有较大的粉红色斑块，中后部及蕊柱内侧有较小的粉红色斑点。唇瓣基部褶片 2，黄色，上有少量散生的红色斑点。花期从 10 月至第二年 4 月。如图 8-53 所示。

图 8-53 大花蕙兰的花

5.果 蒴果，有数千至数万颗种子。

（二）生物学特性

1.温度需求　大花蕙兰喜冬季温暖、夏季凉爽，全年适宜温度15~25℃，个别品种能耐3℃的低温。越冬温度保持在夜间10℃左右比较适宜，在这种环境下，叶面呈正常绿色，富有光泽，花芽也能顺利生长，并多在2~3月开花，花色艳丽。若温度低于5℃，叶片略呈黄色，花芽不生长，花期推迟4~5月，而且出现花茎不能正常伸长的现象，影响开花。越冬温度在15℃左右，叶片呈绿色，带有翠绿色光泽，花芽突然生长，1~2月开出大型的花朵，花茎软而不能直立，须用支柱支撑。若夜间温度高于20℃，叶片生长茂盛，但却影响开花，形成的花蕾也会枯死。

2.光照需求　与国兰相比，大花蕙兰是兰花中比较喜光的种类。如果光线不足，则开花少、不开花或花的质量差；其叶片变薄、变软，假鳞茎细长，生长势减弱。为了使它开好花，应使阳光稍强些，即使叶片微黄也不会影响植株的生长。但在华南地区，夏、秋季应遮光50%~60%，光线太强会引起大花蕙兰日灼病或生长停止，叶片变黄。冬季在日光温室内可少遮光或不遮光。

3.对基质和水分的要求　大花蕙兰肉质根，要求栽培基质疏松透气、排水良好、腐殖质含量高。对水质要求很高，EC值要小于0.3 mS·cm^{-1}。

4.对湿度的要求　喜湿润环境，生长季节要求有较高的空气相对湿度。随着苗龄增加，对空气相对湿度的要求会略有降低，但一般不低于60%。

5.对营养的要求　生长发育过程中需全肥。

二、常见品种

大花蕙兰品种类型繁多，主要包括：白花品种群，如香水兰、完美等；红花品种群，如朝霞、圣诞玫瑰等；黄花品种群，如大富贵、黄球等；绿花品种群，如钢琴家、天鹅绒等。如表8-1所示。

表 8-1　大花蕙兰不同品种花朵直径、花朵颜色及花瓣比较

品种	花朵直径（cm）	花朵颜色	花瓣
钢琴家	7.0	淡绿	条纹
大富贵	8.0	金黄	条纹
光彩	5.7	嫣红	条纹
梦乡	6.6	紫红	条纹
梦境	5.3	桂红	条纹
红霞	6.3	淡粉	条纹
香水兰	5.7	乳白	条纹
朝霞	6.4	桃红	条纹
红娘	9.0	紫红	条纹

生产上的常见栽培品种有：

1. 爱神　植株较为开展，株高 80~90 cm。叶片披散，叶宽 2.5~3 cm。花径 7~8 cm，花被片粉色。唇瓣有较长的爪，中部边缘卷起呈明显的耳状，中部以前全为红色覆盖，中部至基部（除爪外）几乎全为黄色。蕊柱外侧和唇瓣前部同色，内侧密布红色小斑点。每花莛着花 10~13 朵。

2. 情人　植株健壮，新叶直立，株高 80~100 cm。外围老叶较披散，叶较细，宽 1.5~2.0 cm。花径 8~9 cm，花被片粉白色。唇瓣有较长的爪，边缘较为圆整。唇瓣前端边缘有较大的粉红色斑块，中后部及蕊柱内侧有较小的粉红色斑点。着花较多，每花莛着花 18~20 朵。

3. 苏珊娜　植株较为开展，株高 90~100 cm。叶片披散，叶宽 2~3 cm。花径 7~8 cm，花被片粉紫色。唇瓣有较长的爪，边缘圆整，仅中部边缘微裂或内卷。唇瓣边缘有宽约 0.5cm 的粉色镶边，中后部为白色，中心为黄色。蕊柱外侧和唇瓣前缘同色，内侧色浅。每花莛着花 15~18 朵。

4. 福神　株高 80~90 cm。叶前端下垂，叶宽 2~3 cm。叶片中脉凹陷。花径 8~9 cm，花被片红色。唇瓣中部至基部和蕊柱的内侧为黄色，散生血红色斑点。唇瓣中部有耳状突起。每花莛着花 10~13 朵。

5. 心恋　植株健壮，株高 80~90 cm。叶片宽而长，叶宽 3.5~4 cm。花径 9~10 cm，花被片粉白色。唇瓣和蕊柱基部边缘散生粉红色斑点，

唇瓣有较长的爪，中部波状。每花莛着花 15~18 朵。

6. 梦境　植株健壮，叶片较直立，株高 90~100 cm。叶较宽，3.5~4.0 cm。花径 7~8 cm，花被片橙红色。唇瓣有较长的爪，边缘较为圆整，中部有裂或内翻呈耳状。唇瓣前缘有宽约 2 cm 的深橙色镶边，中后部散生少量深橙色斑点。蕊柱内外侧均为较深的橙色。着花较多，每花莛着花 15~18 朵。

7. 幽浮　植株健壮，株高 80~90 cm。叶宽 2.5~3.5 cm，叶片上表面中脉凹陷。花径 7.5~8 cm，花被片黄色。唇瓣边缘有宽约 1 cm 的红色条带。蕊柱基部散生红色小斑点。唇瓣基部有 2 个黄色的褶片，褶片上无斑点。每花莛着花 10~15 朵。花盛开时花瓣外展不足，犹如半开。

8. 金色梦境　植株健壮，株高 80~90 cm。叶宽 2~2.5 cm，叶片上表面中脉凹陷，其余平整光滑。花径 9~10 cm，花被片黄色。唇瓣边缘和蕊柱内侧为红色。唇瓣有较长的爪，基部有 2 个黄色的褶片，褶片上无红色斑点。盛开时花瓣充分开展。每花莛着花 13~15 朵。

三、繁殖技术

（一）分株繁殖

分株繁殖是大花蕙兰最常用的繁殖方法。一般 3~4 年 1 次，春、秋两季均可，分株时间以春季为宜，多在开花后、新芽尚未长大之前这一短暂的休眠期进行。秋季宜在 10 月进行。分株后的植株一般隔年后开花，但如分株分得太小，则需 2~3 年或更长时间的种植才能开花。繁殖系数低、繁殖量小，苗不整齐。

（二）组织培养繁殖

以嫩芽为外植体，52 d 形成原球茎，20 d 左右在原球茎顶端形成芽，在芽基部分化根。90 d 左右，分化出的植株长出具 3~4 片叶的完整小苗。繁殖种苗量大，出苗整齐，管理技术要求一致，开花期一致，适宜商品化生产。

四、栽培技术要点

（一）环境控制

1. 温度　生长适温为 15~25℃，昼夜温差最好在 8℃以上。

2. 光照　生长最适光照强度在 1.5 万 ~4 万 lx，最大光照强度最好小于 7 万 lx。

3. 空气相对湿度　喜高湿的环境，但要注意通风，否则易得炭疽病，小苗空气相对湿度应在 80%~90%，中大苗空气相对湿度应在 60%~85%。

（二）栽培技术

1. 幼苗　在 8 cm×8 cm 和 12 cm×12 cm 营养钵中的一年生苗，一般不留侧芽。生长 1 年左右的幼苗换到大盆（内口直径 15 cm 或 18 cm）中，一般每苗留 2 个子球，对称留效果最佳，剥除其他侧芽。当芽长到 5 cm 进行疏芽最为合适。因为侧芽在 15 cm 长以前无根，15 cm 以后开始发根，不同品种用不同的留芽方式，也有每苗留 1 个子球的。

2. 二年生苗　指生长 24 个月以上的苗，不需要换盆。这个阶段的苗每盆每月施有机肥 15 g，随着苗长大，每盆每月施用 18~20 g，换盆 12 个月后只施骨粉，并在 10 月前不断疏芽，11 月至翌年 1 月要决定留孙芽（开花球）数量，一般大型花每盆留孙芽 2 个，将来每盆可开花 3~4 枝；中型花每盆留孙芽 2~3 个，将来可开花 4~6 枝。冬季温度保证夜温不低于 5℃即可。

3. 开花株培养　3~6 月（春天）夜温为 15~20℃，日温为 23~25℃。6~10 月夜温为 15~20℃，日温为 20~25℃；11 月以后夜温为 10~15℃，日温为 20℃。2~4 月每月施有机肥每盆 10 g（豆饼∶骨粉 2∶1），4 月以后每盆每次施有机肥 14 g。6~10 月加大温差，此间主要施骨粉，每盆 15 g 左右，花芽出现后，立即停施有机肥，11 月后花穗形成，花箭确定后抹去所有新发生芽，大部分品种 9~10 月底可见花芽，如果长出叶芽应剥除。花箭用直径 5 mm 包皮铁丝作支柱，当花芽长到 15 cm 时竖起。绑花箭的最低部位为 10 cm，间隔 6~8 cm，支柱一般选择 80 cm 和 100 cm 长。

（三）日常管理

生长期氮、磷、钾比例为 1∶1∶1，催花期比例为 1∶2∶2，肥液 pH 5.8~6.2。一般而言，小苗施肥浓度为 3 500~4 000 倍，中大苗为 2 000~3 500 倍，夏季每天 1~2 次（水肥交替施用），其他季节通常 3 d 施 1 次肥。从组培苗出瓶到开花前每月都要施 1 次有机肥。生长期豆饼∶骨粉为 2∶1，催花期施用纯骨粉。有机肥不能施于根上。骨粉如含盐量太大可先用水冲洗后再施用。冬季最好停止施用有机肥。不同时期施用量如下：8 cm×8 cm 营养钵每盆 1~2 g；12 cm×12 cm 营养钵每盆 7~9 g；15 cm×18 cm 营养钵每盆 12~15 g；18 cm×22 cm 花盆每盆 15~20 g。浇水生产上通常用喷灌，5 月和 9 月每天浇 1 次水，7~8 月每天浇 2 次水，10 月至翌年 4 月每 2~3 d 浇 1 次水。浇水次数视苗大小和天气状况随时调整。注意大花蕙兰对水质要求很高，现在规模化浇水需要有净水设备。

五、花期调控技术

（一）温室降温

大花蕙兰栽培过程中越夏至关重要。其花芽生长和发育需要较低的温度，在普通温室冷凉环境下花期会延迟 1 个月，在加温温室中则可提前 1 个月。建议用喷雾系统进行夏季降温，在温室内进行越夏，结果表明，喷雾系统比湿帘系统调节的温室温度更加一致，还可降低促花栽培成本。夏天在温室内利用高压喷雾降温设备降温对大花蕙兰进行越夏栽培，花期可提前 2 周。室内温度保持 15℃左右，可以延长花期；室温高于 25℃，会缩短花期。

（二）栽培措施

大花蕙兰除了控制温度外，也可以通过一些其他栽培措施调控花期。

1. 光照　较强光照可提高开花率，但光照过强会导致幼嫩花芽枯死，一般控制在 6 万 lx 以下。

2. 控水　花芽发育期间适当控水能促进花芽分化和花序形成。

3. 碳氮比　全年抹芽并提高磷、钾比例，提高植株体内的碳氮比。

4. 选择性施肥　1~6月主要施氮、磷、钾平衡肥；6~10月增加磷、钾比例。

六、采收、包装与储运

（一）切花采收与包装

切花在所有的小花全部开放，显示出品种固有的颜色，花茎坚挺时采收。对于花茎较硬的品种，可以在数朵花开放时采收。采收后复水容易，一般不采用专门的措施。有时采收后在切口部位套上装水的小塑料瓶，吸水一夜后，第二天运输。大花蕙兰对乙烯极为敏感，在乙烯气体环境下往往造成花朵过早萎蔫、花瓣脱落，可用乙烯抑制剂为主要成分的预处液处理，延长保鲜期。切花采收后，可储存于2~5℃冷库中。运输时，用软纸包装，放入纸箱中运输。瓶插寿命可达30 d以上。如图8-54所示。

图 8-54　大花蕙兰切花分枝包装

（二）盆栽大花蕙兰采收与包装

1. 进口盆栽大花蕙兰标准　从日本、韩国进口的大花蕙兰，一般要求株高 60~80 cm，每箭花朵数 15~20 朵，每盆花箭数 3~5 个，每箭开花度 50%~80%，每盆间花箭高度差异不超过 5 cm。如图 8-55 所示。

图 8-55　大花蕙兰的盆栽标准

2. 盆栽运输　大花蕙兰喜半阴的散射光照环境，对乙烯极为敏感。

植株开花即可上市，应喷施硫代硫酸银和赤霉素防止花朵衰败，同时避免花朵授粉。适宜的储运温度为10℃。如果苞片和叶片发黄，则可能是发生了冻害。

第四节
石斛兰栽培技术

石斛兰别名石兰、吊兰花、金钗石斛，为兰科石斛属植物。石斛兰主产中国、日本、印度以及新几内亚等亚洲各国。附生于高山岩石上或树上，原生种约有1 600种。用于观赏栽培的石斛兰多为杂交种。在园艺栽培上，根据花期不同可把石斛兰分为春石斛和秋石斛。春石斛常作盆花栽培；秋石斛多作切花栽培，也可作盆花栽培。其花色艳丽，微香沁人，令人喜爱。

一、主要生物学特性

（一）形态特征

1.根　石斛兰是附生兰，有地生根，也有气生根。地生根根系有主根、侧根、细根和根毛，气生根很发达。在自然界野生状态下，依靠其发达的根系附生于林中树干、树枝上或潮湿的岩石上，其根系从湿润的空气中吸收水分和养分。石斛兰的根组织内以及根际有共生根菌，共生根菌可固定空气中的氮素为其提供养分。

2.茎　石斛兰的茎上有节。

3.假鳞茎　具有粗壮肥大的假鳞茎，假鳞茎可以储存水分和养分，因此耐旱性较强。假鳞茎上可以分生小植株（又称高芽），可掰取高芽进行繁殖。

4. 叶　叶互生在节上，叶长约 10 cm，宽 4 cm。春石斛在秋季落叶，进入休眠阶段，并进行花芽分化。翌年春季萌芽生长、开花。秋石斛叶片常绿，无明显休眠期。如图 8-56 所示。

5. 花　花常着生于顶部茎节上，花色丰富，有红、橙、黄、绿、白、蓝、紫色及复色等。花色艳丽，花期长，有些品种具香气。花径多为 6~8 cm。如图 8-57 所示。

图 8-56　石斛兰的茎叶　　　　　　　　　　　　　　　图 8-57　石斛兰的花

6. 果　蒴果，每个果实内含有大量粉面状细小的种子，有 10 万 ~30 万粒。种子没有胚乳提供营养，一般很难萌发，只有与兰菌共生或在无菌的人工培养基上才能萌发。

（二）生物学特性

石斛兰原产于热带及亚热带地区，常附生于海拔 500~1 800 m 的林中树干上或湿润岩石上，喜温暖、湿润、半阴的环境。

1.温度需求　生长适温为 18~26℃。高于 35℃植株生长不良，低于 10℃，小苗易受冻害。石斛兰在热带兰中属于耐寒性较强的种类。春石斛冬季落叶，耐寒性较强，越冬温度夜温可低至 10℃左右；秋石斛叶子常绿，不耐寒，越冬温度应在 15℃以上。石斛兰生长需要一定的昼夜温差，应保持在 10~15℃。

2.光照需求　石斛兰较喜光，春夏季旺盛生长期，10 时前最好有直射阳光，中午遮光 50%。冬季休眠期喜光线稍强，北方日光温室栽培，冬季可不遮光，或在秋冬季遮光 20%。光照充足，开花数量多，质量好。

3.对基质和水分的要求　要求栽培基质疏松透气、排水良好、腐殖质含量高。根忌积水又怕过于干燥。在新芽萌发及新根形成时，需要充足的水分，但忌积水。尤其在冬季低温下，若栽培基质积水，则根系极易腐烂。因此，冬季应保持栽培基质适度干燥。但应注意，基质过于干燥时可导致假鳞茎枯萎，也影响新芽萌发及新根生长。

4.对湿度的要求　石斛兰喜较高的空气相对湿度，晴天应经常向地面洒水，增大空气相对湿度。

5.对营养的要求　目前的栽培品种，生长过程中给予全肥则发育良好。

二、常见品种

1.春石斛　春石斛的花着生在茎节间，每个花梗上着花 1~4 朵，盛花时，整个植株花团锦簇，十分美丽。自然花期在 3~4 月，花芽分化需要低温、干旱的刺激。通过调控花期，可以使其在春节开花。20℃时其花期可达 2~3 周。

绿宝石：用作盆花或切花，叶片有观赏性，株型紧凑。花瓣淡绿色，每枝花茎有 10~15 朵花，单茎可以形成多个花序，花期 2~3 个月，生长期（从试管苗到开花）为 18 个月，是春石斛中最好的绿色品种。

2.秋石斛　秋石斛的原生种是蝴蝶石斛，其花形似蝴蝶，每个花梗着花 5~20 朵，花有白色、玫瑰红、粉红、紫色等，花蜡质寿命长。

根耐旱，可裸露空中。常规 6~8 月开花，单朵花花期为 2 周，全花序可持续 1~3 个月。部分秋石斛品种可常年开花。秋石斛植株自然直立，不需支柱。花后成熟的假球茎基部长出新芽，当年长成，第二年进入发育阶段，抽出花梗开花。第三年茎开花数增加。秋石斛的栽培品种很多，多为人工杂交种。秋石斛体质强健，生命力强、病虫害少。

凯旋：用作盆花或切花，花瓣为粉红色，带条纹，每枝花茎 10~15 朵花，花期为 2~3 个月，生长期（从试管苗到开花）为 18 个月。

索尼亚：假鳞茎丛生，圆柱形或稍扁，基部收缩。叶纸质或革质，矩圆形，顶端二圆裂。总状花序，花大、半垂，玫瑰红色。接近花蕊处渐呈白色，艳丽多彩，颇为夺目。原产夏威夷。

魅力：用作盆花或切花，花瓣为白花红心，花期为 2~3 个月。

新加坡小姐：用作盆栽或切花，花瓣呈洋红色，唇瓣白色，每枝花茎有 10~15 朵花，茎高，花期为 2~3 个月，生长期（从试管苗到开花）为 18 个月。

秋石斛品种另外还有小熊猫、大熊猫、爱玛、梦幻、萨宾、安娜等。

三、繁殖技术

（一）分株繁殖

一般在种植量较小时常用分株繁殖。分株繁殖一般在春季结合换盆进行，将植株从盆中取出，去掉栽培基质，剪去老根、枯根，假鳞茎上有花蕾的要去掉，减少养分消耗，在植株丛生茎的基部用利剪分开，分成几丛，每丛有 3~4 个假鳞茎，分别栽入新的栽培基质中。分切时尽量少伤根系，使用的剪刀要进行消毒。分株后，将植株放在荫蔽处，栽培基质保持湿润，经常喷雾来保持较高的空气相对湿度，1 周后，移到光照充足处，进行正常管理。

（二）分栽高芽

生长 3 年以上的春石斛植株的假鳞茎上可长出完整的小植株，当小植株具有 3~4 片叶，3~5 条根，根长 4~5 cm 时，即可将其从母株上剪下，另行栽植。伤口处用 70% 代森锰锌可湿性粉剂 1 000 倍液浸泡 10~15 min。

（三）扦插繁殖

在石斛兰的生长期 5~8 月，选择未开花且发育充实的当年生假鳞茎作插穗，将假鳞茎剪成数段，每段具有 2~3 个节，用刷子在伤口处涂 70% 代森锰锌可湿性粉剂 1 000 倍液消毒。扦插基质一般用椰糠，扦插前给基质喷水，扦插时基质保持湿润但不能积水。扦插时将茎段的 1/2 插入基质中，使茎段顶端向上。扦插后放置在半阴、湿润的环境中，控制温度在 25℃ 左右。扦插后基质保持半干燥状态，1 周内不浇水，经常喷雾，保持湿润。1~2 个月后，在茎段的节部萌发新芽并长出几条新根，形成新的植株，此时将新植株连同老茎段一起栽入新盆中，栽培基质一般用苔藓，经过 2~3 年生长即可开花。

（四）组织培养繁殖

规模化栽培石斛兰，其种苗繁育主要是用组织培养繁殖大批量苗。如图 8-58 所示。

图 8-58　石斛兰组织培养苗

四、栽培技术要点

（一）栽培技术

1.基质　生产栽培上主要用苔藓，其质轻价廉，疏松透气。但苔藓用久以后容易腐烂生病菌并酸化产生酸性物质而毒害植株。因此使用苔藓作基质应每年更换1次新苔藓。如图8-59所示。

图8-59　苔藓栽培石斛兰

2.上盆　石斛兰上盆或换盆一般在春季开花后或在秋季进行。上盆时，先在花盆底部填一层泡沫塑料块，然后用湿润的苔藓（预先把苔藓浸透水再把水分挤干）把根部包紧塞进塑料盆中，苔藓一定要填紧，不能疏松。石斛兰栽培不宜过深也不宜过浅，以根颈部位露出基质为宜。

3.换盆　石斛兰栽培植株过大，根系过满，或栽培基质腐烂时应及时进行换盆，换盆时间宜在春季或秋季。用苔藓作栽培基质时，应1年换1次盆。换盆时，先将植株从盆中取出，小心地去掉旧的栽培基质，剪去腐烂的老根，如果植株过大可分切成几丛，每丛要有3~4个假鳞茎，分盆栽植。上盆或换盆后的植株应放在温室阴凉之处，经常向叶面及栽培基质喷雾，以增加空气相对湿度，利于植株恢复生长。但栽培基质不能浇水过多，否则易烂根死亡。随着植株恢复生长，应逐渐增加浇水次数并移到光强的地方栽培，逐渐加大施肥量，促进植株恢复生长。

（二）环境控制

1. 温度与光照管理　石斛兰喜温暖环境，夏季气温高于30℃时要开动风机及湿帘系统降温。冬季最低温度不低于10℃，小苗的越冬温度要高一些，否则易受冻害。在秋季经过一段时间的低温干燥处理，有利于石斛兰的花芽分化。石斛兰大多原产于高山地区，其生长过程中需要一定的昼夜温差。石斛兰较喜光照，耐半阴，夏季遮光50%~60%，春、秋季中午遮光20%~30%，冬季不遮光。光照不足，春石斛的假鳞茎生长细弱，不易形成花芽，且容易感染病虫害。石斛兰喜新鲜空气，要求通风良好的环境，要注意温室内通风。夏季闷热不利于石斛兰生长及花芽分化，而且容易诱发病虫害。秋石斛则喜欢较高温环境，冬季无休眠期，一年都需浇水，花在假鳞茎顶部开放，开花需要短日照刺激。

2. 水肥管理

1）浇水　一般在栽培基质干透时再浇，早春每隔5~7 d浇1次水，保持栽培基质（苔藓）湿润又不积水。避免在寒冷天气浇水。4~5月气温回升，新芽开始旺盛生长，可适当增加浇水次数。以春石斛为例，夏季是石斛兰的旺盛生长期，新芽和根系生长都很快，这一阶段要有充足的水分供应，可每隔3~5 d浇1次水。夏季浇水最好在10时以前进行。秋季天气变凉，春石斛的营养生长已逐渐停止，开始进行花芽分化，应逐渐减少浇水次数，每隔5~7 d浇1次水。这一阶段适当减少浇水可促进石斛兰进行花芽分化。冬季气温较低，应减少浇水次数，每隔5~7 d浇1次水。待栽培基质干透时再浇水。冬季低温条件下，浇水过多，栽培基质积水，石斛兰易烂根死亡。除正常浇水外，还应经常向叶面喷雾及向地面洒水，保持较高的空气相对湿度。

2）施肥　春、夏季是石斛兰的旺盛生长期，每月可施1次用油粕和骨粉等量混合后发酵制成的固体肥料。每周喷施1次花宝或兰花专用液肥 0.03%~0.05% 浓度的稀薄肥液。夏季温度很高时，停止施肥，以免损伤根系。8 月停止施肥，促进花芽分化。在 9 月末施 1 次磷、钾含量为 0.02%~0.03% 的兰花专用液肥。冬季为石斛兰的休眠期，应停止施肥，在石斛兰的开花期也要停止施肥。在石斛兰的小苗期施肥应以氮肥为主，当植株长大后要增施磷、钾肥。

（三）绑扎及其他管理

以春石斛为例。春石斛的假鳞茎高度一般在 40~70 cm，为了防止其倒伏，应设立支柱进行绑扎。支柱一般用 3~5 mm 直径的过塑铁丝，一年生至二年生的春石斛苗，支柱高度在 40~60 mm，二年生至三年生的春石斛植株，支柱高度在 60~80 mm。绑丝的长度一般在 9 cm 左右。春石斛花期过后要及时摘除残花，以减少养分消耗。三年生以上的春石斛植株上容易产生高芽，当高芽具有 3~5 条根，根长 5 cm 左右时，要及时切取高芽，另行栽植，以减少植株的养分消耗。

五、花期调控技术

（一）春石斛

春石斛的自然花期在 3~4 月，进行花期调控可提前至元旦、春节开花。花芽分化需要在秋末度过一个低温干燥阶段，完成春化作用才能形成花芽。若要在春节开花，一般在 10 月中旬开始催花，即要经过一个低温干燥阶段。这一阶段，白天温度保持在 15~20℃，夜晚温度10~14℃，连续处理 40 d 后即可形成花芽。如果夜温超过 14℃，或持续低温时间不到 40 d，均会造成花芽分化不完全，影响以后开花。在低温处理阶段要停止施肥，控制浇水，保持栽培基质不过于干燥即可。干燥的基质有利于提高石斛兰的耐寒性。中午可向叶面喷雾，提高空气相对湿度。在花芽形成后，夜间温度要逐渐恢复到 18~20℃，栽培2~3 个月即可开花。经过低温干燥处理的石斛兰植株如果立即恢复到高夜温，容易使植株发生腐烂和枯萎，因此应逐渐提高温度。

（二）秋石斛

秋石斛是短日照植物，日照时间超过 12 h 抑制花芽形成。茎部肥大，叶片停长后，茎部顶端完成花芽分化，花梗伸长。秋石斛在温暖潮湿的环境，接受短日照的刺激花芽分化。秋石斛花芽形成茎干时，控水1~2 周，少给水分，花梗即可伸出。花芽抽出 3~5 cm 后，恢复浇水。已开花植株，适宜 3~5 d 浇水 1 次。空气相对湿度不宜低于 60%。秋季空气相对湿度低会落蕾，要经常喷水。秋石斛开花植株应放置在光线较强处，光照不足植株徒长、花色暗淡。健壮的叶片有利于植株产生更多、更大的花，在花序将开花时，固定植株方位使植株始终朝向一致。开花株可停止施肥，但小苗或未成熟植株应每周继续施肥，增加其抗寒力。开花前花芽变黄、萎蔫或者脱落是植物能量不足的表现，主要是光照强度过低、植株太小、根系腐烂、温度剧烈变化等原因所致。有些秋石斛杂交种一年四季都可开花，但是开花后多有 3~4 个月的营养生长期。而大部分生长健壮的秋石斛品种，正常花期过后，利用降温设施，使植株处于日温 20~25℃，夜温 15~20℃，在 70%~80% 的光照和 60% 左右的空气相对湿度下，经过数月精心养护，即能重新抽出花梗，再度开花。

六、采收、包装与储运

（一）采收

花序上大部分花朵开放仅花序顶部少量花处于花蕾阶段时采切。采收过早花蕾不易开放。采收以后将茎基部在温水中浸 30 s，可以延长开花时间。采收后应将花枝基部立即浸入水中，防止水分损失。花茎在离开植株后会出现因水分缺失而萎蔫的现象。为保持花朵形态，应在采收后尽快放入水中，水温要低，一般不高于 5℃。刚开始萎蔫的花，在水中浸 1 h 左右就能恢复正常的细胞膨压。所用容器及水要清洁，如有条件可用含杀菌剂的水来处理，效果会更好。临时储藏期间，水中不需添加营养物质。采收后，需要预冷。冷室内不包装花枝或不封闭包装箱，使花枝散热，直至理想温度。预冷温度一般为 13~15℃，空气相对湿度为95%~98%。预冷后花枝应始终保持在冷凉处，保持恒定低温。

（二）包装

采切预冷后，每枝切花上部都用玻璃纸或塑料膜包好，并且在花枝上套上塑料袋以降低水分损耗，以12枝为1组装入聚乙烯薄膜袋中，每4组装入75 cm×25 cm×17.5 cm的标准箱内。周围放上碎蜡纸，以防止机械损伤。长距离运输通常需将花枝插在装有保鲜液的保鲜瓶中，然后装入纸箱。

（三）储运

储运中以冷链运输效果最好。冷链运输是利用有隔热和制冷设备的冷藏车低温运输。长距离宜采用空运。在运输过程中温度控制非常重要。储运温度以5~7℃最佳；空气相对湿度在90%~95％。到达目的地，必须立即取出切花，且在水中切去花梗底部0.5 cm，以促使花枝吸水。运出以前的冷藏时间越短越好，时间的长短影响着花的品质和瓶插寿命。

第九章
日光温室观叶植物生产

观叶植物是室内装饰的主要材料，在世界花卉贸易中占有重要份额。本章在阐述日光温室内观叶植物的定义、类型以及特点的基础上，介绍了观赏凤梨类、天南星科和竹芋科常见观叶植物生物学特性、繁殖与栽培技术要点、花期调控技术及采收等。

第一节
观叶植物的定义及特点

一、定义

在日光温室条件下，经过精心养护，能长时间或较长时间正常生长发育，用于室内装饰与造景的植物，统称为观叶植物。以阴生观叶植物为主，包括部分观花、观茎和观果的植物。

（一）耐阴室内观叶植物

室内观叶植物中最耐阴的种类，如蜘蛛抱蛋、蕨类、白网纹草、虎皮兰、八角金盘、虎耳草等。在室内极弱的光线下也能供较长时间观赏，适宜放置在离窗台较远的区域，一般可在室内摆放 2~3 个月。

（二）耐半阴室内观叶植物

耐半阴室内观叶植物是室内观叶植物中耐阴性较强的种类，如千年木、竹芋类、喜林芋、绿萝、凤梨类、巴西木、常春藤、发财树、橡皮树、苏铁、朱蕉、吊兰、文竹、花叶万年青、粗肋草、冷水花、白鹤芋、豆瓣绿、龟背竹、合果芋等。适宜放置在北向窗台或离有直射光的窗户较远的区域，一般可在室内摆放 1~2 个月。

（三）中性室内观叶植物

要求室内光线明亮，每天有部分直射光线，是较喜光的种类，如彩叶草、花叶芋、蒲葵、龙舌兰、鱼尾葵、散尾葵、鹅掌柴、榕树、棕竹、长寿花、叶子花、一品红、天门冬、仙人掌类、鸭跖草类等。

（四）阳性室内观叶植物

要求室内光线充足，如变叶木、短穗鱼尾葵、沙漠玫瑰、铁海棠等。在室内短期摆放，摆放期 10 d 天左右。

二、特点

（一）室内环境特点

1.光照　室内光照强度大大低于室外，一般只有 2 000 lx 左右，有的地方平时没有自然光照，靠灯光照明的，只有 100~300 lx，甚至更低。

2.温度　室内温度四季变化规律与室外相似，但室内温差小，一般低于 10℃，若有温控设备如空调等，则四季相似，温差更小。如表 9-1 所示。

表 9-1　室内观叶植物生长温度范围

名称	最低温度（℃）	最高温度（℃）	最适温度范围（℃）	类型
观赏凤梨	5	35	23~30	喜温暖，耐热，稍耐寒
绒叶肖竹芋	5	35	20~26	喜温，稍耐寒
肾蕨	10	35	15~25	喜温
吊兰	6	30	20~25	喜温
文竹	5	32	15~25	喜温
铁线蕨	7	30	15~25	喜温
绿萝	10	35	20~32	喜温
朱蕉	10	35	20~25	喜温
竹芋	5	35	20~30	喜温
富贵竹	12	35	20~28	喜温
花叶芋	13	35	21~32	喜温

3.湿度　室内空气相对湿度较低，在 50% 以下，水分蒸发与吸收平衡极易破坏，会造成植物的枯枝、枯叶，影响观赏。

（二）室内观叶植物的特点

室内观叶植物原产地多为热带、亚热带地区，喜高温、高湿、耐阴的生长环境。室内观叶植物与其他观赏植物相比有其独特的优点。首先，它具有其他观赏植物无以比拟的耐阴性，可以适应室内的低光照。其次，观赏周期长，管理方便，种类繁多，姿态多样，大小齐全，风韵各异，能满足各种场合的绿化装饰需要。室内观叶植物可以起到调节温度、湿度，减轻噪声，吸附尘埃，净化空气的作用，有利于人体健康，近年来得到了迅速发展。

第二节
凤梨科花卉栽培技术

凤梨别名菠萝花、凤梨花，观赏凤梨为凤梨科多年生具有观赏价值的草本植物，原产于中美洲、南美洲的热带和亚热带地区。以附生种类为主，一般附生于树干或石壁上。其株形优美，叶片和花穗色泽艳丽，花形奇特，花期可长达2~6个月，其花叶兼具观赏价值，是新一代室内盆栽花卉。

一、主要生物学特性

（一）形态特征

根系不发达；植株丛生，茎普遍较短。叶片狭长形，有剑形或带状，大多数叶缘都有锯齿。革质叶片的色泽绚丽多彩。顶叶片的基部，常相互紧叠成向外扩展的莲座状。花朵千姿百态。其花其叶都仿佛涂了一层蜡质，柔中带硬而富有光泽。花序圆锥状、总状或穗状，生于叶形成的莲座叶丛中央。花后死亡，死亡前基部产生吸芽。肉质果。

1. 根

1) 附生类型凤梨　依附在大树、灌木等植物体上。须根褐色或黑色，不发达，数量很少，纤细而坚韧，主要起到固定植株、从支撑植物身上吸收很少量水分和营养的作用。在人工栽培条件下，根系会逐渐变得相对发达起来，数量多，质地软，能够从基质中吸收更多的水分和

养分。这类凤梨的根受损或完全无根，只要其他条件适宜，也能正常
生长，如图 9-1 所示。

图 9-1　附生类型凤梨的根

2）地生类型凤梨　生长在土壤中。须根数量较多，相对发达，不
仅起到固定植株的作用，还能吸收大量的水分和养分，供植株生长发
育所需。

3）气生类型凤梨　也称空气凤梨，生长在空气中。通常只有由种
子发芽而来的幼苗才有根，成株没有根或有极少量的根。如果有根，
由于暴露在空气中而呈现绿色，质地坚韧，主要起固定植株的作用，
没有吸收水分和营养的功能。

2. 茎　常见的观赏凤梨一般茎极短，被叶片层层包裹，称为短缩
茎，外观上看起来不明显（图 9-2）。未开花时，植株的高度几乎就是
叶片的高度。开花时，短缩茎的顶芽由营养芽变为花芽，再发育成花茎，
从叶丛中抽出。多数观赏凤梨的花茎直立，长度从十几厘米到几十厘米，
使花序高于叶面，如松果凤梨（图 9-3）。有些观赏凤梨的花茎则是下
垂生长，如垂花水塔花（图 9-4）。还有一些种类的花茎则很短，不抽

出叶筒，花序仅长出叶筒积水的水面之上，如彩叶凤梨。

图 9-2　观赏凤梨的短缩茎　　　　　图 9-3　松果凤梨的直立花茎

图 9-4　垂花水塔花的弯垂花茎

3. 叶

1）叶片的形态和质地　凤梨科植物的叶形独特，一般没有叶柄，短缩茎上每节都有抱茎的叶鞘，叶片直接从叶鞘上延伸长出。常见栽培种类的叶片有 3 种形状：①宽带形，宽 4~6 cm，呈弯垂状，常见的有星花凤梨、丽穗凤梨、珊瑚凤梨和水塔花等。其中，星花凤梨的叶片比较长，多为 35~60 cm；而丽穗凤梨的叶片短，一般为 20~30 cm。②窄带形，宽 1.5~2.5 cm，如紫花凤梨。③线形和针状，如松萝凤梨、铁兰凤梨等。叶边缘形态也有所不同，星花凤梨、丽穗凤梨边缘多是光滑无刺或锯齿，珊瑚凤梨和水塔花一般有细齿，如粉叶珊瑚。原产地在干旱沙漠地区的种类，叶边缘常生有黑色或褐色的刺状锯齿，排列规律，看起来很像仙人掌类或某些肉质植物，这是植物为了适应干旱环境而保留下来的形态特征。凤梨科植物的叶片质地种类很多，常见的栽培品种多为革质，质地柔韧，不易折断、破损。

2）特殊的构造——叶筒和鳞片

（1）叶筒　多数观赏凤梨的叶片相互抱合呈覆瓦状排列，叶片基部相互紧叠，形成一个不透水的组织，称为叶筒（图 9-5），也有人称之为叶杯。叶筒承担着类似储水器或水槽的作用。不同种类的叶筒口径大小不同，小的只有几厘米，大的可达数十厘米，储水量最多可达 3~5 L。叶筒结构对凤梨科植物的生长至关重要，在原产地，叶筒储水为植株提供水分，几乎不需要根系的吸收作用。水中所含有的少量溶解物还可以作为肥分提供给植株，由叶片基部的吸收鳞片吸收，提供植株所需的养分。植株的生长点位于叶筒内，花芽分化也在叶筒内完成。平时，叶筒内需要保持一定量的水分。人工种植凤梨科植物时，营养液、水分、催花药剂都需要在叶筒内添加完成。

图 9-5　凤梨的叶筒

（2）鳞片　鳞片是某些凤梨科植物的微型吸水设备。所谓鳞片是指植物体表的表皮硬化，出现多边形状结构。迄今为止，只在凤梨科植物上发现了鳞片结构。扫描电子显微镜下观察到，松萝凤梨叶表面的鳞片由碟状细胞、环状细胞、翼状细胞组成（图 9-6），透过一些具有特殊结构的细胞与叶片内部的叶肉细胞相连，捕捉到的水分通过这条通道运送到叶肉细胞内。

鳞片的大小和密度决定了凤梨获取水分能力的大小，松萝凤梨表

图 9-6　电子显微镜下观察到的
松萝凤梨叶鳞片

面密布的鳞片说明其具有较强的获取水分的能力。鳞片互相交错形成的非光滑表面有助于增强其表面黏附力，截留植物表面水分，并可有效解决水分过快散失的问题。松萝凤梨的叶片上布满了吸收鳞片，使原本绿色的叶片呈现银白色。

（3）叶片的颜色　凤梨科植物叶色亮丽，多彩斑斓。常见的叶色为绿色，还有银白、红、黄、粉、褐、紫、暗红近黑等色（图9-7、图9-8）。除此之外，叶色还有其他各种变化，如叶边缘呈金黄色或银白色，称为金边、银边（图9-9）；叶中央纵向呈金黄色或银白色，则称为金心（图9-10）、银心；叶中央纵向生有多条金黄色或银白色细条，称为金线（图9-11）、银线（图9-12）；叶表面生有许多浅色斑点，称为洒金（图9-13）；叶片色泽深绿和浅绿形成色彩相间的横向斑带，称为虎纹或斑马纹。此外，还有在叶端出现彩色的红嘴类型，在叶筒处出现彩色的彩心类型等。

图 9-7　彩叶（一）

图 9-8 彩叶（二）

图 9-9 银边

图 9-10 金心

图 9-11 金线

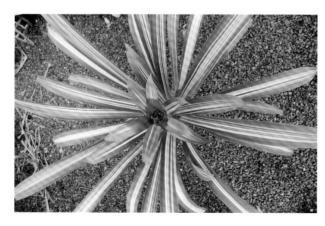

图 9-12 银线

图 9-13 洒金

叶片的颜色及变化，有些种类是从幼苗开始就表现出来，有的则是在生长过程中逐渐产生的，特别是在开花前后，中心叶由绿色逐渐着色，最后呈现鲜艳的彩色，目的是为了吸引昆虫的注意力，让昆虫为其完成传粉过程。

4. 花

1）花序　一定数量的小花及苞片按照不同的排列方式聚在一起组成花序。观赏凤梨的花序主要有穗状花序、复穗状花序、总状花序和圆锥花序等。种类不同，花序的大小相差很大，小的花序直径只有几毫米，大的能达到几十厘米。观赏凤梨的花序通常由叶筒中长出，多数种类的花序高于叶片，直立；还有些长出后弯曲下垂；另外有些只长出叶筒的水面。

2）苞片　苞片是位于正常叶和花之间的一片或数片变态叶，有保护花和果实的作用。观赏凤梨的整个花序就是由许多色彩艳丽的苞片包裹，苞片常见的颜色有红色、黄色，也有粉、白、紫、深紫色及双色、复色等。苞片体积大，数量多，色彩丰富，持续时间长，是观赏的主要部位。根据苞片的着生方式不同，又可分为 2 种类型：①着生在主花茎上的苞片，称为花茎苞片。②着生在小花茎上的苞片，称为小花苞片。由于苞片的大小、数量、着生方式不同，花序的外观也呈现不同的形状。苞片在长长的花茎上螺旋状排列形成星状，如星花凤梨中的多数种类（图 9-14）。而在短花茎上互相交叠呈覆瓦状形成剑形（也称扇形），如丽穗凤梨的多数种类（图 9-15、图 9-16）。还有花茎短缩成头状（图 9-17）、穗状（图 9-18）等。各种花序或端庄，或热烈，或优雅飘逸，姿态万千，惹人注目。

3）小花　凤梨科植物的花很小，直径在 1 cm 以下，有的甚至仅几毫米。1 朵小花有 3 个萼片，颜色因种类的不同而不同。3 片花瓣，有黄色、红色、白色、紫色等。6 枚雄蕊，花柱细长，3 个柱头（图 9-19）。子房下位或半下位，子房室内有多数胚珠。凤梨类的小花颜色丰富而鲜艳，可供观赏，但是小花的花期很短，一般持续 1 d 至数天即凋谢，很快失去观赏价值，因此，主要观赏部分实际上是花序上的苞片。苞片的色彩艳丽，可持续 2 个月以上，有些种类甚至能达到 5~6 个月，一直到结果或母株开花后死亡。观赏凤梨营养体需要长到足够大时才能分化

图 9-14　星形花序

图 9-15　扇形花序

图 9-16　剑形花序

图 9-17　头状花序

图 9-18　穗状花序

出花芽开花，自然开花时间非常漫长。经过人工催花诱导处理，植株能加快花芽分化，在全年中的任何时段都可以开花。栽培中可根据实际需要制订计划，有目的地催花，使之在需要的时间内开花。

图 9-19　花

5. 果实和种子

1）果实　观赏凤梨的果实主要有蒴果、浆果和复果 3 种，其中最常见的是蒴果和浆果。

（1）蒴果　是由复雌蕊构成的果实，成熟干燥时会裂开，散出种子，一些种子还生有冠毛（图 9-20）。种子一般都很小，只有几毫米长。常见的星花凤梨、丽穗凤梨、铁兰凤梨等蒴果所结的种子，细长，纺锤形，基部有长长的冠毛。果皮裂开之后，带着冠毛的干燥种子会随风飞舞，传播到不同的地方，遇到适宜的条件，萌发生长。

图 9-20　生有冠毛的种子

（2）浆果　由一至几个心皮组成，外果皮膜质，中果皮、内果皮均肉质化，充满汁液，内含多数种子（图 9-21），如珊瑚凤梨、彩叶凤梨等的果实。浆果在成熟后会变成红色、黄色、紫色、白色或黑色等。这些颜色鲜艳的果实会吸引鸟类、其他小动物来取食，从而达到传播种子的目的。浆果内生有粒状种子，种核外包着一层胶状物，帮助种子黏附在粗糙的树皮表面，在适宜的条件下发芽生长。

图 9-21　凤梨的浆果

（3）复果　也称聚花果，是由整个花序形成的，花序轴肉质化，外表面常附有宿存的花萼片。

2）种子　在自然界里，不是所有的凤梨科植物都能结果，许多种类还需要在昆虫或鸟类帮助下才能传粉结果。目前栽培的很多品种，其中有一些种类是没有花粉或者花粉败育的，也无法得到果实和种子。人工选育新品种时，对于那些能够开花结果的种类，可以通过人工控制授粉，得到自交或杂交种子；对于不能正常开花结果的种类，就不能通过有性杂交育种，只能通过其他的途径选育。

（二）生物学特性

1. 温度需求　观赏凤梨最适生长温度为 18~28℃，昼夜温差以 6℃ 以上为佳；短时间低温（5℃ 左右）不受冷害，长时间低于 8℃ 受冷害；过度高温亦造成生长障碍。莺歌凤梨属虎纹凤梨的生长适温为 16~27℃，3~9 月为 21~27℃，9 月至翌年 3 月为 16~21℃。冬季温度不低于 5℃，否则叶片边缘会遭受冻害，出现枯萎现象。星花凤梨属喜高温高湿和阳光充足环境，不耐寒，怕干旱，耐半阴。星花凤梨生长适温为 15~30℃，3~9 月为 21~27℃，9 月至翌年 3 月为 16~21℃。冬季温度低于 16℃，植株停止生长，低于 10℃ 则易受冻害。

2. 光照需求　虎纹凤梨对光照比较敏感，除夏季强光条件下需遮阴 30%~40% 以外，其余时间均需充足的阳光，其鲜红色的苞片才能鲜艳夺目。若光线不足，虎纹凤梨的叶色和花色就不能充分展现，同时蘖芽的发育也受影响。星花凤梨对光照的适应性较强。夏季强光时适当遮阴，用遮光率 50% 遮阳网，其他时间需明亮光照，对叶片和苞片生长有利，颜色鲜艳，并能正常开花。同时，星花凤梨也耐半阴环境，如果长期光照不足，植株生长减慢，推迟开花。

3. 对土壤和水分的要求　土壤以肥沃、疏松、透气和排水良好的沙质壤土为宜。盆栽也可采用泥炭苔藓、蕨根和树皮块的混合基质作盆栽土。虎纹凤梨对水分的适应性较强。在盆土湿润、空气相对湿度 60%~70% 和叶筒中有水的情况下，莲座状叶片生长迅速。如盆土稍干燥，叶筒内短时间缺水，对虎纹凤梨的生长没有明显影响。这说明虎纹凤梨也比较耐干旱。星花凤梨对水分的要求较高。除盆土保持湿润外，空气相对湿度应在 75%~85%，同时莲座叶丛中不可缺水，这样才有利于星花凤梨叶丛的生长。生长期需经常喷水和换水，保持高温和清洁环境。水质对凤梨非常重要，一般含盐量越低越好。EC 值宜控制在 0.3 mS·cm^{-1} 以下，pH 5.5~6.5。

4. 对湿度的要求　星花凤梨喜欢高湿环境，空气相对湿度宜维持在 75%~85%。苗期空气相对湿度控制在 80%~85%，栽植 3 个月后空气相对湿度宜控制在 75%~85%。

5. 对营养元素的要求　生长过程中需要全肥。

二、常见品种

目前国内常见的观赏凤梨有星花凤梨、丽穗凤梨、珊瑚凤梨、水塔花、彩叶凤梨、铁兰凤梨 6 个类群，2 000 多种。最流行的种类集中在星花凤梨和丽穗凤梨。这 2 个种类共性为叶片光亮，边缘无刺，叶片短缩在茎上，形成叶筒，用于储藏水分和吸收养分。根系不发达。花序为主要观赏部位。

（一）星花凤梨

1. 概述　星花凤梨，也称果子蔓凤梨、擎天凤梨，全世界有 100 多种，主要分布于中美洲、南美洲的热带和亚热带地区，多生于热带雨林中，既有附生种类，也有地生种类。

2. 主要栽培品种

1）平头红　如图 9-22 所示。

（1）主要特征　大型品种，株高 50~60 cm，带状叶片绿色，花序星形，苞片深红色。

（2）叶片　20~25 片，长 30 cm，宽 3.5~4.5 cm，带状，边缘无刺，绿色，簇生于短缩茎上形成叶筒。

（3）花　花序由叶筒中央抽出，生有许多叶状苞片，呈覆瓦状抱合于花梗上。基部苞片顶端绿色，顶部苞片深红色。小花浅黄色，隐于苞片之内。花期 4~6 个月。

2）丹尼斯　如图 9-23 所示。

（1）主要特征　中型品种，株高 40~55 cm，带状叶片绿色，花序星形，苞片红色。

（2）叶片　约 30 片，长 30 cm，宽 4~4.5 cm，带状，边缘无刺，绿色，簇生于短缩茎上形成叶筒。

（3）花　花序由叶筒中抽生，叶状苞片鲜红色。小花黄色，隐藏于苞片之内，开放时仅露出花蕊。花期 3~6 个月。

3）吉利　如图 9-24 所示。

（1）主要特征　大型品种，株高 50~70 cm，叶片绿色，植株细瘦，花序长、星形，苞片红色。

图 9-22　平头红　　　　　　　　图 9-23　丹尼斯

图 9-24　吉利

（2）叶片　约 30 片，长 30~40 cm，宽 3.5~5 cm，带状，边缘无刺，深绿色，簇生于短缩茎上形成叶筒。

（3）花　花序由叶筒中抽生，花梗上紧密排列着叶状苞片。苞片中上部深红色，中部以下苞片顶端为绿色。小花黄色，隐于苞片之内，开放时露出花蕊。花期 4~6 个月。

4）牡丹星　如图 9-25 所示。

图 9-25　牡丹星

（1）主要特征　大型品种，株高50~70 cm，叶片深绿色，花序星形，苞片橙红色。

（2）叶片　约30片，长30~40 cm，宽4~5 cm，带状，边缘无刺，深绿色，簇生于短缩茎上形成叶筒。

（3）花　花序较大，由叶筒中抽生，花梗上紧密排列着叶状苞片，高度常与叶面平齐。基部苞片深紫红色，顶部苞片橙红色至黄色，微卷曲。小花白色或近白色，隐于苞片之内，开放时露出花蕊。花期4~6个月。

5）白雪公主　如图9-26所示。

图9-26　白雪公主

（1）主要特征　大型品种，株高 60~90 cm，花序星形，苞片红色，中心苞片尖端白色。

（2）叶片　20~25 片，长 40~50 cm，宽 4~5 cm，带状，边缘无刺，绿色，簇生于短缩茎上形成叶筒。

（3）花　花序由叶筒中抽生，外面 2~3 层叶状大苞片红色，斜上展开，尖端暗红色，中部小苞片密集，亮红色，微微展开如莲瓣，尖端白色似雪，颜色艳丽。小花黄色，生于苞片间隙。花期 4 个月。

6）小红星　如图 9-27 所示。

图 9-27　小红星

（1）主要特征　小型品种，株高 15~30 cm，叶片绿色，花序星形，红色。

（2）叶片　20~25 片，长 30~40 cm，宽 2.5~3.5 cm，带状，边缘无刺，墨绿色，簇生于短缩茎上形成叶筒。

（3）花　花序短，高不过叶面，由密生的红色叶状苞片组成。小花白色，隐于苞片之内。花期 4 个月。

7）莎莎　如图 9-28 所示。

（1）主要特征　中型品种，株高 35~45 cm，花序星形。苞片红色，尖端绿色，顶部苞片淡红色。

（2）叶片　20~25 片，长 30~40 cm，宽 4~5 cm，带状，边缘无刺，

墨绿色，簇生于短缩茎上形成叶筒。

图 9-28　莎莎

（3）花　花序由叶筒中抽出，基部花梗苞片绿色；中上部苞片红色，尖端绿色；顶部苞片淡红色，尖端和边缘红色。花期4个月。

8）希尔达　如图9-29所示。

图9-29　希尔达

（1）主要特征　中型品种，株高45~55 cm，叶片绿色，花序星形，苞片亮黄色。

（2）叶片　20~25片，长30~40 cm，宽4~5 cm，带状，边缘无刺，绿色，簇生于短缩茎上形成叶筒。

（3）花序　花序由叶筒中抽生，叶状苞片亮黄色，基部绿色。小花白色，生于苞片之内，开放时露出花蕊。花期4~6个月。

9）阳光时代　如图9-30所示。

图 9-30 阳光时代

（1）主要特征　大型品种，株高 60~75 cm，叶片绿色，花序星形，苞片橙黄至亮黄色。

（2）叶片　25~35 片，长 40~50 cm，宽 4.5~5.5 cm，带状，边缘无刺，绿色，簇生于短缩茎上形成叶筒。

（3）花　花序由叶筒中抽生，叶状苞片基部暗橙黄色，向上逐渐过渡到亮黄色，背面暗橙黄色。小花白色，生于苞片之内。花期 4~6 个月。

10）露娜　如图 9-31 所示。

图 9-31　露娜

（1）主要特征　大型品种，株高 60~70 cm，花序星形，苞片亮紫红色。

（2）叶片　25~35 片，长 50~60 cm，宽 4~5 cm，带状，边缘无刺，绿色，尖端渐尖，簇生于短缩茎上形成叶筒。

（3）花　花序由叶筒中抽生，叶状苞片亮紫红色。小花淡黄色，生于苞片间隙，很少伸出，开放时露出花蕊。花期 4 个月。

11）紫星　如图 9-32 所示。

（1）主要特征　大型品种，株高 50~55 cm，花序星形，苞片紫红色。

（2）叶片　25~30 片，长 40~50 cm，宽 4~5 cm，带状，边缘无刺，绿色，尖端渐尖，簇生于短缩茎上形成叶筒。

（3）花　花序由叶筒中抽生，叶状苞片紫红色。小花淡黄色，生于苞片间隙，很少伸出，开放时露出花蕊。花期 4 个月。

12）焦点　如图 9-33 所示。

（1）主要特征　大型品种，株高 50~60 cm，花序锥状，小苞片红色集生，形似燃亮的火炬。

图 9-32　紫星　　　　　　　　　　　　　　图 9-33　焦点

（2）叶片　约 30 片，长 30~50 cm，宽 4~5 cm，宽带状，边缘无刺，墨绿色，基部紫红色，簇生于短缩茎上，形成叶筒。

（3）花穗状花序　由叶筒中央抽出，由密集的红色小苞片和黄色小花组成，集生成锥状，形如火炬。苞片亮红色，外面 2~3 层叶状大苞片斜上展开，尖端暗红色，中部小苞片呈鳞片状抱合成椭球形，尖端亮黄色。小花黄色，生于苞片间隙，很少伸出。花期 4 个月。

13）火炬　如图 9-34 所示。

图 9-34　火炬

（1）主要特征　大型品种，株高 50~70 cm，花序锥状，小苞片红色集生，形似燃亮的火炬。

（2）叶片　约 30 片，长 30~50 cm，宽 4~5 cm，宽带状，边缘无刺，绿色，簇生于短缩茎上形成叶筒。

（3）花穗状花序　由叶筒中央抽出，由密集的红色小苞片和黄色小花组成，集生成锥状，形如火炬。苞片亮红色，外面 2~3 层叶状大苞片斜上展开，尖端暗红色，中部小苞片呈鳞片状抱合成椭球形，尖端亮黄色。小花黄色，生于苞片间隙，很少伸出。花期 4 个月。

14）松果　如图 9-35 所示。

图 9-35　松果

（1）主要特征　大型品种，株高60~70 cm，花序锥状，红色，形似松果。

（2）叶片　30~40片，长45~65 cm，宽4.5~6 cm，带状向下弯曲，墨绿色，边缘无刺，簇生于短缩茎上，形成叶筒。

（3）花穗状花序　由叶筒中央抽出。叶状苞片短，墨绿色，基部及背面略呈暗紫灰色，竖直生长，几乎合抱于茎上；顶部小苞片深红色，尖端亮黄色，呈鳞片状抱合成圆锥形，集生于顶端。小花黄色，生于苞片间隙，开放时伸出。花期4~6个月。

（二）丽穗凤梨

1. 概述　丽穗凤梨（Vriesea），也称莺哥凤梨、彩苞凤梨、红剑等，种类较多，全世界约有200个原种，产于中南美洲的热带和亚热带地区，多数为附生种类，少数为地生种类。

2. 主要栽培品种

1）卡图剑　如图9-36所示。

图9-36　卡图剑

（1）主要特征　中小型品种，株高 30~40 cm，花序扇形，苞片深红色。

（2）叶片　20~25 片，长 30~40 cm，宽 3~3.5 cm，薄肉质，带状，绿色，边缘光滑无刺，平展，外叶尖微向下弯，簇生于短缩茎上形成叶筒。

（3）花复穗状花序　有 4~5 个分枝，主枝较大，侧枝小。花穗椭圆扇形，每穗有 2 列深红色苞片，对称互叠，斜向上伸出。花期 2~3 个月。

2）火凤凰　如图 9-37 所示。

图 9-37　火凤凰（左）和黄金玉扇（右）

（1）主要特征　中小型品种，株高 30~40 cm，花序剑形，多分枝，苞片鲜红色。

（2）叶片　18~25 片，长 14~18 cm，宽 3.5~5 cm，短带状，浓绿色，富有光泽，边缘光滑无刺，斜上伸展，外叶尖部微弯，簇生于短缩茎上形成叶筒。

（3）花复穗状花序　有多个分枝，每个分枝形成一个剑形花穗，主枝和分枝都较长。苞片鲜红色。花期 2~3 个月。

4）黄金玉扇

（1）主要特征　中小型品种，株高 30~40 cm，花序扇形，苞片红色，末端渐变为黄色。

（2）叶片　20~25 片，长 20~30 cm，宽 2.5~3.5 cm，薄肉质，带状，鲜绿色，边缘无刺，斜上伸展，外叶尖微向下弯，簇生于短缩茎上形成叶筒。

（3）花复穗状花序　有多个分枝，每个分枝形成一个长椭圆扇形花穗，主枝较大，侧枝小，一般 2~3 个。苞片红色，边缘渐变为黄色，鲜艳醒目。花期 2~3 个月。

5）芭芭拉　如图 9-38 所示。

（1）主要特征　小型品种，株高 25~30 cm，花序剑形，苞片深红色。

（2）叶片　15~20 片，长 20~30 cm，宽 3~4 cm，短带状，墨绿色，边缘无刺，斜上伸展，外叶尖向下微弯，簇生于短缩茎上形成叶筒。

（3）花复穗状花序　有多个分枝，每个分枝形成一个扇形花穗。苞片深红色。花期 2~3 个月。

6）彩苞　如图 9-39 所示。

（1）主要特征　中型品种，株高 35~45 cm，绿叶银心，花序剑形，苞片鲜红色。

（2）叶片　15~25 片，长 25~30 cm，宽 3~4 cm，短带状，墨绿色，叶片中心有银白色纵向条纹。边缘光滑无刺，斜上伸展，外叶尖向下微弯，簇生于短缩茎上形成叶筒。

（3）花复穗状花序　有多个分枝，每个分枝形成一个扇形花穗。苞片鲜红色。小花黄色，开放时伸出苞片外。花期 3~4 个月。

图 9-38　芭芭拉

图 9-39　彩苞

图 9-40　卡丽红

7）卡丽红　如图 9-40 所示。

（1）主要特征　中型品种，株高 40~50 cm，花序剑形，苞片鲜红色。

（2）叶片　18~25 片，长 25 cm，宽 3~4 cm，短带状，浓绿色，富有光泽，边缘光滑无刺，斜上伸展，外叶尖部微弯，簇生于短缩茎上形成叶筒。

（3）花复穗状花序　有多个分枝，每个分枝形成一个扇形花穗，主枝花穗较大。苞片鲜红色。小花白色，开放时伸出苞片外。花期 3~4 个月。

8）斑马红剑　如图 9-41 所示。

（1）主要特征　中型品种，株高 35~45 cm，叶片上生有斑马纹，花序剑形，苞片鲜红色。

（2）叶片　20~25 片，长 20~30 cm，宽 2.5~3.5 cm，带状，边缘无刺，墨绿色与浅绿色相间形成斑马条纹，斜向上展开，簇生于短缩茎上形成叶筒。

（3）花穗状单花序　由 2 列深红色的花苞片组成，高高伸出叶筒中央。花期 2~3 个月。

图 9-41　斑马红剑

9）安妮　如图 9-42 所示。

图 9-42　安妮

（1）主要特征　中型品种，株高 35~50 cm，花序剑形，苞片金黄色。

（2）叶片　20~25 片，长 20~30 cm，宽 3.5~4.5 cm，带状，边缘无刺，鲜绿色有光泽，斜向上展开，簇生于短缩茎上形成叶筒。

（3）花复穗状花序　花梗直立，自叶筒中抽出，有8~10个分枝。由2列花苞片组成，花梗和花序基部艳红，端部黄色。小花黄色。花期2~3个月。

10）莺哥　如图9-43所示。

图9-43　莺哥

（1）主要特征　小型品种，株高约20 cm，花序剑形，花梗及苞片内部红色，苞片外围黄色。

（2）叶片　15~20片，长15~25 cm，宽3~3.5 cm，宽带状，边缘有细锯齿，绿色有光泽，斜向上展开，簇生于短缩茎上形成叶筒。

（3）花　花梗直立，自叶筒中抽出，2 列排列疏松花苞片。花梗和花序沿花梗处艳红色，苞片黄色。小花黄色。花期 1~3 个月。

11）伊维塔　如图 9-44 所示。

图 9-44　伊维塔

（1）主要特征　中型品种，株高约 40 cm，花序剑形，花梗红色，苞片金黄色。

（2）叶片　20~25 片，长 25~35 cm，宽 2~3 cm，带状，边缘有细锯齿，墨绿色有光泽，斜向上展开，簇生于短缩茎上形成叶筒。

（3）花　花梗直立，自叶筒中抽出，复穗状花序，有 6~8 个分枝，2 列金黄色花苞片。小花黄色。花期 2~3 个月。

（三）珊瑚凤梨

1. 概述　珊瑚凤梨，也称光萼荷凤梨、尖萼凤梨、蜻蜓凤梨。全世界约有 150 种，分布于南美洲亚马孙河流域的热带雨林中，多为附生种类。

2. 主要栽培品种

1）粉叶珊瑚　如图 9-45 所示。

（1）主要特征　大型品种，株高 50~60 cm，叶被白粉，花序头状，苞片粉红色。

（2）叶片　10~20 片，长 20~30 cm，宽 5~7 cm，宽带状，先端钝圆有小突尖，叶缘密生深色细刺；外轮叶较长，张开，内轮叶较短，近直立。叶粉绿色，密被银白色鳞片，形成灰绿色虎斑状横纹。叶片簇生于短缩茎上形成叶筒。

图 9-45　粉叶珊瑚

（3）花　花梗直立，自叶筒中抽出，淡红色。复穗状花序集生成头状，梗绿色，密被银色鳞片。粉红色外苞片较大，披针形，渐尖，边缘密生细刺；内苞片小，渐尖。小花蓝紫色，渐变桃红色，生于内苞片间隙。花期 3 个月。

2）鲁氏珊瑚　如图 9-46 所示。

（1）主要特征　大型品种，株高 50~60 cm，叶绿色带棕褐色，花序穗状，紫色。

（2）叶片　10~15 片，长 20~30 cm，宽 5~7 cm，宽带状，叶缘密生细刺。外轮叶较长，张开；内轮叶较短，近直立。叶绿色带棕褐色，有金属光泽。叶片簇生于短缩茎上形成叶筒。

（3）花和果　花梗直立，自叶筒中抽出。花序穗状，花梗及花萼紫色，密被银色鳞片。小花红色。浆果豆粒状，幼时乳白色，成熟时紫蓝色。

2）光叶珊瑚　如图 9-47 所示。

图 9-46　鲁氏珊瑚

（1）主要特征　大型品种，株高 50~60 cm，叶绿色，圆锥花序红色。

（2）叶片　10~15 片，长 20~30 cm，宽 5~6 cm，宽带状，叶缘有细锯齿。外轮叶较长，张开；内轮叶较短，近直立。叶橄榄绿色，叶背紫色，有金属光泽。叶片簇生于短缩茎上形成叶筒。

（3）花和果　花梗直立，自叶筒中抽出，疏被银色鳞片。圆锥花序，花梗及片萼红色。小花蓝紫色。浆果豆粒状，熟时鲜红色。

4）蓝色探戈　如图9-48所示。

图 9-47　光叶珊瑚

图 9-48　蓝色探戈

（1）主要特征　大型品种，株高 50~60 cm，叶绿色，花序穗状，蓝紫色。

（2）叶片　10~15 片，长 20~30 cm，宽 5~6 cm，宽带状，叶缘有细锯齿。外轮叶较长，张开；内轮叶较短，近直立。叶绿色，有光泽。叶片簇生于短缩茎上形成叶筒。

（3）花　花梗直立，自叶筒中抽出。花序穗状，花梗及花萼淡红色至淡紫红色，苞片蓝紫色。

（四）水塔花

1. 概述

1）水塔花　又称红藻凤梨、筒状凤梨，原产南美洲的热带和亚热带地区，约有 60 个原生种，多数为附生种类，少数为地生种类。如图9-49

所示。

图 9-49　水塔花

（1）主要特征　中型品种，株高 40~50 cm，叶绿色，短穗状花序红色。

（2）叶片　10~20 片，长 30~50 cm，宽 4.5~5.5 cm，宽带状，绿色，叶端尖锐，叶缘有锯齿，簇生于短缩茎上形成叶筒。

（3）花　花梗直立，自叶筒中抽出。花序短穗状，密生成球状。苞片生于基部，红色。小花红色。

2）垂花水塔花　如图 9-50 所示。

（1）主要特征　小型种类，多丛生，株高 20~30 cm，叶绿色，穗状花序俯垂，粉红色。

（2）叶片　10~15 片，长 30~45 cm，宽 1~1.5 cm，带状，深绿色，边缘有细小的锯齿。

（3）花　花梗纤细，长约 30 cm，自叶筒中抽出，俯垂，叶状大苞

图 9-51 垂花水塔花

片粉红色。小花 6~12 朵，花管状，小花萼粉紫色，花冠绿色，边缘紫色；花蕊长，伸出花冠筒之外，花药黄色。

（五）彩叶凤梨

1. 概述

1）彩叶凤梨　又称赧凤梨、羞凤梨等。同其他种类的凤梨相比，彩叶凤梨的叶色更加丰富多彩，斑驳夺目，是著名的观叶种类。彩叶凤梨共有原生种 30 多个，主要分布于巴西，多为附生种类。如图 9-51 所示。

（1）主要特征　小型种类，株高 20~30 cm，植株呈鸟巢状，叶绿色，花期中心叶红色。

（2）叶片　20~30 片，长 20~30 cm，宽 3.5~4.5 cm，带状，叶缘生有极其细小的刺。叶绿色有金属光泽，花期中心叶变为红色，是主要观赏部位。叶片簇生于短缩茎上形成叶筒。有金心、金边、银边和黄色纵条纹等多个变种，其中三色彩叶凤梨中央呈深红色，叶片绿色金心，形成绿、黄、红三色，尤具观赏价值。

（3）花　短花序集生成头状，隐藏于叶筒中水面下，小苞片浅黄绿色。小花白色或蓝紫色，开花时伸出水面。

2）红嘴彩叶凤梨　如图 9-52 所示。

（1）主要特征　中小型种类，高 30~40 cm，植株呈鸟巢状，叶绿色，

图 9-51　彩叶凤梨　　　　　　　　　图 9-52　红嘴彩叶凤梨

叶尖有红色斑点。

（2）叶片　20~30 片，长 30~40 cm，宽 4~5 cm，宽带状，先端钝圆，叶缘密生细刺。叶绿色，背面紫红色有白粉，叶尖有一个红色大斑点。

（3）花　短花序集生成头状，隐藏于叶筒中水面下，小苞片黄褐色。小花蓝紫色，开花时伸出水面。

（六）铁兰凤梨

1. 概述　铁兰凤梨，原产于美洲的热带和亚热带地区，整个属有 500 多个原种，是凤梨科中最大的一类。除了一些附生或地生种类外，有很多气生种类，生长在空气中，不需要泥土或基质。这些奇特的气生种类被称为"空气草"，它们分布在南美洲的平原、高山甚至干旱的高原荒漠中，常常依附在石壁等物体或者仙人掌等植物上。只有少量气生根起固定植株的作用，几乎不用根吸收养分和水分，主要依靠密布叶面的银色鳞片从空气中吸收水分和养分，满足生长发育所需营养和水分的需要。

2. 主要栽培品种

1）紫花凤梨　如图 9-53 所示。

图 9-53　紫花凤梨

（1）主要特征　小型种类，高 15~20 cm，叶线形绿色，穗状花序扇形，苞片粉红色，小花紫色。

（2）叶片　20~30 片，长 20~30 cm，宽 1~1.5 cm，宽线形，绿色，疏被银白色鳞片。

（3）花　穗状花序由叶丛中抽出，扁扇形，由 2 列密生排列的粉红色苞片组成。小花蓝紫色，开放时伸出苞片之外。

2）松萝凤梨　气生种类，植株下垂生长，可达 3 m。如图 9-54 所示。

图 9-54　松萝凤梨

茎线形，纤细，具有很多分枝。叶线形纤细卷曲，密被银灰色鳞片。小花腋生，黄绿色，有香气。

3）小精灵　气生种类，植株矮小，高5~8 cm。短缩茎，叶披针形，长5 cm，宽0.5 cm，肉质，绿色，密被银白色鳞片。穗状花序短，苞片淡红色。小花筒状紫色，开放时黄色花药和白色柱头伸出花筒。如图9-55所示。

图9-55　小精灵

4）鳞茎铁兰　气生种类，植株矮小，高15~20 cm。叶基部膨大，叶片管状，端渐尖，不规则弯曲，长15 cm，宽0.5 cm，绿色，花期叶端变为淡红色或粉紫色。穗状花序，苞片红色。小花紫色，开放时露出黄色花蕊。如图9-56所示。

5）气花铁兰　气生种类，植株矮小，高 15~20 cm。叶片披针形，丛生，端渐尖，绿色，表面密被银白色鳞片。穗状花序，常倾斜生长，苞片粉红色。小花紫色。如图 9-57 所示。

图 9-56　鳞茎铁兰

图 9-57　气花铁兰

三、繁殖技术

（一）吸芽扦插

观赏凤梨小规模生产，一般采用吸芽扦插。观赏凤梨原株开花前后基部叶腋处产生多个吸芽，待吸芽长到 10 cm 左右，有 3~5 片叶时，用利刀在贴近母株的部位连短缩茎切下，伤口用杀菌剂消毒后稍晾干，蘸浓度为 300~500 mg·kg^{-1} 的萘乙酸溶液，扦插于珍珠岩、粗沙或培养土中，保持基质和空气湿润，并适当遮阴，1~2 个月后即有新根长出，可转入正常管理。注意吸芽太小时扦插不易生根，极易腐烂；太大时分株，消耗营养太多，降低繁殖系数。

（二）破坏生长点，促发吸芽

具体做法是用一把利刀对准生长点刺穿叶筒，纵剖 1~2 刀（剖两刀时呈十字形），切口长度 3~5 cm，1~2 个月，基部即可长出吸芽，每株可长出吸芽 10 个左右；或者用直径为 3 mm 的铁针，从上至下将凤梨心部钻穿，以破坏生长点，1~2 个月，基部同样可长出吸芽。值得注意的是，无论是采用剖心繁殖法或是钻心繁殖法，在半个月以内心部严禁进水，否则心部极易腐烂。当吸芽长至 12~15 cm 高时即可切下，除去基部 3~4 片小叶，置于阴凉处晾 2 d，然后扦插于沙床，1 个月后长根，再过 1~2 个月根系长好，此时方可将凤梨移植到直径为 9 cm 的花盆中。

四、栽培技术要点

（一）栽培基质

生产栽培的观赏凤梨多为附生种，要求基质疏松、透气、排水良好，pH 呈酸性或微酸性。生产上宜选用通透性较好的材料，如树皮、松针、陶粒、谷壳、珍珠岩等。

（二）环境调控

1.温度　观赏凤梨的最适温度为 18~25℃，冬季不低于 10℃，不同种类对温度需求不同（见表9-2）。空气相对湿度要保持在70%~80%。我国北方夏季炎热，冬季严寒，空气较干燥，要使其能正常生长，需人工控制其生长的微环境。一般夏季可采用遮光法和蒸腾法降温，使环境温度保持在30℃以下。5月在温室棚膜上方20~30 cm处加遮光率为50%~70%的遮阳网，既能降温又能防止凤梨叶片灼伤。在夏季中午前后气温高时，用微喷管向叶面喷水，根据气温、光照而定，一般每隔1~2 h喷5~10 min，使叶面和环境保持湿润，同时加大通风量，通过水分蒸发降低叶面温度，同时又能增加空气相对湿度。冬季用双层膜覆盖，内部设暖气、热风炉等加温设备，维持室内温度在10℃以上，凤梨即能安全越冬。

表9-2　观赏凤梨对温度的要求

品种	原产地	温度要求
水塔花属	南美洲的热带和亚热带	对温度的适应性极强，生长适温在10~30℃，如水塔花能够忍耐3℃左右的低温
彩叶凤梨属	多生于巴西热带雨林	生长适温在20~25℃，冬季最低的越冬温度应维持在15℃以上，某些耐寒的种类，能忍受5℃左右的低温
莺哥凤梨属	中美洲、南美洲的热带和亚热带，多生于热带雨林	生长适温20~30℃，越冬温度应在15℃以上，当温度低于10℃时，大多数种类生长停止或出现冻害，特别是叶片较薄的种类和品种更怕寒害
果子蔓属	中美洲、南美洲的热带和亚热带，多生于热带雨林	生长适温20~30℃，越冬温度应在15℃以上。星花凤梨的多数品种植株娇弱，叶质柔软，对低温较为敏感，是观赏凤梨中抗性较差的一类
珊瑚凤梨属	美洲热带雨林	生长适温15~30℃，越冬温度应在10℃以上。当温度降至5℃时会出现寒害。花序抽出时温度如维持在15~20℃的较凉爽环境，则花色会变深，色彩会更浓艳；如温度超过30℃时，则花序的颜色会变淡，花期会缩短
铁兰属附生或地生种	美洲热带和亚热带	生于热带雨林区种类的生长适温为15~30℃
铁兰属气生种	美洲热带和亚热带	大多数种类对温度的变化适应力较强，一些品种可耐0℃的低温和耐40℃的高温

2.浇水与施肥　观赏凤梨生长发育所需的水分和养分，主要是储存在叶基抱合形成的凹槽内，靠叶片基部的吸收鳞片吸收。即使根系受损或无根，只要凹槽内有一定的水分和养分，植株就能正常生长。

夏秋生长旺季 1~3 d 向凹槽内淋水 1 次，每天叶面喷雾 1~2 次。保持凹槽内有水，叶面湿润，土壤稍干；冬季应少喷水，保持盆土潮润，叶面干燥。观赏凤梨对磷肥较敏感，施肥时应以氮肥和钾肥为主，氮、磷、钾比例以 10∶5∶20 为宜，浓度为 0.1%~0.2%，一般用 0.2% 尿素或硝酸钾等肥料，叶面喷施或施入凹槽内，生长旺季 1~2 周喷 1 次，冬季 3~4 周喷 1 次。如图 9-58 所示。

图 9-58　观赏凤梨叶基凹槽内储存的水分

五、花期调控技术

观赏凤梨自然花期以春末夏初为主，为使凤梨能在元旦、春节开花，可人工控制花期。一般用浓度 50~100 mg·L⁻¹ 乙烯利水溶液灌入凤梨已排干水的凹槽内。7 d 后倒出，换清洁水倒入凹槽内，一般处理后 2~4 个月即可开花。如图 9-59 所示。

图 9-59　观赏凤梨

六、采收、包装与运输

盆栽观赏凤梨按照花序冠幅、花序高度、叶片数、叶片状况、外观度等指标分级，如松果星的 A 级花序冠幅 ≥ 7 cm，B 级 ≥ 6 cm，C 级 ≥ 5 cm；大火炬的 A 级花序冠幅 ≥ 6 cm，B 级 ≥ 5 cm，C 级 ≥ 4 cm；小火炬的 A 级花序冠幅 ≥ 5 cm，B 级 ≥ 4 cm，C 级 ≥ 3 cm。

包装时叶片、花盆要干净，无污垢；叶卷内含水；无老叶、残叶；植株套塑料袋后进行装箱，箱内应有标签。

用具备防冻、防晒、防雨淋设施的汽车运输，或者空运。运输过程中要求温度不低于 5℃ 和不高于 30℃，否则应有相应的保温或降温措施。

第三节
天南星科花卉栽培技术

　　天南星科植物有 115 属，2 000 余种，广布于全世界，92% 以上产自热带，天南星属植物我国南北各省区有 90 余种，其中 59 种系我国特有。一般为草本，部分种类具球茎，少数为木本或藤本。天南星科观赏植物叶片形状美丽，千变万化。有的叶色十分鲜艳，有的叶形极为奇特，有的佛焰花序特别醒目，花艳丽而耐久；还有许多属的植物幼龄期的叶形、叶色与老龄叶形、叶色具有很大差别，如龟背竹的幼龄叶片具有穿孔，老龄叶片的孔洞已穿透叶缘而成为深裂，花叶芋的幼叶为纯绿色，成叶则有鲜艳的色彩。因其种类繁多，品种各异，美观，极具观赏价值，成为近年来发展较快的花卉种类之一。

一、主要生物学特性

（一）生态特征
　　1. 根　部分种类有气生根。

　　2. 茎　该科有不少蔓生植物，如绿萝属、蔓绿绒属，地上部茎节处极易产生气生根，这些气生根，一方面有利于茎蔓附于其他植物或附属体上，一方面能够从空气中吸收水分和营养，植株丛生，茎普遍较短。

　　3. 叶　叶基生或茎生，有时花后出现，叶柄基部常为鞘状，叶片全缘时多为箭形、戟形，或掌状、鸟足状、羽状、放射状分裂。

　　4. 花　该科植物最特殊之处在于其佛焰花序，它具有一肉质、粗壮的花序轴，通常呈直立状，其上密生两性或单性小花，称为肉穗花序。肉穗花序的基部有一片似叶状的总苞片，称为佛焰苞。佛焰苞有红色、粉色、白色、绿色。

　　5. 果　肉质浆果。

（二）生物学特性

1. 温度需求　天南星科植物原产热带及亚热带，较喜高温，生长的昼夜温度条件分别为白天温度 35℃ 以下，最适日温在 28~32℃；夜晚在 18℃ 以上，最适夜温在 22~25℃。

2. 光照需求　天南星科植物多数原产于热带雨林地区，能够适应光线的变化，比较耐阴，但绿萝光照强度少于 4 300lx 时，其叶片黄色斑驳变少，绿色比率增加，因此，在这个光照强度下，天南星科植物将表现出不同的外观形态品质。

3. 对土壤水分的要求　土壤要经常保持湿润，但是不能积水，积水很容易造成烂根。

4. 对湿度的要求　天南星科植物性喜高温，空气相对湿度为 70%~90% 最宜。提高空气相对湿度可增加气孔的开张程度，增加气体交换速率，增加二氧化碳的吸收，增加光合效率，尤其在高温时提高空气相对湿度，可减少水分散失的速率，减少高温的伤害。

5. 对基质和营养元素的要求　天南星科植物栽培基质要求保水性强，透气性良好，富含有机质。盆栽天南星科植物因盆容积小，基质化学性及物理性的缓冲能力比不上田间土壤，故应有一种能够满足其生长特性的基质。选择基质时需考虑基质的经济性、化学性及物理性等综合因素。一般要求价格便宜、质地轻、无毒、利用性高、取材容易、性质均一、操作简单方便、阳离子交换能力强、养分低、酸碱度适中等。

二、常见品种

天南星科植物在阴生观赏植物中占有重要地位，我国常见的栽培品种有广东万年青、花叶芋、花叶万年青、龟背竹、喜林芋、白鹤芋、海芋、绿萝等。

（一）花叶万年青

花叶万年青又称黛粉叶，属多年生常绿亚灌木。茎粗壮直立，高可达 1.5 m。叶柔韧肥润，全缘，椭圆形至长椭圆形，常簇生茎顶端，叶面夹杂白色或黄色的斑点、斑块，是高雅的观叶植物。小型品种可作盆景或盆栽，大型品种可用作地面绿化。

栽培品种有黛粉叶、乳斑黛粉叶、大王黛粉叶等。如图9-60所示。

图9-60　花叶万年青

（二）广东万年青

与黛粉叶属植物近似，但株型较小，为中小型种，株高多在50~60 cm，分布于非洲热带、印度、马来西亚的多雨林区。单叶全缘，披针形或长椭圆形，具鞘状长柄。叶绿色，常有银灰色或其他色彩的斑纹。叶片清秀，朴素高雅，四季常青。适于用小型容器栽培，或插植于盛水的玻璃容器中进行水培，是室内装饰的佳品。常见的栽培品种有斑马万年青、白柄亮丝草、银王亮丝草、银后亮丝草等。如图9-61所示。

（三）喜林芋

大多产于南美地区，多属藤本。叶鞘顶部常为舌状，叶片较肥厚，椭圆形，顶部尖，基部心形，边缘有不规则浅裂。节间有气根，攀附力强。观赏部位主要是多样化的叶形和叶色，适宜种植在公园、水滨、棚架等处作立体绿化，也适于作室内装饰。常见的栽培品种有春林芋、红柄蔓绿绒、圆叶蔓绿绒、绒叶蔓绿绒、立叶蔓绿绒等。如图 9-62 所示。

（四）白鹤芋

原产美洲热带地区，因其佛焰花像一只白鹤，故名白鹤芋，同时又像一只手掌，故又名白掌。为多年生常绿草本植物，茎短小或无茎。叶长圆形或披针形，有长尖，长 20~50 cm。为观叶兼观花的植物。该属植物较耐阴，是优良的室内观赏植物。常见栽培品种有绿巨人、白鹤芋、苞叶芋、大银苞芋等。如图 9-63 所示。

图 9-61　斑马万年青　　　　图 9-62　春林芋　　　　图 9-63　白鹤芋

（五）龟背竹

原产于墨西哥、哥斯达黎加等中美洲和南美洲地区。属大型草质或半木质藤本，大部分种类生气根，攀附于他物，以蔓性或半蔓性生长。叶形变化大，叶两侧不对称，全缘或羽状裂，有的种类在中脉两侧有穿孔。龟背竹叶大形奇，长势豪迈，是著名的观叶植物，通常用于盆栽室内观叶。在华南地区可露地栽培，用于毛石墙垣，攀附于岩壁、大型假山、树干、棚架，别具热带情趣。常见品种有龟背竹和斑叶龟背竹。如图 9-64 所示。

图 9-64　龟背竹

（六）海芋

　　海芋又称观音莲，原产于亚洲热带地区及美洲，为多年生常绿大型草本植物。叶形多种，有盾形、箭形、戟形、心形及卵形等，叶片肥大，晶莹可鉴，形成风格独特的观叶植物。小株可用作一般盆栽，供居室陈列。大株可盆栽或地栽作园林布景，形态宏伟，极富热带风光。广东地区栽培的品种有黑叶观音莲和大叶观音莲。如图 9-65 所示。

（七）花叶芋

　　花叶芋又称彩叶芋，原产美洲热带地区，为多年生草本植物。株高 30~50 cm，叶长心形，叶片大小差异较大，叶柄细长，叶面具绿、红、粉、白、褐等色斑，色彩丰富艳丽，是美化家居、公共场所的极好观叶植物。

图 9-65　海芋

花叶芋适合盆栽，常见的品种有二色花叶芋、银斑芋、白鹭花叶芋和红浪花叶芋等。如图 9-66 所示。

图 9-66　花叶芋

三、繁殖技术

天南星科植物的繁殖方法有分株、扦插、压条繁殖、组织培养等。

（一）分株繁殖

分株繁殖是常用的繁殖方法。花叶万年青属、广东万年青属、喜林芋属、观音莲属、花叶芋属、花烛属等植物常用此方法繁殖。将母株基部的蘖芽、根茎或块茎（观音莲属和花叶芋属植物具有块茎）分割下来，另行培育成新植株。分株时间视环境条件而定，一般以 3~4 月气温在 20~23℃时进行最为适宜。若能将室温保持在 15~20℃，则可以在任何时候进行分株。容易分离者，用手顺势撕开；不易分离者，可用小刀或利剪切开。分离的子株须附有较完整的根部。

（二）扦插繁殖

天南星科观叶植物扦插发根容易。苞叶芋属、合果芋属、龟背竹属、喜林芋属、麒麟叶属、崖角藤属、花烛属等植物常用此方法进行繁殖。可在生长期剪取当年生、发育充实、无病虫害的半木质化嫩枝，或在早春、晚秋休眠期，剪取一年生至二年生老枝为插穗。扦插基质一般采用草炭、珍珠岩按照 1∶1 的比例调配，扦插温度要求日温 25~35℃，夜温不低于 22℃，尤其在冬季低温时期，温度控制更为重要，冬季扦插发根要求夜温在 18℃以上。

（三）压条繁殖

压条繁殖是将未脱离母体的枝条，在接近地面处堆土或将枝条压入土中，待其生根后，再把它从母体上分离上盆而成为独立新植株。如合果芋属、麒麟叶属、龟背竹属的植物。

（四）组织培养

采用常规繁殖方法繁殖系数低，受气候、季节和土地等环境条件限制，母株利用率低，费工费时，成本较高。组织培养则不受以上限制，有助于从已有的品种中获得无病毒植株，防止植物由于大量感染引起产量和质量下降。目前,组织培养已在天南星科植物生产中得到广泛应用。天南星科植物的离体培养快速繁殖的途径常是通过器官发生，产生愈伤组织再诱导发生芽和根，或培养的组织直接诱导发生芽和根。常被用来作外植体的器官有顶芽、侧芽、叶片、叶柄、茎段等。常用的培养基是 MS 及其改良培养基，诱导愈伤组织常加入低浓度的生长素和较高浓度的细胞分裂素，如 5~6 mg·L^{-1} BA 和 0~0.1 mg·L^{-1} NAA 有利于蔓绿绒的茎段形成愈伤组织，琴叶树藤的嫩茎用 2 mg·L^{-1} BA 和 0.2 mg·L^{-1} NAA 即可诱导出芽。

四、栽培技术要点

天南星科花卉通常盆栽，并且对水培条件有着极大的适应性，适宜水培的品种有广东万年青、斑马万年青、星点万年青、绿萝、黛粉叶、金皇后、银皇后、春羽、龟背竹、银苞芋、绿巨人、合果芋、海芋、火鹤花、红宝石、喜林芋、马蹄莲、翡翠宝石等。其中，马蹄莲、火鹤花、银苞芋等，还能在水培条件下开出鲜艳的花朵。

（一）基质

天南星科观叶植物栽培基质要求保水性强，透气性良好，富含有机质。盆栽天南星科观叶植物因盆容积小，基质化学性及物理性的缓冲能力比不上田间土壤，故应有一种能够满足其生长特性的基质。选择基质时需考虑基质的经济性、化学性及物理性等综合因素。一般要求价格便宜、质地轻、无毒、利用性高、取材容易、性质均一、操作简单方便、阳离子交换能力强、养分低、pH 适中、碳氮比适当。基质标准为 pH 5.5~6.5，保水力 20%~60%，总孔隙度 5%~30%，总体密度 0.6~1.2 g · cm^{-2}，阳离子交换能力 2~40 mg。基质的 pH 调配可用土石灰和轻质碳酸钙调节。基质配制经常使用的原料有泥炭土、椰壳、椰糠、塘泥、珍珠岩、砂树皮等。

（二）光照

天南星科植物多数原产于热带雨林地区，能够适应光线的变化，比较耐阴。植物通过茎叶的形态，色泽大小、生长方面的改变，以适应光线的变化，当光线较弱时叶的生长变薄、变小、颜色变淡、斑驳变少、茎叶徒长。如蔓绿绒在遮光率 80% 遮阳网下生长与在遮光率 40% 遮阳网下生长相比有大而薄的叶及较细长的茎。在强光下粗肋草及黛粉叶的叶直立生长。绿萝光照强度少于 4.3 万 lx 时，其叶片黄色斑驳变少，绿色比率增加，因此，在不同光照强度下，天南星科植物将表现不同的外观形态品质。

光照的需求需依植物生长阶段与其他环境因子变化而调整，小苗或扦插时对环境忍受性较差，光照强度较低，随着小苗的生长而逐渐将光照强度调至适当的范围。如母本栽培区域一般光线较强，以使母株累积更多的养分，生产强健优质的插穗。

（三）温度

天南星科观叶植物较喜高温，生长的昼夜温度条件分别为白天35℃以下，最适日温为28~32℃，夜晚18℃以上，最适夜温为22~25℃。

1.低温伤害　天南星科观叶植物属低温敏感性植物，当低温来临时，轻则造成植物生长缓慢或停顿，严重时叶面冻伤甚至落叶死亡。不同种属观叶植物间对低温及低温持续时间有不同忍受性。粗肋草、白鹤芋、蔓绿绒、黛粉叶极限低温在10℃，当寒流来临时，短暂的低温（10℃以下）足够使粗肋草、绿萝与黛粉叶等受到寒害，长时间低于15℃会造成生理障碍，因此必须有防寒措施。

2.高温伤害　天南星科观叶植物喜好高温的环境，黛粉叶类与白鹤芋类在32℃条件下可获得良好的品质，粗肋草最高可忍耐42℃高温。但整体来讲，不宜超过35℃，因为短时间高温，植物为了排除过多的热量，将提高蒸散速率，植株将表现为失水的症状。若持续高温，将导致生长速率缓慢或停顿障碍。一般高温障碍问题可通过增加浇水次数以加大空气相对湿度来改善。但最基本的方法仍是通过遮阴进行降温处理。在光照允许的范围内，遮阳网可有效地隔绝大部分热源，同时加强通风，使空气充分对流。

3.基质温度　土温的高低主要影响植株根部吸收能力，在深秋或早春昼夜温差较大的情况下，白天气温逐渐回升，叶温升高导致蒸发太强，而此时土温尚低，导致根部吸水太慢，赶不上地上部所需，因而表现为失水症状，长时间会导致营养失调。基质的温度还影响植株的发根能力，一般天南星科观叶植物扦插适温为24~30℃。

（四）浇水

天南星科观叶植物空气相对湿度为70%~90%最宜。提高空气相对湿度可增加气孔的开张程度，增加气体交换速率，增加二氧化碳的吸收，增加光合效率，尤其在高温时提高空气相对湿度，可减少水分散失的速率，减少高温的伤害。基质要经常保持湿润，但是不能积水，积水很容易造成烂根。夏季每天充分浇水 1~2 次，冬天 2~3 d 浇水 1 次。

水质不能含太多的钙、铁等矿物质元素，当水分渗入基质中时致使基质理化性质改变，在叶面上易形成盐垢，造成光合效率降低，并有碍外观，短时间内对植物生长影响不大，但长久积累，将造成生理障碍。因此水质要求 EC 值不得超过 0.75 mS·cm⁻¹。

（五）施肥

天南星科观叶植物重在叶片的表现，较偏重氮、钾肥，一般建议氮：磷：钾为 3∶1∶2 较适合，1∶1∶1 比例的肥料也可接受。目前市面上有许多长效性固体肥料（如奥妙肥）及固体有机肥可供选择，可在上盆时混入基质中使用或于种植后补充。液体肥料在观叶盆栽植物中使用较普遍，通常配合浇水时施用，氮：磷：钾以 3∶1∶2 较适合，液体肥料配制通常以硝酸钙、硝酸钾、磷酸二氢钾、硝酸铵、尿素等为材料。肥料的施用时间及用量最好以基质或植株分析结果为依据。因环境状况及作物生长阶段，在光度较强、气温较高时的养分需求量较大。灌水次数多的地区肥料流失较多，也必须随时补充。

五、包装与运输

包装材料应能保护产品不受低温危害、高温灼伤和机械损伤。包装箱规格应便于装车和运输，坚固不易变形。宜使用薄膜袋和纸箱双层包装，不同种类选用不同规格。包装箱上应注明产品名称、数量、规格、质量等级、执行标准、生产单位、地址、电话等。包装前需保持基质湿润，保持植株和盆具洁净完整，产品质量达到或超过包装箱注明的质量等级标准。包装时先用薄膜袋完全套住植株整体，不露出叶、花序，不损伤叶片、花苞，再小心装箱。装箱方式有直立式和横卧式 2 种，每种方法应使用相应规格的纸箱。装箱时每盆植株要紧靠排列，避免花序、佛焰苞及叶片的挤压折叠。装箱后封口，打包装带和通气孔。

用具备防冻、防晒、防雨淋设施的汽车运输，或者空运。运输过程中要求温度不低于 5℃和不高于 30℃，否则应有相应的保温或降温措施。

第四节
竹芋科花卉栽培技术

竹芋科植物原产于美洲、非洲和亚洲的热带地区，皆为多年生草本植物，约有 31 属，550 种。我国的原产种类很少，只有 2 属 6 种。竹芋科植物叶片清秀，在碧绿的叶片上还时常点缀有其他颜色的斑点、斑纹，看上去让人感到柔和、舒适，将一盆竹芋盆景置于案头或几上，居室即平添几分雅气。目前是一种重要的室内观叶植物。

一、主要生物学特性

（一）形态特征

多年生草本植物，有根茎或块茎，地上茎有或无。叶通常大，具羽状平行脉，通常 2 列，叶柄与叶片交接处有增厚，被称为"叶枕"或"关节"，此特点十分明显，有叶鞘。花两性，不对称，常对生于苞片中，组成顶生的穗状、总状或疏散的圆锥花序，或花序单独由根茎抽出；萼片 3 枚，分离；花冠管短或长，裂片 3，外方的 1 枚通常大而略呈风帽状；发育雄蕊 1 枚，花瓣状。果为蒴果或浆果状；种子 1~3 粒，坚硬，有胚乳和假种皮。

（二）生物学特性

竹芋科植物性喜半阴和高温多湿的环境条件。

1. 温度　4~9 月为生长期，不同种类生长适温为 15~30℃，越冬温度 10~15℃。

2. 光照　竹芋不喜强光，忌阳光直射，过强的光照会使叶片变黄、焦枯，新叶停止生长。但如果光线过暗，叶片则会色彩暗淡，斑纹不明显。在栽培过程中，光照强度应控制在 5 000~7 000 lx，最大不要超过 9 000 lx，酷暑时节怕烈日暴晒，平时宜有充足柔和的光照。

3. 湿度　竹芋科植物生长季节需经常保持盆土及周围环境空气湿润，竹芋适宜的空气相对湿度为 70%~80%，湿度过低会导致叶片卷曲。如果夜间温室空气相对湿度超过 85%，会导致叶片出现油点状斑点。如果这种状况持续时间较长，叶片上也会出现由于细胞破裂而产生的斑点。

4. 土壤水分　生长旺季，保持盆土湿润；在生长缓慢的冬季，控制浇水量，保持盆土微湿即可。

5. 基质和营养元素　要求疏松肥沃、富含腐殖质、通透性强的中性培养土，通常用腐叶土、草炭土、山泥、河沙配制。竹芋喜肥，但对高浓度肥料很敏感，不要过量施肥，否则易出现烧叶现象。

二、常见种类

最常见的竹芋科植物有 3 大类：花叶竹芋、肖竹芋、天鹅绒竹芋等。

（一）花叶竹芋

花叶竹芋亦名二色竹芋，植物矮小，高 25~38 cm，株型紧凑。地上茎直立有分枝。叶片长圆形、椭圆形至卵形，长 8~15 cm，先端圆形具小尖头，叶基圆或心形，边缘多波浪形，叶面粉绿色，中脉两侧有暗褐色斑块，背面粉绿色或淡紫色。花小，白色，具紫斑或条纹。如图 9-67 所示。

（二）肖竹芋

肖竹芋为多年生常绿宿根草本，高达 1 m。叶椭圆形，长 60 cm，叶面黄绿色，沿侧脉有白色或红色条纹。穗状长序紫堇色。如图 9-68 所示。

图 9-67　花叶竹芋

图 9-68　肖竹芋

（三）天鹅绒竹芋

天鹅绒竹芋株高 50~100 cm，叶基生，椭圆状披针形，长
30~90 cm，顶端钝，叶面深绿色，有天鹅绒般光泽，幼时叶面有粉红
或玫瑰色条纹，以后条纹逐渐变浅消失。如图 9-69 所示。

三、繁殖技术

竹芋科植物主要用分株繁殖和扦插繁殖。

分株繁殖多在春季 4~5 月结合翻盆换土进行操作，可 2~3 芽分为
1 株。一次分株的数量不可太多，否则影响植株生长，应视母株的大小
和长势而定。

图 9-69　天鹅绒竹芋

有些种类还可以扦插繁殖，夏季选取基部带有 2~3 片叶子的幼枝作插穗，或用一些种类的匍匐枝扦插。可用草炭土与河沙各半掺匀，或用蛭石和珍珠岩作基质，保持湿润，5 周左右即可生根，分栽上盆。如图 9-70 所示。

图 9-70　竹芋幼苗

四、栽培技术要点

（一）培养土配置

选择健壮、无病虫害的种苗。根据种苗规格选择大小适宜的花盆。选择适宜的栽培温室并做好温室的清洁消毒工作。选择保水、保肥、通透性好、pH 5.5、EC 值 <0.5 mS·cm⁻¹ 的基质，做好基质准备工作。

（二）上盆

选择透气性好的基质，才能保证竹芋根系良好生长。若基质 pH 适宜，则在此基质内再加入适量珍珠岩会更好，泥炭与珍珠岩比例为 7∶3。适宜的深度即为浇透定植水后，花盆内基质面与种苗基质面相平，栽植过深不利于萌发侧枝，过浅植株生长到一定阶段会出现东倒西歪的情况。

（三）主要环境调控

1. 温度　温室竹芋生产适宜温度为 20~28℃，最低温度不能低于 18℃，否则会导致竹芋生长进入停滞状态，而且停滞时间无法预知，恢复再生长需要相当长的一段时间，对于周年投产的生产商来说，会打乱生产计划，造成不必要的损失。另外，在低于 18℃ 的环境下空气相对湿度较大，竹芋的病害也会滋生，主要以镰孢霉菌和腐霉菌最为常见，导致竹芋根部腐烂最后死亡。有些生产商在生产过程中往往会考虑加温成本而降低温室温度，或是试探性地将温度设定在 18℃ 以下，虽然不会直接造成竹芋死亡，但会影响其品质。夏季温室温度要尽量低于 30℃，如果高于 35℃，竹芋同样会停止生长。在高温情况下空气相对湿度会减小，竹芋的虫害就会相应增多，虫害主要以红蜘蛛为主，个别竹芋品种还会受到蓟马的危害。一旦发生虫害很难根除，即使将成虫全部杀死，在条件满足的情况下，新一轮虫害又会立刻滋生。

2. 空气相对湿度　温室竹芋生产空气相对湿度应控制在 70% 左右，最低不低于 55%，最高不超过 85%。如果空气相对湿度过高，竹芋叶片表面会形成油渍状斑点，发现后应立即提升温度使其蒸发，如果这种现象持续几个小时不及时处理，叶片细胞会开始破裂，最终竹芋叶片会出现叶斑。空气相对湿度低于 55%，虽然不会对竹芋生长造成直接危害，但会使其叶片没有光泽，颜色发乌，影响其观赏价值。

3. 光照 温室竹芋生产光照强度应低于 9 000 lx，个别品种如栉花光照强度高于 1 万 lx，可促进其尽快分枝，而紫背天鹅绒光照强度要低于其他品种。在六七月温度较高、光照较强的情况下，紫背天鹅绒顶层叶片会沿着主脉络发黄，进而形成干斑，使整层叶片失去观赏价值。此时间段要控温并加强遮阴。在夏季为防止紫背天鹅绒顶层的叶片发黄而采取的控温过程中，如果遮阴时间过长，其茎部生长会较弱、较细，叶片会在环境发生较大变动时卷曲；如果不能有效遮阴或遮阴时间过短，又会造成顶层叶片发黄，直至高温夏季过去。

4. 水分 3~10 月是竹芋的生长旺季，期间应给予充足的水肥，保持盆土湿润，一般 3~4 d 浇灌 1 次。在生长缓慢的冬季，要减少施肥次数，控制浇水量，保持盆土微湿即可。浇水应选择雨水或处理过的水，避免使用自来水。

5. 肥料 竹芋对高浓度肥料很敏感，不要过量施肥，否则易出现烧叶现象，所以定期检查盆内基质的 EC 值、pH 很重要。适宜的 EC 值、pH 对其生长发育极为重要。当基质 EC 值在 0.3 mS·cm^{-1} 以下则浇肥水，反之浇清水。上盆后，注意观察根系的生长发育状况，适时浇第一遍肥水，这一点尤为重要，施肥过早在盆内积累，过晚则影响生长速度。第一遍用 EC 值 1.0 mS·cm^{-1}、pH 5.5 的肥水浇灌，不管用单一肥或复合肥，钾的含量为氮含量的 1.5~2.0 倍，生产出的叶片不仅光泽好而且肥厚浓绿。在温室温度低的情况下，注意控制浇肥量，否则会引起叶片"吐水"现象，此状况持续时间长，则会出现焦边。施第一遍肥后，随着植株生长慢慢加大肥水的 EC 值，从 1.2~1.4 mS·cm^{-1}，最后控制在 1.4 mS·cm^{-1}，根据基质的 EC 值决定。

（四）其他管理

定时变换盆间距，幼苗刚上盆时尽可能盆挨盆摆放，上盆 8~10 周，结合换盆开始变换盆间距。若一开始直接上了最终用盆，则只拉开间距即可。竹芋最终用直径为 19 cm 盆即可，刚上盆按每平方米 27 盆摆放，第一次拉间距为每平方米 16 盆，第二次拉间距为每平方米 10 盆，上盆约 24 周开始第三次拉间距也是最后一次，为每平方米 6 盆。从盆上向下看，看不到花盆，则此时该拉间距了。对于生长速度较快的品种，如紫背剑羽竹芋、紫背天鹅绒竹芋，若不能及时变换间距，则很容易长成瘦高型。竹芋在整个生长过程中，需要变换 2~3 次间距。

五、包装与运输

竹芋科植物包装和运输与天南星科植物相似。包装材料应能保护产品不受低温危害、高温灼伤和机械损伤。包装箱规格应便于装车和运输，坚固不易变形。宜使用薄膜袋和纸箱双层包装，不同种类选用不同规格。包装箱上应注明产品名称、数量、规格、质量等级等。包装前需保持基质湿润，保持植株和盆具洁净完整，产品质量达到或超过包装箱注明的质量等级标准。包装时先用薄膜袋完全套住植株整体，不露出叶、花序，不损伤叶片、花苞，再小心装箱。装箱时每盆植株要紧靠排列，避免花序、佛焰苞及叶片的挤压折叠。装箱后封口，打包装带和通气孔。

用具备防冻、防晒、防雨淋设施的汽车运输，或者空运。运输过程中要求温度不低于 5℃ 和不高于 30℃，否则应有相应的保温或降温措施。

第十章
日光温室花卉生产常见病虫害及防治

    本章在系统阐述花卉各类常见生理性病害、侵染性病害以及各类虫害危害症状的基础上，介绍了相应的防治措施和方法，以期为花卉生产提供参考。

第一节
花卉生理性病害识别与防治

生理性病害主要是指由于土壤、空气、肥料、农药等非生物因素不适而对植物产生的伤害现象。花卉栽培中的生理性病害包括：栽培土壤或基质缺乏某种花卉生长发育所必需的营养元素引起的缺素症；温度、光照、水分和气体条件对花卉生长发育不适对花卉产生的伤害；肥料和农药施用不当对花卉产生的伤害等。

一、花卉的缺素症及其防治

植物的生长发育需要多种营养物质，如果缺少某种物质就会影响花卉正常的生长发育，对植株造成伤害。

（一）缺氮

1. 症状　氮是植物生长发育最重要的营养物质，一般积累在植株的幼嫩部位和种子内。植株氮素供应充足时，茎叶繁茂、叶色深绿、落叶延迟；氮素不足则植株矮小，下部叶片首先缺绿变黄，逐步向上扩展，叶片薄而黄，生长发育迟缓。如栀子缺氮时，叶片普遍黄化，植株生长受到抑制。菊花缺氮时，叶片变小，呈现灰绿色，下部老叶脱落，茎木质化，节间短，生长受抑制。月季缺氮时，叶片黄化，但不脱落，植株矮小，叶芽发育不良，花小，色淡。在植株缺氮时，如果氮肥施用过多，但磷、钾供应不足，会引起植株徒长、迟熟、易倒伏、感染病虫害，一次施用氮肥量过多还会引起烧苗，所以一定要注意合理施肥。

2. 防治　植株缺氮可通过提供速效氮肥进行调整，如硝酸钙、尿素或硝酸钾等。这些肥料可通过滴灌系统提供，或使用喷淋系统喷施后用清水对植株进行淋洗。

（二）缺磷

1.症状　磷参与植物的一系列新陈代谢过程，如光合作用，碳水化合物的合成、分解、运转等，能促进植株可溶性糖类储存，增强抗旱、抗寒能力。磷素供应足时，在苗期能促进根系发育，使根系早生快发，促进开花，对球根花卉能提高种球的质量和产量。磷素供应不足时，植物生长受抑制，首先下部叶色发暗呈紫红色，开花迟，花朵小。如香石竹缺磷，基部叶片变成棕色死亡，茎纤细柔弱，节间短，花较小。月季缺磷则表现为老叶凋落，但不发黄，茎纤细，芽瘦弱，根系发育缓慢，花的质量差。磷肥过量则会引起植株矮小，叶片肥厚，成熟提早，产量降低。

2.防治　在栽培过程中植株缺磷较难补救，虽然可通过喷洒适宜浓度的磷酸氢钙或过磷酸钙浸出液，但效果缓慢，仅能起到缓解作用。应在栽培前通过施用适宜的含磷基肥调节土壤中的磷含量，可使用磷酸氢钙或过磷酸钙进行补充。

（三）缺钾

1.症状　钾通常不直接参与植株有机化合物合成，但参与部分代谢过程并起到重要的调节作用。钾在植株体内主要以离子态存在，移动性较大，通常分布在生长最旺盛的部位，如芽、幼叶、根尖等处。钾供应充足时，能促进光合作用，促进植物对氮、磷的吸收，有利于蛋白质的形成，使植株茎叶苗壮，枝干粗壮、木质化程度高，不易倒伏，增强抗病和耐寒能力。缺钾时，植株代谢失调，光合作用显著下降，茎干细弱，根系生长受抑制。缺钾植株叶片尖端和边缘变黄直至枯死，严重时会使大部分叶片枯黄。如洋秋海棠缺钾时，叶缘焦枯乃至脱落。菊花缺钾时，叶片小，呈灰绿色，叶缘呈现典型的棕色，并逐渐向内扩展，发生一些斑点，终至脱落。香石竹缺钾时，植株基部叶片变棕色而死亡，茎干瘦弱，易染病。月季缺钾，叶片边缘棕色，有时呈紫色，瘦弱，花色淡。

2.防治　植株缺钾时可使用硝酸钾、草木灰浸出液等肥料进行弥补，该肥料可混合在灌溉液中施用，也可配成适宜浓度通过叶面喷肥补充。

（四）缺其他元素

1. 缺铁症　植物对铁的需求量虽小，但却是植物生长发育所必需的元素。铁参与植株叶绿素的合成，是构成许多氧化酶的必要元素，并具有调节呼吸的作用。缺铁植株首先是枝条上部嫩叶失绿，但叶脉仍绿，下部老叶仍保持绿色。缺铁轻微的，叶肉组织淡绿色；严重时，嫩叶全部呈现黄白色，并出现叶缘枯斑，逐渐焦枯脱落称为黄叶病。

缺铁症状在任何类型的土壤中都有可能发生，可使用螯合铁来进行防治。EDDHA-Fe 和 DTPA-Fe 是两种较常用的螯合铁。由于 EDDHA-Fe 在 pH 3.5~9 都有效，所以它可适用于任何类型的土壤。DTPA-Fe 适宜的土壤 pH 范围为从酸性到 7。当土壤的 pH>7 时，它的效果将大大降低。EDDHA-Fe 可采用叶面喷施，根据植株所表现出症状的严重程度，每平方米种植区域施用 3~5 g，使用应彻底淋洗，否则会在叶片上留下一些棕黑色的斑点。DTPA-Fe 可与其他肥料一起通过灌溉系统加入。这种螯合铁有含量 3% 和 6% 两种形式。螯合铁在阳光下会分解，所以对溶解好的螯合铁要避免阳光照射。

2. 缺钙症　钙是植株细胞壁及胞间层的组成部分，并能调节植物体内细胞液的酸碱反应，能够将草酸结合成草酸钙，减少细胞中过酸的毒害作用，并能够促进植物对氮、磷的吸收，降低一价离子过多的毒性。在土壤中适宜浓度的钙还具有一定的杀虫和杀菌效果。植株缺钙会导致根系生长受到抑制，根系多而短，根尖细胞易受破坏，以致腐烂。种子在萌发时缺钙，植株柔弱，顶叶受损，幼叶尖端多呈钩状，新生的叶片很快枯死，严重时则全株枯死。

植株出现缺钙症状后，可用 0.2%~0.4% 石灰水溶液进行浇灌，连浇 2~3 次，每次每株 20~30 mL。也可在种植前在土壤中加入石灰来进行预防；还有一些其他的肥料，也有助于减缓缺钙症状的发生，如碳酸镁、氧化镁、氢氧化镁。

3. 缺锌症　锌是植物细胞中碳酸酐酶的组成元素，碳酸酐酶影响植物的呼吸作用，是还原氧化过程中酶的催化剂，并影响植物生长激素的合成。在一定程度上，锌也是维生素的活化剂，对光合作用有促进作用。植株缺锌，体内生长素形成受阻，导致生长发育受抑制，一般表现株形矮小，新叶缺绿，叶脉绿色，叶肉黄色，叶片狭小，所以缺锌植株通常被称为小叶病。

植株缺锌可用0.05%～0.1%硫酸锌溶液进行叶面喷洒，也可与适量的腐熟肥混合随浇水追施，都能够取得较好的效果。

4.缺镁症　镁是叶绿素的主要构成物质，能调节原生质的物理化学状态。植物缺镁时，主要引起缺绿病或称黄化病、白化病。缺镁的植物常常从老叶的叶缘两侧开始向内褪绿、黄化，逐渐向上部叶片蔓延。最初叶脉保持绿色，仅仅叶肉变黄色，不久下部叶片变褐色枯死，叶片皱缩，最终脱落。枝条细长且脆弱，根系长，但须根稀少，开花受到抑制，花小，花色苍白。

植株缺镁可通过叶片喷洒0.2%～0.4%硫酸镁溶液2～3次，或每株施钙镁磷肥2～3 g。栽培时可以通过在基肥中加入硫酸镁或硝酸镁预防缺镁症的发生。栽培时为使植株能更好地吸收镁元素，应保持土壤湿润。

5.缺锰症　锰是植物体内氧化酶的辅酶基，与植物光合作用及氧化作用有密切关系，既能抑制土壤铁含量过高产生的毒害，又能增加土壤中硝态氮的含量。锰还在形成叶绿素及植物体内糖分积累和转运中起着重要的作用。植物缺锰时，叶片先呈灰白色，后在叶片尖端发生褐色斑点，逐渐散布到叶片的其他部分，但叶脉仍为绿色，花的色泽低劣。如洋秋海棠缺锰时，顶部叶片叶脉间失绿，随后枯腐，并呈现水渍状，老叶则呈现灰绿色。

植株缺锰时可用0.1%～0.2%硫酸锰溶液进行叶面喷洒，为了防止药害，可加入0.5%的生石灰制成的混合液喷雾。

6.缺硫症　硫是植物蛋白质的重要组成部分。植株缺硫时，引起缺绿，但它与缺镁、缺铁的症状有区别。植株缺硫时，叶脉发黄，叶肉保持绿色，从叶片基部开始出现红色枯斑。通常植株顶端幼叶受害较早，叶片较厚，枝细长，呈木质化。植株矮小，茎干细弱，生长缓慢，植株的发育受到抑制。

土壤缺硫时可根据严重程度在基肥中加入适量硫酸钾，植株缺硫时可用0.1%～0.5%的硫酸钾随浇水施入或进行叶面喷施。

二、环境不适对花卉的影响及药害防治

任何花卉都是在特定的自然和栽培环境条件下，经过长期演变进化形成了各自不同的适应性，只能在一定的环境条件下才能完成正常的生长发育，环境条件如果发生明显变化，就会产生不同程度的影响或伤害。

（一）光照不适对花卉的伤害

1. 光照强度　喜阴性花卉在夏季或春秋季，有时因管理不善、在温室中摆放位置不当等原因，致使光照过强而形成伤害。强光会抑制细胞的伸长生长，促进细胞的分化，使植株光合作用减缓，株高降低，节间缩短，叶片小而厚，叶色浓绿，根系发达。在光照过强时还可引起植株叶片表面的灼伤。喜光性花卉在冬季温室内，由于光照时间短、强度弱，温室覆盖透光性差，特别是阴雪天气和管理不善等原因，易发生光照不足的情况。弱光促进植株细胞伸长生长，但不利于细胞分裂和分化，减少叶绿素合成，使得细胞壁变薄，节间伸长，株高增加，叶色淡，叶片大而薄，花香不足、分蘖能力降低，根系不发达，植株柔弱，抗性和适应性下降，形成明显的徒长现象。

栽培中防止光照强度对花卉的影响，首先，应根据栽培季节和栽培方式的光照条件选择适合日光温室内栽培的花卉种类和品种；其次，加强栽培管理如喜阴花卉适当遮阴、恰当摆放等，喜光花卉选择透光好的覆盖材料，及时清除覆盖物表面的灰尘、内部的水滴，适当摆放和修枝整形等。

2. 光质　太阳光是由不同波长光线组合而成的，其中短波长的蓝、紫光，特别是紫光，对植物伸长具有较强的抑制作用，使得植株矮小、健壮。缺少短波光时，植株瘦弱、抗性降低，易导致徒长现象。长波的红橙光可促进植物的伸长生长，并具有加速长日照植物、延缓短日照植物生长发育的作用。

在日光温室花卉栽培时常出现短波光不足、植株徒长的现象。温室内的光质主要与透明覆盖材料的种类及其性质有关，不同色泽的塑料薄膜透过的光质明显不同，栽培时应选择适宜的覆盖材料。

3.日照时间　许多花卉要求特定的光照长度才能完成生长发育。长日照花卉需要较长的日照时间，短日照花卉要求较短的日照时间。如果不能满足花卉对光照长度的需求，就不能顺利完成生命周期的全过程，影响植株的花芽分化、现蕾和开花。为此，栽培中通常采取增加光照或遮光处理，来增加或者减少日照时间，以满足其生长发育的需要，同时，运用加光和遮光的方法，可以调节短日照和长日照花卉的花期，使其提前或延迟开花，延长供花期以满足市场需要。

（二）水分

水分是植物正常生理活动所必需的重要物质，是植株生长发育必不可少的条件。不同花卉生长发育所需的水分明显不同，水生花卉需水量最大，而仙人掌类花卉需水量则较少。栽培土壤水分过多或过少，都会对植株产生不良的影响。

在土壤缺水干旱的条件下，植株蒸腾消耗的水分多于根系吸收的水分，会产生脱水现象，表现叶片萎蔫下垂，如大叶伞、瓜叶菊、栀子花缺水都会导致植株萎蔫；无花果缺水时间过长，造成大量落叶；大叶黄杨严重干旱的条件下，植株会死亡。长期处于干旱缺水状态下的植物，生长发育受到抑制，组织纤维化加强。较严重的干旱将引起植株矮小，叶片变小，叶尖、叶缘或叶脉间组织枯黄。这种现象常由基部叶片逐渐发展到顶梢，引起早期落叶、落花、落果、花芽分化减少。在花木苗期或幼株移栽定植后，以及一些草本花卉，在严重干旱的条件下，往往会发生萎蔫或死亡，如杜鹃对干旱非常敏感，致使叶尖及叶缘变褐色、坏死。

土壤含水量过多，往往发生水涝现象，会使土壤透气性降低，植株根部呼吸受阻，容易发生窒息引起根部腐烂。同时在缺氧的状态下，由于嫌气性细菌活跃，使土壤中一些有机物产生甲基化合物、醛和醇等有毒物质，毒害植物的根系，使之腐烂。根系受损后可引起地上部分叶片发黄，花色变淡，花的香味减轻及落叶、落花，茎干生长受阻，严重时植株死亡。水涝对根系的损害程度，常因植物的种类、土壤因子、涝害的时间等条件而不同。一般草本花卉容易受到涝害，植物在幼苗期对水涝较敏感。

栽培时应根据植株实际生长情况适时、适量浇水，注意及时排水。浇灌时尽量采用滴灌或沟灌，避免喷淋和大水漫灌。

（三）有害气体对花卉的影响

1.天然气　天然气在全世界许多地区用作温室的加温燃料，由于燃烧不当或从加热管道中渗漏混入温室空气中，就会危害作物的生长。温室由于冬、春季通气少，致使燃炉补充氧气不足而发生燃烧不充分，废气混入室内空气中。另一方面天然气在室外储气罐中渗漏，在结冰的土层下扩散，通过未结冰的温室土壤表层挥发到温室空气中（这种方式可扩散至数百米之外的土层中），都会造成对植物的危害。通常浓度达 $10\ \mu L \cdot L^{-1}$ 就会伤害植物，万寿菊更为敏感，$1\ \mu L \cdot L^{-1}$ 就受害，天然气可使香石竹花器停止发育，花瓣直立状；使玫瑰过早开花，只要高浓度时还出现大量落叶。

2.乙烯　在保护地花卉栽培中有时会发生乙烯危害。乙烯主要来源于燃料不完全燃烧和塑料薄膜、塑料管道的挥发，花卉和观叶植物自身也会产生少量乙烯。乙烯是一种植物内源性生长调节剂，对促进果实成熟和植株衰老具有重要作用。栽培中室内空气乙烯浓度达 $0.05\ \mu L \cdot L^{-1}$ 时，经 2 天可导致植株叶片萎蔫下垂、叶色褪绿变黄、落叶，植株生长停滞，甚至枯死。金鱼草和马蹄莲自身都能释放较多乙烯，储运时不能和其他花卉装在同一容器中运输，以免伤害其他花卉。乙烯能够促使香石竹休眠，高浓度乙烯在储运时对香石竹危害很大。水果也产生大量乙烯，因此花卉不能与水果在同一冷库里存储。

珠兰、茉莉等花卉对乙烯较敏感，较易受危害；米兰、醉蝶花、夜来香等对乙烯抗性中等；杜鹃、丝兰、桂花、白兰等对乙烯抗性较强，能够耐较高浓度的乙烯。

3.氨气　日光温室栽培时较易发生氨气危害。温室中的氨气主要是大量施用未充分腐熟的鸡粪、饼肥、厩肥等有机肥，肥料在土壤中发酵会产生大量氨气，施用碳酸氢铵、尿素等化肥也能够释放出大量氨气，在对温室中富含有机物的培养土进行蒸汽消毒时也会释放大量氨气。由于低温季节温室密闭性强，较易形成氨气积累，在室内氨气浓度达 $5\ \mu L \cdot L^{-1}$ 时，就会对植株产生危害，一般症状是植株幼叶最先受害，叶片出现水浸状斑，叶肉组织白化，其后变成黑褐色，逐渐枯死。

4.汞　现代温室中汞的来源主要是温度计、高压水银灯、自动通风机械的开关设备等。这些设备破损，会造成水银挥发污染空气，可使玫瑰花苞停止开放或使花色变暗，叶片出现烧伤状，幼芽发黄变黑。发现汞污染环境时要及时清除。铁可与汞结合防止危害，所以可通过叶面喷施低浓度七水硫酸亚铁水溶液防止危害。

5.二氧化硫　温室花卉栽培会发生二氧化硫气体危害。温室内二氧化硫主要来源于石油和煤燃烧释放或硫黄熏蒸消毒，不慎混入温室空气中，浓度达 $0.1\sim0.3\ \mu L \cdot L^{-1}$ 时，就会影响植物的光合作用，破坏叶绿体，通常在植株中部叶片叶脉间呈水浸状褪绿斑，严重时呈明显白色，直至植株萎蔫、枯死。

矮牵牛、波斯菊、百日草、蛇目菊、玫瑰、石竹、唐菖蒲、天竺葵、月季等花卉对二氧化硫敏感，较易受二氧化硫危害；紫茉莉、万寿菊、蜀葵、鸢尾、四季秋海棠对二氧化硫抗性中等；美人蕉抗性较强，能够忍耐较高浓度的二氧化硫。

6.氟化物　制铝工业和磷肥厂等排放的废气中含有氟化物，其中氟化氢的毒性比二氧化硫高20倍，空气中只要含 $5\times10\text{-}6\ \mu L \cdot L^{-1}$ 氟化氢就可使植物叶片比正常小 $25\%\sim35\%$ ，造成叶绿体破坏，危害症状和二氧化硫中毒症状相似，但急性中毒时，只需几小时，叶子变为黄褐色，全株枯死。

唐菖蒲、郁金香、玉簪、杜鹃、梅花等花卉对氟特别敏感，较低浓度就能够产生明显危害；桂花、水仙、杂种香水月季、山茶等花卉对氟化物的抗性中等；金银花、紫茉莉、玫瑰、洋丁香、广玉兰、丝兰等花卉的抗性较强。

（四）温度不适对花卉的影响

植物只有在适宜的温度条件下才能正常生长发育，当温度超过生长发育的最高、最低界限时，植株生长发育停滞；如超过维持生命的极限高温或低于极限低温，就会导致植株死亡。

高温常使花木的茎、叶、果受到灼伤，如树皮的溃疡和皮焦，叶片上产生白斑、灼环等。花灌木及树木的日灼常发生在树干的南面或西南面，日灼造成的伤口往往会引起植株病害发生。夏季苗圃中高温常使土表温度过高，引起幼苗茎基部腐病严重。高温使光合作用迅速下降，呼吸作用上升，消耗植物体内大部分碳水化合物，引起生长迟缓，伤害加强植株枯死。君子兰日灼病、观赏甜菜日灼病等是由于局部温度过高而造成的伤害。

当温度低于花卉生长的极限低温时，会对植株产生直接的冻害。冻害的表现主要是植株细胞内含物结冰，从而引起细胞间隙脱水，使细胞原生质受到破坏。通常温度下降越快和结冰越迅速，对植物产生的危害越严重。如低温可引起叶片在叶尖或叶缘产生黄褐色不规则形坏死斑，叶片失绿，变为紫红色，叶片受冻后叶片为黄白色或黄褐色干枯死亡。

三、药害及其防治

在花卉栽培过程中，杀菌剂、除草剂、激素等农药使用不当，会对植株造成药害。药害产生的原因：用错了农药，如误将除草剂当成杀虫剂或杀菌剂使用；用药浓度过高，或浓度正确而操作中重复施药；在气温高、湿度大、日照强时施药；在作物的敏感生育阶段施药；不恰当混用药剂等。药害能够导致植株生理变化异常、生长停滞、植株变态甚至死亡等一系列症状。正确使用农药、准确识别药害，防止药害的发生对花卉生产具有重要的意义。

（一）药害的症状

1. 斑点　喷药浓度过高时，药害主要发生在叶片、花茎或果实表皮上，特别是叶片边缘或植株叶果等器官的凹陷处易积累农药的部位。药害常见的受害斑有褐斑、黄斑、网斑等。药斑分布与器官的形态有关，不易累积农药的部位受害轻、斑点小，易累积农药的部位受害重、斑点大，易形成连片斑，严重时局部甚至整株死亡。

2. 畸形　采用化学药剂喷洒植株时，药害往往引起植株地上部器官畸形，如出现卷叶、皱叶、丛生叶、丛生枝等。采用化学药剂熏蒸或混拌土壤进行消毒时，药害往往造成根部畸形，有的根颈部肿大成橄榄状，无侧根和菌根；有时形成截根苗，无主根，侧根不发达，成鸡爪状。

3. 枯萎　除草剂使用不当往往造成植株枯萎，并多为整株萎蔫。药害引起的枯萎没有发病中心，发生过程较迟缓，先黄化，后死亡。

4. 黄化　药害引起的黄化主要表现在植株茎叶部位，以叶片发生较多。黄化的原因是农药阻碍了叶绿素的合成，或阻断叶绿素的光合作用，或破坏叶绿素。药害引起的黄化与营养缺乏的黄化相比，前者往往由黄叶发展成枯叶，后者常与土壤肥力和施肥水平有关。

（二）药害防治

在花卉栽培过程中，为防止药害的发生，应正确使用农药，不任意混合施用各种农药，施用正确的浓度，不得随意提高浓度。正确掌握喷药时期和时间，避免高温和正午喷药。

施药后1周内应经常检查植株的生长情况，特别是对施用除草剂和植物生长调节剂的植株，更要仔细检查，当发现叶片发黄、茎叶有斑点、生长停滞、植株凋萎、畸形等典型症状时，要分析产生的原因，确定是农药药害后应及时采取相应补救措施。

对受害程度较轻的花卉，应积极采取措施促使药剂转化，减轻危害。防治药害主要通过加强肥水管理使之尽快恢复生机，浇水、喷水稀释药剂浓度，根据产生药害的农药性质选择喷洒或施用能够分解或减缓药效的缓解剂等。若叶面和植株因喷洒某种农药而发生药害并且发现早，可以迅速用大量清水喷洒受药害的植株叶面，反复喷洒清水2~3次，尽量把植株叶面上的药物洗刷掉，增施磷、钾肥，中耕松土，促进根系发育，可以增强作物恢复能力。受害较轻的植株发生药害后可以追施尿素等肥料，以增加养分，加强培育植物生长的活力，促进早发和加速作物恢复能力。

第二节
花卉病理性（侵染型）病害识别与防治

一、霜霉病

霜霉病病菌为鞭毛菌亚门，单轴霜霉属和霜霉菌属病菌。霜霉病菌以菌丝体和卵孢子随种子越冬，也可以卵孢子随病残体在土中越冬。第二年春季条件适宜时，病菌活动危害，引起发病。在病株上产生孢囊梗及孢子囊，病菌孢子借风、雨、浇水传播，一个生产季可连续多次侵染。花卉栽培过程中连作、地势低洼、排水不良、植株过密、湿度大、通风差等条件都易于发病。

（一）危害症状

霜霉病的致病真菌为寄生霜霉菌。主要危害叶片，也危害花梗、花器、种荚。瓜叶菊、月季、百合等常见花卉中多有发生。

瓜叶菊的幼苗和成株均可发病，主要感染叶片。在高温高湿、植株枝叶密集，通风透光条件较差时易感染霜霉病。感病植株初期，先在叶片背面出现水渍状淡黄色小斑点，随病斑扩展逐渐发展成黄褐色多角形病斑。潮湿时病斑背面长出灰色霉状物；干燥时病叶干枯易碎，严重时导致全株枯死。

百合霜霉病初发期在叶片及花梗上产生卵圆形或长条状的淡黄或淡绿色病斑，边缘不明显。病斑扩大后呈略凹陷的大型病斑并常带有1个至多个连接成片状的病块，其上密生白色霜状物。后期病斑渐变成淡紫色，遇天气潮湿时病叶腐烂，若天气干燥则病叶枯萎死亡，发病严重时可造成大面积死亡。鳞茎染病，则茎部产生白色霜状物。

月季霜霉病（图10-1）出现在叶、新梢、花上，特别是对嫩枝和新芽的危害极大，初期叶上出现不规则淡绿斑纹，并布满霜状霉层，后扩大并呈黄褐色和暗紫色，似水浸状，最后变为灰褐色，边缘色较深，呈多角形，后变为灼烧状，渐次扩大蔓延到健康组织，无明显界限，潮湿空气，病叶背面可见稀疏的灰白色霜霉层，叶片容易脱落，腋芽和花梗部位发生变形，出现病斑，严重时新梢基部出现裂口，沿切口向下枯死，有的病斑为紫红色，中心为灰白色，新梢和花感染时，病斑与病叶相似，梢上病斑略凹陷，严重时叶萎蔫脱落，新梢腐败枯死。不同品种对霜霉病的抗性不同。

图 10-1　月季霜霉病

（二）发病条件

霜霉病病菌以卵孢子越冬越夏，以分生孢子侵染，孢子萌发温度 1~25℃，最适温度为 18℃，高于 21℃ 萌发率降低，26℃ 以上完全不萌发，26℃ 24 h 孢子死亡，病原孢子从叶背面的气孔侵入，侵入时需要有水滴存在，侵入过程 3 h 左右。侵入后温度在 10~25℃，空气相对湿度为 100% 时，经过 18 h 开始形成新的孢子。日光温室切花月季多发生在加温的 10 月，而无加温设备的日光温室，秋末、整个冬季均易发生，露地生产则发生较少。光照不足、植株生长密集、通风不良、昼夜温差大湿度高、氮肥过多时病害特别易于发生。

（三）防治方法

防治的关键在于采用一切技术措施提高植株的抗病性，进行综合防治。选择抗病性强、适应性好的品种栽培；栽植前应施足基肥或配制好营养土，保护地栽培最好进行设施消毒处理，消灭初侵染病源；栽植时应选用无病种苗，采用适度的栽植密度，并实行轮作栽培；栽培中需加强水肥和植株管理，注意植株的修枝整形、防止株间郁闭，并严格控制栽培环境。栽培过程中必须加强栽培管理，根据不同作物的生长发育阶段提供适宜的温度、光照和水肥条件，注意通风排湿。保护地栽培最好采用滴灌和渗灌，浇水后注意及时排湿；露地栽培雨后及时排水，防止湿气滞留。发病初期及早发现和拔除中心病株；发病期及时摘除病芽、病叶，对病残体进行深埋处理，并进行必要的化学防治；秋季清除病株的枯枝落叶，进行消毒处理。

1. 人工防治　栽培过程中一旦发病，应及时摘除病叶，集中深埋或烧毁，控制侵染菌源扩散。

2. 药剂防治　初期尽早喷洒 75% 百菌清可湿性粉剂 600 倍液、80% 代森锌可湿性粉剂 600 倍液或 50% 代森铵可湿性粉剂 800~1 000 倍液，7~10 d 喷 1 次，连续喷 2~3 次。注意各种药剂交替使用，防止产生抗药性。

3. 选用抗病品种　进行抗病育种，增强品种的抗性，是防治霜霉病的重要措施之一。

二、灰霉病

灰霉病是半知菌亚门葡萄孢属真菌侵染引起的一类病害的总称。灰霉病病菌寄主广泛，可危害多种观赏植物。不仅在植物生长期间侵染危害，而且在储藏、运输过程中也可发生。

灰霉病是世界各地月季、牡丹、一品红、蝴蝶兰、仙客来、百合等多种花卉的重要病害，在我国发生也较普遍。

（一）月季灰霉病

1.危害症状　月季灰霉病（图10-2）主要发生在月季的叶缘和叶尖，在植株的花、花蕾及嫩茎上都能发病。受害部位密生灰色霉层。侵染的初期发病部位呈水渍状淡褐色斑点，光滑稍有下陷，然后扩大、腐烂。花蕾发病时会出现灰黑色的病斑，严重时阻碍花蕾开放，病蕾会逐渐变成褐色并枯死，极大地影响花的品质。月季花朵受到侵害时，花瓣上出现红褐色凹状的小斑点，花瓣皱缩、腐烂。折花之后的枝端也同样会遭到灰霉病的侵害，如果将采收后的病枝放入冷库，病害会进一步发展。在温暖潮湿的环境下,灰色霉层可以完全长满受侵染部位。

图10-2　月季灰霉病

2.发病条件　灰霉病的病原为灰葡萄孢属丝孢纲丝孢目的一种真菌。冬天，病菌以菌丝体或菌核的形式潜伏于发病的部位，翌年环境合适的条件下分生孢子，借助风力、雨水进行传播，侵入方式为从伤口侵入及表皮侵入2种形式。月季花凋谢后，如花和花梗不及时摘除，灰霉病便会在衰败的组织上先发病，然后再传染到健康的花及花蕾上。灰霉病菌繁殖的最适温度为15℃左右，而病菌在2℃以下、21℃以上时则受到抑制。高湿也是发病的重要原因之一。在湿度大、温度低的栽培环境中，灰霉病更容易发病。

3. 防治方法

1）加强栽培管理　控制栽培环境，温室着重通风换气，注意昼夜温差，避免温差过大；湿度不宜过高；适时修剪整形，改善植株间通风、透光条件；避免在叶缘、花瓣上滞留水分；及时剪除凋谢的花朵，尽量在晴天修剪，有助于伤口的愈合；及时彻底清除染病部位，减少侵染来源。

2）药剂防治　灰霉病发病初期可使用 1∶1∶100 倍波尔多液，每 2 周喷洒 1 次。发病后可使用喷雾法、烟雾法和粉尘法进行治理，喷雾法使用 50% 腐霉利可湿粉剂 2 000 倍液，或 50% 异菌脲可湿性粉剂 1 000~1 500 倍液，或 50% 甲基硫菌灵可湿性粉剂 500 倍液，或 50% 多菌灵可湿性粉剂 500 倍液，或 70% 代森锰锌可湿性粉剂 500 倍液喷雾，7~10 d 喷洒 1 次，连续 2~3 次，每次喷洒药液量每亩不少于 50~60 kg。烟雾法可用 10% 腐霉利烟剂每 200~250 g，或用 45% 百菌清烟剂，每亩 2 250 g，熏 3~4 h。粉尘法则是于傍晚左右喷撒 5% 百菌清粉尘剂，或 10% 杀霉灵粉尘剂，每亩 1kg，10 d 左右喷 1 次，连续使用或其他防治方法交替使用 2~3 次。使用药剂的预防效果好于治疗效果，可各种方法交替进行，以防产生抗药性。

（二）牡丹灰霉病

1. 危害症状　牡丹灰霉病在生长季节均可发生，对幼嫩植株危害严重，引起幼苗的倒伏、枯萎。牡丹灰霉病的症状有 2 种类型，一种是叶部病斑近圆形或不规则形，多发生于叶尖和叶缘，呈褐色或紫褐色，具不规则的轮纹；茎上病斑褐色，呈软腐状，茎基部被害时，可使植株倒伏；花部被害变成褐色、软腐，产生灰色霉状物；病斑处有时产生黑色颗粒状的菌核。第二种症状是叶部边缘产生褐色病斑，使叶缘产生褐色轮纹状波皱；叶柄和花梗软腐，外皮腐烂，花梗被害时影响种子成熟；叶柄及茎干病斑多呈长条形，暗褐色，略凹陷，病部易折断；花芽受侵染变褐、干枯，花瓣变褐色、腐烂。

2. 发病条件　地势低注、排水不良的地块发病严重。高温多雨、湿度大而光照不足的天气发病严重。重茬、种植过密、氮肥施用偏多、通风透光差造成植株生长嫩弱的地块发病严重。如图10-3、图10-4所示。

图 10-3　花蕾感染灰霉病

图 10-4　茎干感染灰霉病

3.防治方法

1）减少侵染来源　秋季清除病株的枯枝落叶，发病季节及时摘除病芽、病叶，对病残体进行深埋处理。

2）栽培防治　选择地势较高、排水良好的地块栽植牡丹，避免重茬，与不是芍药科的植物实行3年以上的轮作。浇水最好在晴天进行，防止大水漫灌，雨后及时排水。设施栽培浇水后应适时放风排湿。合理密植，改善通风透光条件。适量使用氮肥、多用复合肥和有机肥。株丛基部不要培湿土。

3）药剂防治　栽植前用70%代森锰锌可湿性粉剂300倍液浸泡种苗10~15 min。在发病初期开始用72%霜霉疫净可湿性粉剂800~1 000倍液喷雾防治，每隔7~10 d喷1次，连续3~4次。温室内发病初期可用烟雾法，选用45%百菌清烟剂、15%克霉灵烟剂等，既省工又不会增湿。

（三）蝴蝶兰灰霉病

1.危害症状　蝴蝶兰灰霉病主要危害花萼、花瓣、花梗，有时也危害叶片和茎。发病初期，花瓣、花萼受侵染后24 h即可产生小型半透明水渍状斑，随后病斑变成褐色，有时病斑四周还有白色或淡粉红色的环状斑纹。花梗和花茎染病初期出现水渍状小点，渐扩展成圆形至长椭圆形病斑，黑褐色，略下陷。病斑扩大至绕茎1周时，花朵即死亡。危害叶片时，叶尖焦枯。该病每年多在早春和秋冬季出现2~3个发病高峰。

2.发病条件　通常花瓣上容易感染，高湿通风不良环境及夜间结露环境也易发生灰霉病。

3.防治方法

1）人工防治　注意通风降湿，发现病花、病茎立即摘除，以减少侵染源。

2）药剂防治　平时预防可用50%代森锰锌可湿性粉剂500倍液，或50%多菌灵可湿性粉剂500倍液定期喷施。发病初期用50%腐霉利可湿性粉剂1 500倍液或50%异菌脲可湿性粉剂1 500倍液，约10 d喷洒1次，连续防治2~3次。在老芽阶段使用75%百菌清可湿性粉剂

600 倍液，或 50% 苯菌灵可湿性粉剂 1 000 倍液全株喷雾。

（四）仙客来灰霉病

1. 危害症状　叶片、叶柄、花梗、花瓣均可发病（图 10-5 至图 10-7）。通常发病初期只限在外侧的老叶、病叶上，随后在仙客来花期造成危害，叶柄、花梗也相继发病。病重时从老叶发展到幼叶，传染整个植株，最终导致球茎腐烂。叶片发病时叶缘呈水浸状斑纹，逐渐蔓延到整个叶片，造成叶片变褐干枯或腐烂。叶柄和花梗受害后，发生水浸状腐烂，并生有灰霉，在湿度大时各发病部位生有灰霉层，即病菌分生孢子梗和分生孢子。

图 10-5　灰霉病在仙客来花瓣上造成的危害

图 10-6　灰霉病在仙客来花期造成的危害

图 10-7　灰霉病对仙客来植株造成的危害

2. 病原　病原是半知菌亚门葡萄孢属灰葡萄孢菌。病菌发育最适温度为 20~25℃，最低为 4℃，最高为 32℃。分生孢子在 13.7~29.5℃均能萌发，但温度较低对萌发有利，产生孢子和孢子萌发的适宜温度为 21~23℃。分生孢子抗旱力强，在自然条件下，经 138 d 仍然具有活力。

3. 传播途径　成熟的分生孢子借助气流、雨水、灌溉水、棚膜滴水和农事操作等传播。在低温、高湿条件下病菌孢子萌发芽管，由开放的花、伤口、坏死组织侵入，也可由表皮直接侵染引起发病。潮湿时病部产生的大量分生孢子是再侵染的主要病源。

4. 发病条件　温暖、湿润是灰霉病流行的主要条件。适宜的发病条件是气温在 20℃ 左右，空气相对湿度在 90% 以上。一般在冬春季，温室温度提不上去、湿度又大时病害严重。

5. 防治方法

1）控制温室的温、湿度　保护地栽培可通过提高温度来控制病菌的发育和侵染。一般采取上午迟放风，使温室内温度提高到 31~33℃，超过 33℃ 时开始放风。如果中午时仍在 25℃ 以上，可继续放风。但下午温度需要维持在 20~25℃，夜间保持在 15~17℃。

2）加强栽培管理，综合防治　增施磷、钾肥，促进植株发育，增强抗病力。避免阴天浇水，浇水结束后应放风排湿，发病后控制浇水，必要时施行根颈周围淋浇药液。发现病花、病叶及时摘除，不可随意乱丢，应集中清理，同时清除遗留在地里的病残体。注意生产操作，防止人为传播。

3）药剂防治　50% 腐霉利可湿性粉剂 2 000 倍液，或 70% 甲基硫菌灵可湿性粉剂 1 000 倍液，或 40% 百菌清悬浮剂 600 倍液和 50% 异菌脲可湿性粉剂 1 000 倍液。在温室封闭条件下，亦可用 10% 腐霉利烟雾剂 250 g·hm^{-2}。根据病情选择用药方法和用药种类，7~10 d 施 1 次，连施 2~3 次。

三、根腐病

根腐病是由真菌侵染引起的花卉根系病害。病菌为腐霉属和镰孢菌属真菌，属土壤习生菌，通过土壤传播侵染危害花卉根系。牡丹、一品红、马蹄莲、杜鹃等多种花卉感染根腐病，此类由土壤习生菌引起的病害被简称土传病害。

（一）危害症状

根腐病是牡丹的常见病害。老株和多年连作的园地发病率较高，经接触传染，危害过程为幼嫩根先受感染，逐渐扩展至侧根、主根及根颈部位。病根的症状初期呈黄褐色斑，然后逐渐变为深紫或黑色，并在病根表层产生一层似棉絮状的菌丝体，后期病根表层完全腐烂，随着根系腐烂部位逐渐扩展导致根系死亡。此病的特点是，危害期长，患病的牡丹植株并不会马上枯死，要经过3~5年或更长时间；受害植株生长势减弱、黄化、叶片变小，呈大小年开花，严重时部分枝干或整株枯死。这是由于根系侵染部位腐烂死亡，不能产生新根，而尚存的部分根系依然生长，导致地上部生长受阻或部分死亡。但病菌一旦侵染到根颈部位，引起腐烂并形成棉絮状菌丝体，则会导致地下根系全部腐烂死亡，植株随即很快枯死。

一品红成株和苗期均可感染根腐病，高温、高湿条件利于病害的发生和蔓延，特别是栽培土壤含水量较高时发生更严重。苗期发病初期植株茎基部出现水浸状小病斑，并很快发展为淡褐色缢缩，随之植株凋萎倒伏，通常会导致幼苗成片死亡。成株发病初期在根颈部位出现水浸状病斑，并很快发展为淡褐色缢缩，但感染病株未见腐败、水解现象，植株白天温度高时出现萎蔫，夜晚恢复；发病后期随着病斑逐渐扩展蔓延，植株凋萎现象亦逐渐严重，颈部病斑凹陷呈黄褐色，病斑部组织崩解，导致植株因缺水严重而枯萎死亡。在湿度过大时病株呈水浸状黄化，导致皮层腐烂致死，并在病株周围地表生成白色菌丝，严重时可扩展至栽培土壤。植株根部患病时，往往造成根腐现象，初期影响植株的正常生长，严重时导致死亡。

杜鹃患根腐病后，生长衰弱，叶片萎蔫、干枯，根系表面出现水渍状褐色斑块，严重的软腐，逐渐腐烂脱皮，木质部变黑。

观叶植物主要危害白鹤芋类，黛粉叶类也能够感染根腐病，主要造成叶、茎、根坏疽。危害叶片和茎部时，首先产生褐色斑点，斑点周围有黄色晕环，最后叶片枯萎脱落，导致植株死亡；危害根部则会使根部腐烂，影响植株的水分及营养吸收。

马蹄莲根腐病多在临近开花时发生。一般是植株下部或外层叶片先变褐枯萎，病害不断向内层叶片发展蔓延。病株开放的花朵顶端呈褐色，有时这种褐色可一直发展到叶柄和花梗，花姿畸形。病株拔起观察，可见根系一部分已腐烂死亡，剩余根系内部呈水渍状软腐，仅留表皮呈中空管状。根系病害先从吸收根开始逐渐向根状茎蔓延，最后根状茎呈海绵状干腐。

（二）防治方法

1. 物理防治　根腐病的防治应以物理防治为主，改善环境条件，控制和减少病害的发生和感染。苗木移栽和定植前可用消毒剂进行土壤消毒，防止土传病害。适当控制移栽和定植密度，成株进行必要的修枝整形，以减少田间或株间的郁闭，增加群体的通透性。栽培过程中应保持土质疏松、湿润和良好的通透性，避免积水。严格控制土壤和空气相对湿度，控制浇水的次数及浇水量。特别是在早春和夏末菌丝体活动期，当土壤含水量不低于 60% 时，尽量不浇水以减少感染。在严格控制湿度的同时，应适当降低苗床温度。土壤基肥必须施用充分腐熟的有机肥，并增施磷、钾肥；追肥应薄肥勤施，不施未腐熟肥料，严禁追肥过重，以促进新根生长；适时中耕松土，保持土壤通透性，给根系一个透水、透气的环境。

2. 药剂防治　如果初发或病情较轻的植株，可进行开沟灌根治疗。施用多菌灵可湿性粉剂 500~600 倍液 + 福美双可湿性粉剂 500~800 倍液。石硫合剂每株 2.5~7.5 kg，200~500 倍硫酸铜溶液每株 5~7.5 kg，或 70% 甲基硫菌灵可湿性粉剂 1 000 倍液每株 1.5~2.5 kg。于早春或夏末，沿株干周围开挖 3~5 条放射状沟，长度同树冠，宽 20~30 cm，深 30 cm 左右，将根部暴露出来，灌药后封土。

四、锈病

（一）危害症状

锈病是由担子菌亚门锈菌目真菌引起的一类重要观赏植物病害。通常引起植株叶片枯萎脱落，造成植株生长衰弱，降低质量及观赏价值。锈病由于发病后期在病部产生大量锈粉状物而得名。

月季锈病主要危害叶片。发病初期在叶片上产生褪绿黄斑，后在病斑上产生黄色疱状凸起，成熟后突破表皮散出黄色锈粉状物，粉状物是病菌的夏孢子堆。秋季在病叶上产生黑褐色孢子堆。

（二）发病条件

锈病属于担子菌亚门锈病目多胞锈菌属。本菌为同主寄生锈菌，可产生5种类型的孢子。锈孢子器在叶背堆聚成橘红色粉状物，周围有侧丝，裸生。锈孢子串生，夏孢子堆生，周围有棒状铡丝，冬孢子堆黑色，散生裸露。锈病主要以菌丝的形式在月季病芽内越冬，翌年3月下旬，病芽萌发时即开始发病，产生夏孢子，并向叶面侵染。冬孢子在叶片上越冬，第二年春季萌发产生担孢子，侵染幼叶嫩梢，再产生性孢子和锈孢子，锈孢子侵染叶又产生夏孢子。夏孢子可多次产生，重复扩大侵染，潜育期最短7 d。每年4月下旬叶片开始发病。5月下旬至7月初为发病盛期。8月下旬。夏孢子发芽感染的适宜温度为18~23℃，24℃以上开始减少感染，气温在27℃以上，病害不发展，28℃以上的气温，夏孢子不萌发。9月下旬以后，仅腋芽发病。如月季锈病，如图10-8所示。

（三）防治方法

1.加强栽培管理　合理施用氮肥，适当增施钙、钾、磷和镁肥，提高植株抗病力，可每隔2周喷洒1次喷施新高脂膜，连续喷2~3次；注意日光温室通风换气，保持空气相对干燥；及时对月季花枝进行修剪，在3月下旬至4月对植株健康情况进行检查，发现病芽后要立即摘除。一般病芽率不到0.5%，摘除后即可防止孢子扩散。病枝、病叶和病芽同样需要及时剪除，同时扫除周边的落叶，集中烧毁。注意及时在修

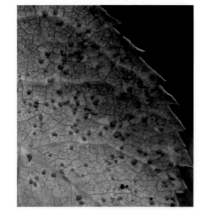

图10-8　月季锈病

剪口涂抹愈伤防腐膜，防腐烂病菌侵染，促进伤口快速愈合。

2. 药剂防治　发病初期可选用25%丙环唑乳油2 000~3 000倍液，或25%粉锈宁可湿性粉剂1 500~2 000倍液，或70%甲基硫菌灵可湿性粉剂1 000倍液喷雾。

4月上旬或8月下旬2次发病盛期前，喷药1~2次，可控制病害发展。可选用50%百菌清可湿性粉剂600倍液，或25%粉锈宁可湿性粉剂1 500倍液。也可在春季发芽前喷25波美度石硫合剂。同时喷施新高脂膜，增强肥效，提高植株抗病力。现蕾后要定期喷洒花朵壮蒂灵，可促使花蕾强壮、花瓣肥大、花色艳丽、花香浓郁、花期延长。

兰花锈病初期大多在叶片上产生红黄或黑褐色斑点，成熟后突破表皮散出的橘红色粉状物是锈病菌类孢子，感病严重时导致全叶甚至全株干枯而死。

锈病防治应加强检疫工作，严防锈病的传播蔓延。应选择栽培抗病品种，合理密植，科学管理，提高植株的抗病力。栽培时注意观察发现初始病株，及时清除病株残体，减少菌源。

五、炭疽病

炭疽病是由半知菌亚门黑盘孢目炭疽菌属及子囊菌亚门小丛壳属引起的病害。炭疽菌感染后通常有一定的潜伏性，到发现症状时已给植物造成了严重损失。炭疽菌危害石斛兰、牡丹、三色堇等多种花卉植物，栽培时应以防为主、防治结合，才能获得较好的栽培效果。

（一）危害症状

石斛兰感染炭疽病后主要危害叶片。发病时，叶面上出现黑褐色或淡灰色的病斑，病斑上着生的许多小黑点聚生成带状或环状。

牡丹炭疽病主要危害植株的叶、茎、花器等部位。发病初期（6月）叶正面出现褐色小斑点，逐渐扩大为近圆形病斑（图10-9），病斑大小因牡丹品种而异，直径为4~25 mm；发病中期病斑逐渐扩展，受主脉抑制而多呈半椭圆形、黑褐色；后期（7月、8月）病斑中部转为灰白色，斑缘为红褐色，并在病斑中部生成轮状排列的黑色小粒点，即病原菌的分生孢子盘，湿度较大时分生孢子盘内溢出红褐色黏孢子团。部分病株发病后期叶片病斑开裂，穿孔。茎和叶柄上的病斑多为棱形长条斑，稍凹陷，长 3~6 mm，红褐色；后期为灰褐色，病茎有扭曲现象，病重时会折断，嫩茎发病会迅速枯死。芽鳞和花瓣受害引起芽枯死和花冠畸形。

图 10-9　炭疽病

（二）发病规律

病原菌以菌丝体在病株中越冬，在湿度大的环境下容易发生病害，高温多雨年份发病较严重，通常以八九月降水多时为发病高峰期。

（三）防治方法

1.农业防治　栽培过程中植株发病后应及早清除有病株，后期清洁田地。生长期内发现病叶、病花及时摘除，集中深埋处理，秋末冬初将圃地内的病株残体集中烧毁。加强养护管理，一年生草花要合理轮作，实行秋翻，施足基肥，合理密植，避免造成伤口从而减少病菌侵入的机会。栽培中应加强通风、透光和降湿。

2.药剂防治　发病初期可用 50% 多·锰锌可湿性粉剂 750~1 000 倍液喷施，严重时喷 2~3 次，间隔 7~10 d；50% 多菌灵可湿性粉剂 500~800 倍液，或 50% 多硫悬浮剂 500 倍液，或 75% 百菌清可湿性粉剂 1 000 倍液，每 7~8 d 喷 1 次，连喷 2~3 次，喷药遇雨后补喷。防治时，采用多种药剂轮换喷洒的防治效果比使用单一药剂多次施用的效果好。

三色堇炭疽病发病初期叶片出现水渍状暗褐色小斑点，以后扩大形成黄褐色病斑，病斑边缘暗黑色，有同心轮纹。花萼染病出现暗褐色条形病斑。花瓣上的病斑中央暗褐色，边缘淡褐色。叶柄和花梗感病后呈黄褐色至黑褐色水渍状条形病斑，病部凹陷，可蔓延至茎部。发病严重时整株枯死。

六、疫病

疫病的病菌为鞭毛菌亚门疫霉菌属真菌。疫病菌以菌丝体在病株体内或以卵孢子随病残体在土中越冬成为初次侵染来源。在发病的植株上产生孢子囊经气流、雨水、浇水等进行再传播。高温高湿、排水不良易发病。

（一）危害症状

百合疫病一般在现蕾期开始发生。分为 2 种类型，其中第一种类型表现为发病初期，茎中上部出现黄绿色斑条，进而成水渍状，并在病斑附近出现长条状干褐，剖切病株茎部维管束发现有一些褐色斑点。随病斑扩展，病株叶片从上部到下部逐渐变黄脱落，在发病过程中鳞茎未发现病症，且茎根发育良好；第二种类型表现为基部叶片半边叶缘开始变黄，逐渐向上发展，基部入土中部分出现大块状病斑，深达维管束，病斑发展速度较快。发病中后期病株下部叶片脱落，茎基部干褐色，并逐渐向上发展。

蝴蝶兰疫病在叶片、花器假茎及新芽上，没有伤口也可侵入，患部初期出现水浸状斑点，后期扩大为暗绿色或淡褐色组织（图 10-10）。虽然腐败但不会被水解而溃烂，无恶臭，最后造成全株凋萎枯死。蝴蝶兰疫病因表现为组织黑腐也称黑腐病、黑脚病。高温多湿、通风不良是疫病的多发环境。主要发生在瓶苗出瓶、移植及植株换盆移动时期。

图 10-10　蝴蝶兰疫病

疫病是危害天南星科植物较严重的一种真菌性病害。最适发病温度为 20~25℃，雨季发病尤为严重。被害部位最初呈水浸状病斑，病部组织褪色而褐变，在感染初期，受害组织仍保持相当的韧度，后期患部腐烂死亡。疫病病菌由根际部侵入寄主植物时，主要导致受害植株萎凋，如白鹤芋类疫病，而由叶部侵入则表现为叶枯或茎枯，当湿度较高时，患病部位可见白色菌丝体，症状与细菌性软腐病有所不同，如绿萝、蔓绿绒、粗肋草疫病。

（二）防治方法

栽培中注意温室通风、降温、排湿，改善植株生长环境。施肥时应注意碳、磷、钾配合使用，防止氮肥单一过量施用。发现病株及时清除，并喷洒农药防治。可采用 58% 甲霜灵·锌锰可湿性粉剂（锌锰灭达乐）400~600 倍液，或 72.2% 霜霉威水剂 800~1 000 倍液，轮流喷洒防治。

七、白粉病

白粉病是植物最常见、发生普遍而严重的病害之一，观赏植物中除针叶树外均可能感染白粉病。白粉病是由子囊菌感染引起的真菌性病害，子囊菌为专性寄生菌（活体寄生菌）。子囊菌是通过菌丝体附着在寄主体表，靠菌丝体上产生吸器深入寄主细胞内吸取营养导致植株发病。

（一）危害症状

花卉植物中月季的白粉病主要危害嫩叶，发病初期在叶片两侧出现白色粉状物病斑，早期病状不明显，病斑出现 3~5 d 后，逐渐转变为水渍状病斑，叶片逐渐失绿变黄，严重时导致叶片脱落。

凤仙花白粉病主要危害叶片，严重时也可危害茎和花。发病初期在叶片上产生白色小圆斑，扩展后连片形成大斑。在病斑上产生白色粉状物，是病菌的菌丝体和分生孢子。秋季在病斑上产生黑色小斑点，是病菌有性阶段的闭囊壳。

瓜叶菊白粉病主要感染叶片，严重时可危害叶柄、嫩茎及花蕾等部位。在瓜叶菊的幼苗期和开花期，如室温高、湿度大极易染病。白粉病初发期，叶部病斑不明显，叶片上出现零星的、不明显的白斑。然后出现近圆形或不规则形浅黄色斑块，并覆盖一层白色粉状物。环境适宜时病斑迅速扩大，连接成边缘不清晰的大片白色粉斑，甚至覆盖全叶，使整个叶片布满灰白色粉状霉层。感病严重的植株，叶片和嫩梢扭曲或卷缩、萎蔫，新梢生长停滞，甚至死亡。病害发展后期，叶面白色粉层变为灰白色或灰褐色，偶尔可见黑色小点。

牡丹白粉病初期在叶丛间叶面或茎枝上出现白色霉点（图 10-11），后向叶两面及叶柄上扩展形成污白色粉层，后期在粉层上散有许多黑色小点，有的牡丹叶片、叶柄覆盖一白粉薄层，常呈圆形，后期其中生黑色小颗粒，严重时病斑褪绿变黄，叶片易脱落。

图 10-11　牡丹茎干感染白粉病

雨后干燥少雨但株丛间湿度大容易加快该病的传播速度。当高温干旱与高湿交替出现，又有大量白粉菌及感病的寄主时，容易滋生此病，一般于 5 月上旬开始发生，8 月下旬为发病高峰，此后病叶逐渐枯死脱落。

（二）防治方法

在湿度大、光照弱、通风不良和昼夜温差在 10℃以上的条件下，植物极易发生白粉病。在栽培过程中，要注意温室的通风控温除湿，增加光照，控制浇水，适当加大株行距。一旦发病，应及时摘除病叶，剪掉病枝、病蕾，拔除病株，集中深埋或烧毁，控制侵染菌源扩散。植株发病后应在初期及早进行化学防治，防治时可用 15% 粉锈宁可湿性粉剂 2 000 倍液进行喷洒防治，每 7 d 喷 1 次，连续喷 3~4 次。防治时不同药剂应交替使用，喷药时应以叶背面为主全株喷洒，可提高防治效果。

八、枯萎病

枯萎病的病菌为半知菌亚门镰孢菌属真菌。病菌以厚垣孢子和拟菌核随病残体在土壤中越冬，在土中可存活多年，为土壤习生菌。病菌通过带菌堆肥、雨水、流水及农具传播，经伤口或根部直接侵入植物引起发病。地势低洼、排水不良、连作、土质黏滞易发病。百合、翠菊等多种花卉植物易感染枯萎病。

（一）危害症状

百合枯萎病主要感染植株茎、叶和鳞茎。感病鳞茎长出的叶片发黄，早期枯死，从下部叶逐渐到上部叶，变黄枯萎。感病植株的鳞茎发病时，可在表面形成褐色的病斑，造成整个鳞茎腐烂死亡；茎部发病时，最易侵染茎干与土表接触的部位，然后逐渐向上蔓延，导致植株维管束坏死，病部表面产生白色小病斑，使植株不能向上供运水分，引起植株死亡。部分植株感染症状出现在茎的中上部，茎干呈褐色干枯状病斑，使维管组织受损，造成叶片变黄脱落，植株生长受阻直至死亡。茎基部感病时出现褐色斑点状病斑，病斑侵染常在茎表层，病株根系发育较差，几乎无基生根，很难发生茎生根。

翠菊枯萎病的病菌主要从根或茎部侵入。感病植株叶片萎蔫变黄，扩展后全株萎蔫，重者死亡。仔细检查根或茎部变为褐色。湿度大时，病部产生白色或粉红色霉层。

仙客来枯萎病由镰刀菌引起。染病初期植株的一部分叶片失去生机，稍黄化，继而黄化叶逐渐增多。晴天植株叶片呈现萎蔫，夜间可以恢复，白天再度萎蔫，直到死亡。叶柄部分呈水状肿胀，有时表皮纵裂。在空气湿度大的情况下，病斑处长出棉絮状白色菌落，有时带淡红色，为原菌无性子实体。

将发病株球茎横切开，横断面观察可见维管束变褐。由于该病是土传病害，因此维管束的褐变由下向上变化。一般情况下，球茎不腐烂，但湿度大时，也呈软腐状。一般从幼根或伤口侵入，进入维管束，堵塞导管，并产生有毒物质镰刀菌素，扩散开来导致病株叶片枯黄而死。病菌通过水流传播。在土壤温度28℃，土壤潮湿，多年栽培的温室，移栽时伤根多，植株生长势弱等情况下发病重。酸性土壤及线虫取食造成伤口利于本病发生。21℃以下或33℃以上本病扩展缓慢。

牡丹枯萎病危害植物的茎、叶、芽。茎受害最初出现灰绿色似油浸的斑点，后变为暗褐色至黑色，进而形成数厘米长的黑斑。病斑边缘色渐浅，病斑与正常组织间没有明显的界限。近地面幼茎受害，整个枝条变黑，扩展成大的溃疡，溃疡上部茎枯萎死亡。根颈也能被侵染腐烂，引起全株死亡。叶部病斑多发生于下部叶片，形状不规则，水渍状，呈浅褐色至黑褐色大斑，叶片逐渐枯死，此病症状与灰霉病相似，区别是此病不产生霉层。病菌随病株残体在土壤中存活，地温20~26℃最适于该菌的发展和传播。生长期遇有大雨之后就能出现一个侵染及发病高峰，连阴雨多、降水量大的年份易发病，雨后高温或湿气滞留发病重。

（二）防治方法

枯萎病防治首先应严格控制土壤湿度，减少浇水和施肥。在发病初期应用杀菌剂灌根及喷雾相结合防治。可采用80%甲霜灵锰锌500倍液喷施植株及土壤表面，并用50%多菌灵可湿性粉剂+80%代森锌可湿性粉剂各按500倍配制成水溶液，灌根2~3次。若在小苗前期，个别植株发病，可将病株拔除，并对病株周围30 cm直径范围喷施杀菌药水处理。

九、叶枯病

叶枯病的病菌为腔孢纲球壳孢目真菌，主要危害植物叶片。在叶面上生成小黑点即病菌的分生孢子器。分生孢子器球形或近球形，浅褐色，顶端有孔口，初埋生于叶片组织内，后突破表皮外露，内产生许多分生孢子进行侵染危害。叶枯病可危害多种花卉，通常秋季老叶发病重，温度高、湿度大发病重，栽植过密、管理粗放的绿地发病重。

（一）危害症状

多从叶缘、叶尖侵染发生，病斑由小到大呈不规则状，红褐色至灰褐色，病斑连片成大枯斑，病斑边缘有一较病斑深的带，病健界限明显。发病初多从中下部开始，初为淡绿色小圆斑，后形成圆形或不规则的褐色或赤褐色病斑。斑点有圆形、椭圆形、菱形、不规则形，颜色有黑、褐、紫、黄、白等色，斑面上出现云纹或轮纹，分界明显或不明显，黄晕有或无，病症有霉层和小黑粒，严重时整张叶片布满病斑，直至干枯脱落（图 10-12）。有时还侵害花和花梗。后期在病斑上产生一些黑色小粒点，病叶初期先变黄，黄色部分逐渐变褐色坏死。

图 10-12　万寿菊叶枯病

蝴蝶兰感染叶枯病时，初期在叶尖出现赤褐色病斑，逐渐蔓延全叶及茎部，严重时病斑转变成黑褐色，空气相对湿度过大时极易发生叶枯病。

月季感染叶枯病时，病菌多数由叶尖或叶缘侵入，发病初期生成黄色小病斑，然后逐渐迅速向叶片中部扩展形成不规则形大病斑，严重受害的叶片枯斑达全叶 2/3 以上，病部褪绿黄化，然后呈褐色干枯脱落。

百合感染叶枯病时，先在叶片上产生浅黄色或浅褐色的圆形或椭圆形病斑，病斑大小不一，长 2~10 mm。在潮湿环境下，病斑表面很快生成一层灰色的霉状物，然后病斑逐渐转变成灰白色，干枯、易碎裂，严重时整叶枯死。茎干受侵染时，易腐烂折断，生长点坏死。

天南星科观叶植物在高温条件下（28~32℃）易感染叶枯病。植株发病初期在叶尖和叶缘形成水浸状病斑，随后转变为淡黄褐色坏死病斑，病斑周围有明显黄色晕环，后期转为暗褐色病斑，渐干枯，病斑逐渐扩展至叶柄，蔓延至基部造成落叶，最后整株死亡。病菌经水孔、气孔及伤口侵入，借雨水、灌溉水介质等传播。

（二）防治方法

叶枯病防治应主要以预防为主，在高温、高湿或阴雨季节定期喷施杀菌药物。栽培时应加强肥水管理，注意通风、降温排湿，控制浇水，保持叶面干燥。在苗木进入休眠阶段应剪掉病枝病叶，清除地下落叶，喷施石硫合剂进行全面杀菌，减少翌年初侵染源。植株发病初期应及时去除病叶，减少再侵染源。

叶枯病药剂防治可采用 70% 多菌灵可湿性粉剂 500 倍液，或 1% 波尔多液 +80% 多菌灵可湿性粉剂及 65% 代森锌可湿性粉剂 600 倍液灌根，或采用乙烯菌核利可湿性粉剂 1 000~1 500 倍液 +80% 多菌灵可湿性粉剂 600 倍液喷洒防治，重点喷施新生叶片及周围土壤表面。

十、细菌性软腐病

软腐病为欧文菌属细菌侵染引起的病害。病菌可在土壤中长期存活，为土壤习居菌。病菌经流水、浇水传播，经伤口侵入。高温、土壤湿度大易发病，可侵染多种花卉植物，特别是多年生宿根花卉。

症状表现为萎蔫、腐烂、穿孔等，发病后期遇潮湿天气，在病害部位溢出细菌黏液，是细菌病害的特征。如图 10-13 所示。

图 10-13　细菌性软腐病

（一）危害症状

蝴蝶兰感染软腐病通常为全株发病，极易导致整株死亡。病菌多从根茎处侵入，发病初期在叶或茎内出现肉桂色或淡褐色，表面渐次变为浓褐色呈皱褶状，周边如淡色水湿状。发病植株呈黄褐色软化腐烂状，有褐色，水滴浸出，有特殊臭味。一旦得病，极易蔓延。蝴蝶兰软腐病一年四季均可发生。但在冬季，即蝴蝶兰休眠季节，软腐病发生较轻。生长季节遇高温、闷热天气，特别是通风效果不好，发病率迅速增高，如不及时采取降温、通风等措施，易引起病害流行。

马蹄莲感染软腐病主要发生在茎基部和根状茎。感病植株首先在近地表的茎基部发生软腐，病害向上蔓延使叶片枯萎死亡，向下发展使根状茎黏滑软腐。花梗感病后，花变褐色，花梗很快腐烂折倒。花盆内存有雨水或湿度过大，马蹄莲感病后根状茎最易发生腐烂。

仙客来感染软腐病后病情发展迅速，植株易出现突然萎蔫或猝倒，种球上还会出现部分局部变软，呈黏液状。发病初期叶柄处产生淡褐色小斑，水渍状软腐，导致整株萎蔫枯死，球茎腐烂发臭，病部有白色发黏的菌液。病原为革兰阴性杆菌。细菌性软腐病同细菌性叶腐病的不同之处是前者为土传病害，因基质消毒不彻底，很容易导致本病发生。温室中盆栽植株全年都可发病，一般7~8月较多。如图 10-14 所示。

图 10-14　仙客来细菌性软腐病

（二）防治方法

软腐病防治首先应注意改善生长条件，增强植株抗病性。栽培时应适当加大株行距或及时调整株间距，加强通风，严格控制土壤和空气相对湿度，栽培基质不要积水，避免植株溅上水滴。发病后及时摘除病叶，拔除病株或将发病部分剪除，切除部位应用杀菌粉涂抹消毒，并应停止浇水1周。若病情较重，应将受害全株一同烧毁。保持场所清洁，阳光充分，通风良好。

发病初期应在拔除病株后喷洒 0.5% 波尔多液或 200 mg·L^{-1} 农用链霉素或甲基多硫磷等，按照产品说明书配成水溶液，进行茎叶喷雾防治；也可以用 1 000 mg·kg^{-1} 农用链霉素浇灌病部土壤。

第三节
花卉虫害识别与防治

花卉植物栽培中经常会发生一些虫害，影响植株的正常生长发育，严重时引起整株死亡，对花卉生产具有严重影响。花卉的虫害大体可分为咀嚼式口器害虫和刺吸式口器害虫2大类。咀嚼式口器害虫是指直接用口器啃食花卉植物组织或器官的一类害虫，往往造成植株器官或组织出现缺口或孔洞，如刺蛾、天幕毛虫、金龟子、潜叶蛾、天牛等；刺吸式口器害虫是指害虫将管状口器刺入花卉植物的器官或组织内部，吸食植株内部汁液的害虫，通常不会造成植株器官或组织出现缺口或孔洞，如蓟马、蚜虫、红蜘蛛、介壳虫、粉虱等。

一、咀嚼式口器害虫

（一）刺蛾

花卉植物的刺蛾类害虫主要有黄刺蛾、褐边绿刺蛾、丽褐刺蛾、桑褐刺蛾、扁刺蛾等。刺蛾的主要危害来自它们的幼虫，刺蛾幼虫整个生长阶段都可形成危害，特别是6~8月高温季节大量啃食叶片。

幼虫取食叶肉，仅残留表皮和叶脉。以老熟幼虫在茎干附近土中结茧越冬，成虫夜间活动，有趋光性，卵多成块产在叶背，幼虫孵化后在叶背群集并取食叶肉，半月后分散危害，取食叶片。秋、冬季摘除茎干上的虫茧，减少虫源；利用成虫趋光性设置黑光灯诱捕成蛾；初孵幼虫有群集性，可摘除虫叶；栽培中一旦发现危害，应尽早喷洒药剂防治，以免造成严重危害。药剂防治时可采用90%敌百虫晶体800倍液或2.5%杀灭菊酯乳油1 500倍液喷杀。

（二）金龟子

金龟子的幼虫叫蛴螬，虫体乳白色，圆筒形，整个身体呈现C形蜷曲，体背隆起、多皱。1年发生1代。在我国危害园林花木的蛴螬主要有20多种，它们分布广，食性杂，危害严重。长年生活于有机质较多的土壤中，危害植物的根和茎，将根部咬断，使得幼苗枯死。蛴螬的成虫金龟子危害园林花卉的花、叶、芽及果实。以成虫或老熟幼虫在土壤中越冬，成虫有假死性、趋光性和喜湿性。

花卉植物的金龟子类害虫主要有铜绿金龟子、黑绒金龟子、白星花金龟子、小青花金龟子等。金龟子主要以成虫啃食萌动的新芽、新叶、嫩梢和花苞等柔嫩器官或组织，严重影响植株的生长发育和开花。金龟子由于活动性较大，虫体表面又有甲壳保护，喷洒药剂防治效果较差。

防治金龟子时可利用成虫具有假死现象，于傍晚危害最严重时震落捕杀，也可利用成虫的趋光性，用黑光灯诱杀。搞好土壤卫生，用2.5%敌百虫粉剂对土壤消毒，及时翻耕土壤，寻找土中幼虫并立即杀死。大量发生时，用50%马拉硫磷乳油1 000倍液喷洒防治。

（三）毒蛾

花卉植物毒蛾危害的形态主要是幼虫，即毒毛虫。毒蛾的初龄幼虫通常表现为群集危害，啃食叶肉，留下表皮，似天窗状，稍大的幼虫分散危害，将叶片咬成缺刻、孔洞，严重时可将整株叶片从下部开始全部啃食干净。毒蛾危害始盛期多从春季植株旺盛生长初期开始，温度稳定在 20 ℃左右时利于毒蛾的繁衍和幼虫的扩散。

防治毒蛾的稳妥措施是人工捕杀。人工捕杀主要是在植株休眠期摘除未孵化的毒蛾卵块，以及虫卵孵化后未分散危害的低龄期幼虫。此时期幼虫仅在叶片局部或单个叶片上集中危害，较易捕杀。由于毒毛虫对人体皮肤有毒害作用，会引起皮炎，扑杀幼虫时应戴手套用镊子捕捉加以防范。药物防治可采用 50% 杀螟硫磷乳油或 50% 辛硫磷乳油 1 000 倍液喷施，幼虫未分散前可用小喷雾器单独喷洒虫群，分散后则整株喷洒，防治效果明显。

（四）斑潜蝇

花卉植物斑潜蝇危害主要表现为成虫在叶肉内产卵，卵孵化后的幼虫啃食叶肉危害。危害后在叶面上留下白色弯曲的"地图"，严重时使整个叶面叶肉尽失。此外，斑潜蝇成虫也可刺吸叶汁，在叶面上留下许多小白点，影响盆花的商品质量，降低观赏价值。

斑潜蝇的防治，可在危害严重时用天达斑克 0.025%~0.033% 溶液喷洒防治，每 5~7 d 喷 1 次，连喷 2~3 次，便可根除。

二、锉吸式口器害虫

（一）蓟马

蓟马体长仅 1~2 mm，几乎可以危害所有日光温室栽培植物的叶片或花朵。蓟马的幼虫为淡黄色，成虫头部、胸部橙黄色或淡黄色，腹部黑褐色，腹部与胸部颜色对比明显，前翅基部透明无色，其余部分淡褐色，以锉吸式口器危害植物。危害部位包括芽、叶、花等，尤其以嫩叶及新梢受害最严重，致使植株发育不良。栽培时可根据叶片主脉两侧的白色斑纹，判别为蓟马危害。在温室常年可发生。室外以成虫在枯枝叶下越冬，第二年春开始活动，以成虫、若虫取食危害。高温干旱易发生。

叶片受害造成白色或褐色斑纹，严重时造成叶片扭曲畸形，花朵变形。如图 10-15 至图 10-18 所示。

图 10-15　蓟马危害症状

图 10-16　仙客来受到蓟马危害的新叶

图 10-17　仙客来受到蓟马危害的叶片

图 10-18　仙客来受到蓟马危害的花

蓟马要尽早防治，在生长初期就要加强预防，植株小，喷药效果较好。植株长大后，郁闭的叶片使喷药效果降低。

蓟马防治可采用粘虫板扑杀，通常黄色粘虫板对蓟马成虫有效，但蓝色和白色粘虫板的效果更好。药剂防治喷施 50%辛硫磷乳油 1 000 倍液，或 10%吡虫啉可湿性粉剂 2 000 倍液，或 1.8%阿维菌素乳油 3 000~4 000 倍液。7 d 喷 1 次，连续喷 3 次。

（二）介壳虫

花卉植物的介壳虫类害虫主要有白轮蚧、日本龟蜡蚧、红蜡蚧、褐软蜡蚧、吹绵蚧、蛇眼蚧等。介壳虫危害主要是刺吸植株嫩茎、幼叶的汁液，被危害的叶片变成黄色，黄斑中央部分有时变为褐色，叶肉凹陷，危害严重时使叶片枯萎脱落，植株生长势减弱。介壳虫危害时能够分泌具有甜味、蚂蚁最喜欢取食的蜜露，因此常与蚂蚁共生。此外，介壳虫危害还能诱发植株感染煤污病，使叶片蒙上一层煤灰似的真菌。若虫和雌成虫群集枝、芽、叶上吸食体液，排泄蜜露诱致煤污病发生。受精的雌虫越冬，4月下旬开始危害，4月底至5月初若虫可遍及全株。初孵虫在卵囊内经过一段时间才分散活动，多居于叶背主脉两侧。2龄后，移到枝干阴面集居取食危害。3龄时口器退化不再危害，雌虫固定取食后不再移动，后形成卵囊并产卵其中，每个雌虫可产卵数百粒至2 000粒，产卵期约1个月，吹绵蚧适宜生活温度为23~24℃，其排泄物易繁殖霉菌，使受害部位变黑，发生煤污病。

介壳虫防治时应先经常检查植株，注意是否有少量介壳虫发生，一旦发生可用湿棉花或软刷刷除，并摘除被害较重的叶片，加强温室通风。病害发生严重时用50%马拉硫磷乳剂1 000倍液喷施防治，每周1次，连续喷2~3次。

加强植物检疫，发现虫害立即消灭，可用软刷轻轻刷去，或剪除危害的枝叶并烧毁；幼虫孵化期，喷施氟乙酰胺，休眠期喷3~5波美度石硫合剂；保护和放养天敌，如澳洲瓢虫、大红瓢虫等。在虫卵的盛孵期喷药，刚孵出的虫体表面尚未披蜡，介壳还未形成，易被杀死。

（三）红蜘蛛

红蜘蛛又称叶螨，是日光温室花卉栽培中常见的害虫。红蜘蛛体形微小，红色，伏于叶背吸取汁液。受害叶片出现萎黄现象，肉眼可见许多红色小点布满叶片，危害严重时植株完全失去光泽，甚至枯萎。高温、干旱、通风不良的情况下容易发生。

初侵染由越冬后的雌成虫在植株叶脉周围危害，取食、产卵、繁殖后逐渐扩散危害。红蜘蛛在高温、干燥环境下易发生，全年可发生20多代。每年3~6月和9~11月为发生盛期。红蜘蛛的成虫和若虫均喜栖于成熟叶片的叶背，受害叶片褪绿有黄色斑点，检查叶背可发现虫体、卵粒、丝网及分泌物等杂物。大量发生结网危害,造成植株生长停滞，叶片干枯、掉落，植株死亡。

红蜘蛛的防治应从消灭越冬侵染源入手，及时清除杂草、落叶，进行田间、保护设施和盆土喷洒农药消毒，保证植株和周边环境清洁，消灭初侵染源。在红蜘蛛初发期，可选用40%三氯杀螨醇乳油1 500

倍液均匀喷在叶背面和正面，隔 7 d 后再喷 1 次即可，连续喷 2~3 次。也可用哒螨灵、噻螨酮、炔螨特等药剂防治。

（四）蚜虫

蚜虫的虫体小，繁殖快，一般在冬季温暖、春季回暖早、雨水均匀年份的 3 月开始危害。蚜虫群居在叶片背面及嫩茎、花梗和花蕾上，吸取营养汁液。轻者可使叶片失绿，重者使叶片卷缩，变硬变脆，花蕾萎缩或畸形，甚至使整株枯死，严重影响到植株的生长和开花。如图 10-19 所示。

图 10-19　蚜虫在叶片造成的危害

蚜虫危害应以物理防治为主，特别注意杀灭越冬期的蚜虫。冬季要拔除、烧毁有严重虫瘿和感染病虫的植株。入冬后可在休眠植株上喷洒 1 次 5 波美度石硫合剂，消灭越冬虫卵，铲去花卉附近杂草，消灭虫源。在蚜虫危害期，10% 吡虫啉可湿性粉剂 2 000 倍液，或 1.8%

阿维菌素乳油 3 000~4 000 倍液喷施，效果都很好。防治时为避免花期药害，也可用植物性药剂，如 3% 天然除虫菊酯喷施。

（五）粉虱

粉虱的成虫和幼虫喜茂密遮阴的环境，群集在植株上部叶背以刺吸式口器吸食汁液，使叶片褪色出现褪绿斑，影响光合作用，导致植株生长不良，虫体排出的蜜露往往会引起煤污病。成虫有趋黄性。羽化时间从 6 时开始，7~8 时羽化量最多，晚上最低。粉虱以初龄移动幼虫最脆弱，其次为刚羽化的成虫，对药剂敏感，适宜喷药防治。

粉虱高温低湿时都能够大量发生，危害高峰期为 9 月下旬至 11 月下旬。其最适防治期为 9 月下旬，喷药时间为 6~10 时。粉虱防治可用除虫菊酯 1 000 倍液再加数滴市售洗涤灵，混匀喷杀。

加强养护管理，合理修剪和疏枝，保持苗圃和苗床通风透光。保护和利用天敌中华草蛉、丽蚜小蜂、瓢虫等进行防治，用黄色塑料板，涂上油、凡士林、黏胶诱粘成虫。

（六）军配虫

军配虫又称冠网蝽。成虫与若虫常群集在叶片背面刺吸叶片汁液，致使叶片正面出现小白点，严重时出现白斑或整个叶片变白，叶背呈锈红色，严重影响光合作用，使得植株生长缓慢，影响观赏价值。军配虫一年约发生 10 代，世代重叠，几乎全年可见。初期少量虫害时可人工捕杀，或摘掉虫叶销毁，并及时清除落叶或杂草，消灭越冬虫源。大量发生时，可选用 10％ 吡虫啉可湿性粉剂 2 000~4 000 倍液喷施，每周 1 次，连续 2~3 次。

参考文献

［1］　孙红梅. 设施花卉栽培技术［M］. 郑州：中原农民出版社，2015.

［2］　李云飞，周秀梅，董兆磊. 牡丹周年生产技术［M］. 郑州：中原农民出版社，2016.

［3］　宋利娜. 一二年生草花生产技术［M］. 郑州：中原农民出版社，2016.

［4］　李晓明，柯立东. 观赏凤梨周年生产技术［M］. 郑州：中原农民出版社，2018.

［5］　王蕊. 蝴蝶兰周年生产技术［M］. 郑州：中原农民出版社，2018.

［6］　谭冬梅. 仙客来周年生产技术［M］. 郑州：中原农民出版社，2018.